电磁纳米网络基础理论及关键技术

姚信威 著

科学出版社

北京

内 容 简 介

电磁纳米网络给新一代通信技术在微观尺度的应用带来了前所未有的机遇和挑战,成为国内外纳米技术、新一代信息技术和生物信息的新兴前沿交叉领域。为了更好地助力电磁纳米网络的基础理论研究、关键技术研发及应用,提高纳米节点之间信息传输的可靠性和有效性,本书从纳米节点的硬件结构和物理模型、电磁纳米网络的通信信道建模、信道容量分析、信号干扰及抑制、编解码、通信协议[媒体访问控制(MAC)协议和路由协议]等多个角度进行详细介绍和分析。

本书语言简明,通俗流畅,既可供从事纳米网络和太赫兹波通信的科研人员参考,也可供高等学校物联网、通信、生物信息等交叉学科相关专业的高年级本科生、研究生使用。

图书在版编目(CIP)数据

电磁纳米网络基础理论及关键技术 / 姚信威著. -- 北京:科学出版社, 2024. 7. -- ISBN 978-7-03-079053-8

Ⅰ. TN915

中国国家版本馆 CIP 数据核字第 20242U4U21 号

责任编辑:杨 昕 李 海 / 责任校对:赵丽杰
责任印制:吕春珉 / 封面设计:东方人华平面设计部

科 学 出 版 社 出版
北京东黄城根北街 16 号
邮政编码:100717
http://www.sciencep.com

三河市骏杰印刷有限公司印刷
科学出版社发行 各地新华书店经销

*
2024 年 7 月第 一 版 开本:787×1092 1/16
2025 年 7 月第二次印刷 印张:13 3/4
字数:323 000

定价:138.00 元
(如有印装质量问题,我社负责调换)

销售部电话 010-62136230 编辑部电话 010-62135319-2032

前　言

　　近年来，快速发展的纳米技术和新一代信息技术极大地推动了对纳米尺度（1～100nm）下的网络与通信技术的探索。纳米技术已成为开发各种纳米材料、纳米结构和纳米尺度器件（设备）的有力工具。由于单个纳米尺度器件（设备）在体积和功能上非常有限，因此纳米尺度互联互通的网络技术显得尤为重要。通过纳米网络来拓展单个纳米设备（模块）的性能，可以满足很多科学领域、工程领域的巨大需求。纳米网络是一套由几百纳米或最多几十微米数量级的纳米器件（设备）组成的网络，纳米机器之间相互通信，最终形成互联互通的纳米网络。当前，让人期待已久的电磁纳米网络正在以更全面、更具有实用性的技术身份出现在学术科研、生物医学、工业行业、国防军事和环境生活领域的多个方面。

　　本书研究电磁纳米网络的目的是建立基于太赫兹波通信的电磁纳米网络基础理论和关键技术架构，以采用石墨烯等材料的纳米天线实现纳米器件（节点）之间的短距离太赫兹波通信为出发点，研究和分析基于太赫兹波通信的电磁纳米网络可行性系统理论模型和底层、上层关键通信技术（协议）。

　　本书共分9章。第1章简单介绍电磁纳米网络。第2章介绍电磁纳米网络节点能耗优化设计。第3章着重介绍电磁纳米网络的全频段太赫兹波通信建模。第4章详细介绍基于TS-OOK调制机制的电磁纳米网络能量捕获无线通信系统。第5章介绍电磁纳米网络的信道干扰及其抑制。第6章系统介绍电磁纳米网络的节能编码设计。第7章介绍电磁纳米网络的媒体访问控制（MAC）协议设计。第8章介绍电磁纳米网络的路由协议设计。第9章是对以上章节内容的总结和展望。

　　本书内容是浙江工业大学前沿交叉科学研究院、计算机科学与技术学院姚信威教授团队（群智感知与协同研究团队）在电磁纳米网络领域多年研究成果的积累与总结，同时感谢美国东北大学电子与计算机工程学院约瑟夫·M.乔内特（Josep M. Jornet）教授团队、上海交通大学密西根学院韩充教授团队的长期合作和大力支持。感谢团队成员：李强、陈一玮、邢伟伟、齐楚锋、王超超、黄龙军、吴叶晨歌、陈卓雅、马得宝、倪方舟、杨烨栋、杨啸天、张馨戈、陈慧珍、陈森杨、王佐响、赵凯、马进文、周倩、林朗、伍奕、章锴杰、何川、袁知恒、陆琦超、张雨辰等以不同方式为本书的出版做出的贡献。

　　由于作者水平有限，书中难免有疏漏之处，恳请广大读者批评指正。

目　录

第1章　电磁纳米网络简介 …………………………………………………………… 1

1.1　电磁纳米网络及其应用领域 ……………………………………………………… 1

1.2　纳米网络节点核心部件 …………………………………………………………… 3

1.2.1　纳米处理器 ………………………………………………………………… 4

1.2.2　纳米收发器和纳米天线 …………………………………………………… 6

1.3　电磁纳米网络的研究意义 ………………………………………………………… 7

1.4　本书的组织结构 …………………………………………………………………… 8

参考文献 …………………………………………………………………………………… 9

第2章　电磁纳米网络节点能耗优化设计 …………………………………………… 11

2.1　电磁纳米网络节点能耗 …………………………………………………………… 11

2.1.1　数据包结构 ………………………………………………………………… 11

2.1.2　收发器能耗模型 …………………………………………………………… 12

2.2　数据传输能耗优化模型 …………………………………………………………… 13

2.2.1　单个数据包的能耗模型 …………………………………………………… 13

2.2.2　单个数据包的能耗优化 …………………………………………………… 14

2.3　参数性能分析 ……………………………………………………………………… 17

2.4　小结 ………………………………………………………………………………… 20

参考文献 ………………………………………………………………………………… 20

第3章　电磁纳米网络的太赫兹波通信建模 ………………………………………… 22

3.1　太赫兹技术的发展 ………………………………………………………………… 22

3.2　太赫兹波通信特性研究 …………………………………………………………… 24

3.2.1　太赫兹波传输特性 ………………………………………………………… 24

3.2.2　太赫兹频段的信道特性 …………………………………………………… 26

3.3　太赫兹波通信模型研究 …………………………………………………………… 30

3.3.1　传输路径损耗模型 ………………………………………………………… 30

3.3.2　分子吸收损耗模型 ………………………………………………………… 35

3.3.3　太赫兹频段信道通信模型 ………………………………………………… 38

3.4 太赫兹信道干扰模型分析 ···43

    3.4.1 基于全向天线的信道干扰模型 ···43

    3.4.2 基于定向天线的信道干扰模型 ···48

3.5 小结 ···55

参考文献 ···55

第4章 基于 TS-OOK 调制机制的电磁纳米网络能量捕获无线通信系统·······58

4.1 TS-OOK 调制机制 ···58

4.2 能量捕获无线通信系统 ···60

    4.2.1 能量捕获通信模型 ···61

    4.2.2 系统的平均吞吐量 ···63

    4.2.3 系统的信道容量 ··67

    4.2.4 仿真实验与结果分析 ··68

4.3 纳米网络永久化和网络容量最大化 ···70

    4.3.1 基于脉冲的纳米网络 ··71

    4.3.2 发射脉冲振幅的理论界限 ···73

    4.3.3 多参数联合优化网络容量 ···77

    4.3.4 仿真实验与结果分析 ··79

4.4 小结 ···83

参考文献 ···83

第5章 电磁纳米网络的信道干扰及其抑制 ·······································86

5.1 电磁纳米网络中的信道干扰 ··86

    5.1.1 太赫兹波 LOS、NLOS 传播模型及随机几何建模法 ···············86

    5.1.2 LOS 传播的信道干扰 ··89

    5.1.3 NLOS 传播的信道干扰 ··92

    5.1.4 仿真实验与结果分析 ··93

5.2 电磁纳米网络中的信号覆盖分析 ···95

    5.2.1 纳米网络中的信号覆盖模型 ···95

    5.2.2 仿真实验与结果分析 ··97

5.3 电磁纳米网络中信道干扰的抑制 ···100

    5.3.1 纳米网络中信道干扰的编码抑制方式 ································100

    5.3.2 仿真实验和结果分析 ···104

5.4 小结 ··107

参考文献 ··107

第 6 章 电磁纳米网络中节能编码设计 ································ 109

  6.1 电磁纳米网络编码技术 ··· 109
    6.1.1 源字等概率通信能耗最小化编码 ························· 110
    6.1.2 非等概率源字通信能耗最小化编码 ······················· 112
    6.1.3 实时信息流通信能耗优化编码 ··························· 113
    6.1.4 联合太赫兹信道容量性能的节能编码 ······················· 114

  6.2 电磁纳米网络的低码重信道编码 ····························· 115
    6.2.1 纳米网络中的典型编码 ······························· 115
    6.2.2 编码的通信可靠性 ································· 118
    6.2.3 编码信道容量 ··································· 119

  6.3 源字等概率通信能耗最小化编码 ····························· 120
    6.3.1 编码方法与码本构建算法 ····························· 120
    6.3.2 基于接收端/发送端的能耗模型与能耗优化 ·················· 123
    6.3.3 仿真实验与结果分析 ······························· 126

  6.4 源字非等概率通信能耗最小化编码 ··························· 131
    6.4.1 编码介绍与通信能耗模型 ····························· 131
    6.4.2 仿真实验与结果分析 ······························· 135

  6.5 实时信息流通信能耗优化编码 ······························· 141
    6.5.1 编码介绍 ····································· 141
    6.5.2 仿真实验与结果分析 ······························· 144

  6.6 联合太赫兹信道容量性能的节能编码 ························· 148
    6.6.1 不同用户场景下的信道容量分析 ························· 148
    6.6.2 ESC 节能编码方案与优化模型 ························· 151
    6.6.3 仿真实验与结果分析 ······························· 153

  6.7 小结 ··· 156

  参考文献 ··· 156

第 7 章 电磁纳米网络中 MAC 协议设计 ···························· 158

  7.1 基于辅助波束成形的 MAC 协议 ····························· 158
    7.1.1 网络模型及波束成形技术 ····························· 159
    7.1.2 TAB-MAC 协议的工作过程及性能分析 ···················· 161
    7.1.3 仿真实验与结果分析 ······························· 166

  7.2 基于中继的 MAC 协议 ···································· 168
    7.2.1 网络模型与 RBMP 协议 ······························ 169
    7.2.2 仿真实验与结果分析 ······························· 170

7.3 基于时序接收驱动的 MAC 协议 ·· 171

  7.3.1 网络模型 ··· 172

  7.3.2 SRD-MAC 协议的原理分析 ································· 173

  7.3.3 仿真实验与结果分析 ·· 174

7.4 小结 ··· 181

参考文献 ·· 181

第 8 章 电磁纳米网络的路由协议设计 ································· 183

8.1 纳米网络路由协议 ·· 183

8.2 基于相对位置模型的机会路由协议 ································· 185

  8.2.1 系统模型 ··· 185

  8.2.2 RPAOR 路由协议 ··· 187

  8.2.3 仿真实验与结果分析 ·· 189

8.3 基于协作传输的能耗优化路由协议 ································· 191

  8.3.1 系统模型 ··· 192

  8.3.2 路由协议 ··· 193

  8.3.3 仿真实验与结果分析 ·· 194

8.4 基于增强学习的偏转路由算法 ····································· 199

  8.4.1 系统模型 ··· 199

  8.4.2 路由协议 ··· 199

  8.4.3 仿真实验与结果分析 ·· 201

8.5 小结 ··· 205

参考文献 ·· 206

第 9 章 总结与展望 ··· 208

9.1 总结 ··· 208

9.2 展望 ··· 209

第 1 章

电磁纳米网络简介

　　电磁纳米网络由大量的尺寸在几百纳米到几十微米的纳米节点组成，通过太赫兹频段进行节点间的通信，具有传统宏观无线传感器网络所不具备的潜能，在军事、环境和生物等领域具有非常重要的应用前景。本章从电磁纳米网络的应用领域、纳米网络节点核心部件，以及电磁纳米网络的研究意义对电磁纳米网络整体进行介绍，并对后续章节的组织结构进行简要概述。

1.1　电磁纳米网络及其应用领域

　　1959 年，理查德·菲利普斯·费曼（Richard Phillips Feynman）（1965 年诺贝尔物理学奖获得者）在其著名的 *There's plenty of room at the bottom* 演讲中，首次描述了怎样控制单个原子和分子才能制造出功能更多、更强大的人造装置，同时指出在纳米尺度上会出现的几个问题，从而使工业界必须重新考虑纳米设备的构建方式。半个多世纪后，纳米技术为工业界和学术界提供了新的控制原子和分子尺度的物质，这些新型纳米材料表现出宏观层面观察不到的新特性，在进一步挖掘这些特性后，具有新型功能的纳米级组件也逐渐"浮出水面"。

　　在众多纳米材料中，石墨烯（一种由碳原子构成的单层片状结构的新材料[1-2]）由于其独特的物理、电学和光学性质，引起了学术界和工业界的广泛关注。虽然科学家们对石墨烯的理论研究始于 19 世纪，但是直到 2004 年，安德烈·海姆（Andre Geim）和康斯坦丁·诺沃肖洛夫（Konstantin Novoselov）才发现了石墨烯，而这一发现也让他们获得了 2010 年的诺贝尔物理学奖，同时也极大地促进了石墨烯及其衍生物的研究和应用。例如，石墨烯纳米带（graphene nano ribbons，GNRs），被定义为宽度小于 50nm[1]，同时保持长宽比大于 10 的石墨烯，是继碳纳米管（carbon nano tubes，CNTs）之后被广泛关注的一类准一维碳基纳米材料。与碳纳米管相比，石墨烯纳米带具有更灵活可调的性质和更大的应用价值，其独特的性能使开发新型的纳米处理器、纳米存储器、纳米电池和纳米传感器等目标得以实现。

　　通过在单个实体内集成多个纳米组件，推动了新型纳米设备的创新，其中体现革命性意义的是这些纳米设备之间具有了通信的能力，它开启了一个全新的应用领域，即电磁纳米网络。通过相互通信，纳米设备可以克服自身的局限性并扩展其潜在应用[3-8]，由此形成的电磁纳米网络能够覆盖更大的区域，并能执行额外的网络处理，以及实现单个纳米设备无法完成的任务和应用。目前，让人期待已久的电磁纳米网络正在以更全面、更具有实用性的技术身份出现在学术科研、生物医学、工业制造、国防军事和环境生活等领域的多个方面。

1. 生物和医学领域

纳米尺度主要对应自然界和生物医学领域中的分子、蛋白质、DNA、细胞器和活细胞等物质尺寸[9]，因此纳米网络在生物医学领域具有极大的潜在应用价值。以纳米材料为基础的生物纳米传感器[9]可以部署在人体表面甚至人体内，用于监测葡萄糖、钠和胆固醇等的含量[10-11]，或检测感染剂的存在[12]，或识别特定的癌症类型[13-14]。如图 1-1 所示，纳米机器人可以设计成能够检测体内的生理参数（如血糖水平、pH 值、特定蛋白质等），并将这些信息通过电磁纳米网络传输到外部设备。这样的系统可以帮助医生实时监测患者的健康状况，提供更精确的诊断。纳米机器人或纳米粒子可以被编程，通过电磁纳米网络控制，针对特定的疾病部位（如肿瘤）进行药物的精确释放。这种方法可以提高药物的效果，同时减少对健康组织的副作用。

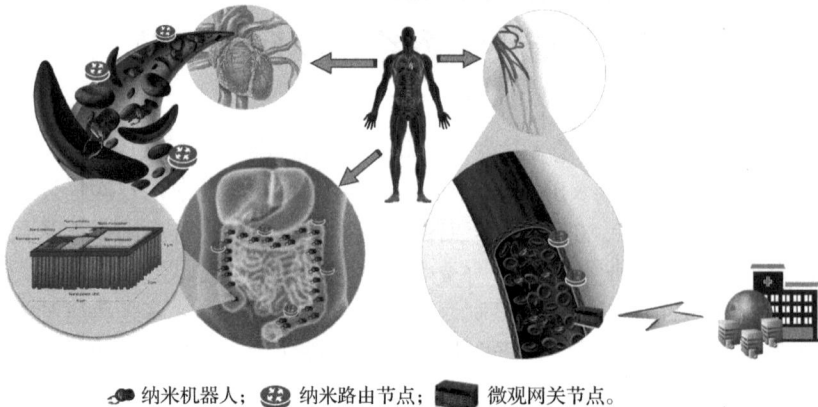

🐛 纳米机器人；✚ 纳米路由节点；▬ 微观网关节点。

图 1-1 纳米机器人的应用场景

2. 环境和农业领域

雾霾天气对人们的生活、出行和身体健康造成了严重的影响，各国政府纷纷出台相关政策监测和治理雾霾。随着纳米网络技术的发展和成熟，可以充分利用纳米网络的特点，在重点区域的空气中释放大量的纳米节点（体积仅为几立方微米到几百立方微米）监测雾霾源、雾霾分布及流向等，为政府相关部门治理雾霾提供直接、有效的信息。在农业领域，自然界中某些树木会向空气中释放一些化学物质，吸引特定的昆虫保护自己，避免病虫灾害，或通过这些化学物质来调整它们的开花时间[15-16]，通过核心的化学纳米传感器检测植物之间释放和交换的化学物质，采集传统传感器无法感知的信息[17]。在环境领域，纳米网络对控制生物多样性、监测微小物质、帮助生物降解或控制空气污染等都具有非常重要的意义与价值[18]。

3. 工业和消费品领域

纳米技术在新兴工业和多媒体消费品领域中的应用十分广泛。例如，用于可弯曲、可拉伸的电子设备[19]，用于具有自清洁抗微生物特性的新型纳米材料[20]。每个需要实现联网的产品（物件）都可以配备具有通信能力的集成化纳米设备，使物件与场景中的其他物件实现互联互通，由此可以构建一个巨大的网络——纳米物联网（internet of nano-things，IoNT）。此外，随着纳米相机和纳米手机的发展，多媒体纳米物联网也将成为现实[7]。

4. 军事和国防领域

纳米网络在国防和军事领域中的应用价值巨大。例如，先进的核、生物和化学武器（nuclear，biological and chemical weapons，NBC）防御系统，以及土木建筑、单兵装备和高精武器装备的复杂损伤检测系统。纳米网络具有能够在多种不确定性的场景下灵活应用的优势，从野外战场到室内环境，都可以通过纳米网络检测实时情况，探测有害的生化武器等。

1.2　纳米网络节点核心部件

在电磁纳米网络中，单个纳米节点被定义为基本的功能实现单元，包含实现功能所需要的基本元器件，如处理单元、数据存储单元、供能单元、传感单元、通信单元等[21]。其中，处理单元的纳米处理器，以及通信单元的纳米收发器和纳米天线是纳米节点单元的重要组成部分。图 1-2 所示为纳米节点单元的组成结构[22]。

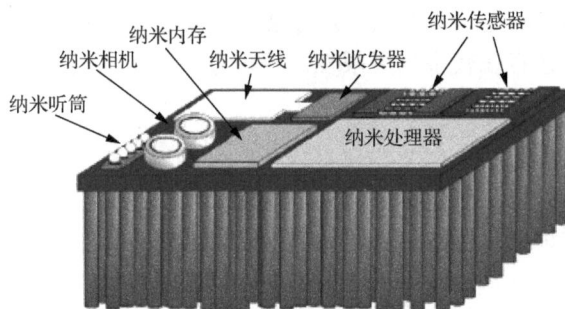

图 1-2　纳米节点单元的组成结构

（1）处理单元。纳米处理器是由体积更小且不同形式的场效应晶体管（field effect transistor，FET）组成的。迄今为止，经过实验验证的最小晶体管是由 10 个碳原子组成的薄石墨烯条[23]。这种晶体管不仅体积更小，而且能在更高的频率下运行。纳米处理器的尺寸大小取决于芯片中集成晶体管的数量，尺寸大小进一步决定了它所处理和操作的复杂程度。

（2）数据存储单元。新制造工艺使单原子纳米材料的发展成为可能，在这种情况下，

1bit 信息的存储只需要 1 个原子[24]。例如,在磁存储器中[25],以硅原子的有无区分表示 **1** 和 **0**,通过硅的可控沉积进行初始化和重新格式化,虽然这样的存储方式目前还不成熟。在纳米存储器中存储的信息总量取决于它的维度。

(3)供能单元。为纳米设备提供动力需要新型的纳米电池,以及纳米级的能量捕获 (energy harvesting,EH)系统[26-27]。例如,采用压电效应的氧化锌纳米结构作为能量捕获系统,该结构将振动机械能量转换为电能,所获能量可以储存在纳米电池中,并持续为纳米设备供给能量,获取能量的速率和储存在纳米设备上的总能量取决于设备的大小。

(4)传感单元。物理、化学和生物纳米传感器是利用石墨烯和其他纳米材料研发的[28]。纳米传感器不仅是一个体积微小的传感器,而且具有纳米材料的属性,是一种可以识别和测量纳米级尺寸的新型设备。纳米传感器的准确性和效率比现有的传感器高得多。例如,可以实现对几纳米尺寸的物理特性、浓度低至十亿分之一的化学复合物、生物药剂(病毒、细菌或癌细胞)进行检测。

(5)通信单元。在通信单元中,为了满足纳米设备的尺寸,天线变得非常小型化,导致通信时所需的频率非常高。这使传统的金属天线无法适用于纳米网络中,必须采用由纳米材料制成的纳米天线和纳米收发器,其工作频率可以比微型金属天线的频率低得多。此外,纳米设备的能量受限问题也为实现纳米网络的节点通信带来诸多挑战。

目前,将不同的器件集成到单个设备中还有许多关键的难题,研究者正在寻找新的方法研发和集成不同的纳米元器件。其中,DNA 支架结构[29]是较有前景的技术之一,已有研究成果表明,在与半导体制造设备兼容的材料表面排列 DNA 合成链的过程中,DNA 纳米结构可以作为支架或者微型电路板,用于纳米元件的精确装配。

为了实现电磁纳米网络的正常运行,每个节点必须以一种协作互联的方式与其他节点进行通信来完成较复杂的任务。纳米收发器和天线是保证节点之间通信的主要器件,针对电磁波通信,为了满足纳米节点的尺寸要求并保证纳米收发器的平稳运行,传统的基于硅材料的制造工艺存在较多的局限性。石墨烯作为新一代纳米材料,被认为是制造纳米收发器和纳米节点的最佳材料。

1.2.1 纳米处理器

纳米处理器是保证纳米节点功能和性能的重要器件。研究者们正在通过不同方式将现有的处理器体积做到纳米级,以制作更小的场效应晶体管。如今,一些极小型的晶体管已经在实验室里制作成功[30],这些晶体管是由大小仅为十分之一碳原子的石墨烯片制成的,可以在纳米级的尺寸上以较高的频率正常工作。纳米处理器的复杂性及处理能力取决于嵌入纳米节点上晶体管的数量,而要获得更加强大的处理能力,必须增大纳米节点的尺寸,这是两个互相制约的因素,需要在设计和实现的过程中加以权衡。纳米处理器作为纳米节点的处理中心[31],负责处理以下任务。

1. 数据压缩和信号处理

纳米传感器,尤其是纳米多媒体传感器(如纳米相机和纳米听筒),作为纳米节点所处环境的信息采集工具,将接收大量数据,纳米处理器必须使用高效的压缩算法及时处理接收的信息。完成此项任务,主要从以下两个方面进行:一方面是研究新的(视频/音频)编码方案,实现高复杂性编码与简单解码之间的平衡,从而提高能量的使用效率,使有限的节点能量能够被高效利用,增加节点生存时间;另一方面,对多媒体数据采用新的融合压缩算法,消除纳米传感器获得的大量冗余数据,减轻纳米处理器的处理压力,减少节点能量消耗。

2. 物理层协议

太赫兹波通信(terahertz communication)是指使用太赫兹波(频率在 $0.1\sim10THz$)作为信号载体进行通信的技术,具有与微波通信相似的特性,在某种程度上,可以借鉴高频段微波通信的特性和信号调制机制。基于纳米节点的处理器能力和太赫兹波传输特殊的 3dB 带宽传输窗口[32],设计应用于电磁纳米网络的新型信号调制解调机制。同时,太赫兹波通信区别于微波通信,其基于石墨烯的太赫兹波天线尺寸较小,一般只有几微米,可以允许使用较大的天线阵列[33]。

此外,为了适应纳米处理器的处理能力,避免太赫兹波通信过程中过高的误码率,必须设计新的信道编码方式,具体如下:①可以通过减少现有编码机制的编码权重,减少传输过程中产生的噪声和信道干扰;②研究适用于多媒体数据传输的融合可用资源的信道编码机制。

3. 媒体访问控制协议

太赫兹频段支持非常高速率的信息传输,可以达到太比特每秒的速率,是现有通信速率的几十倍(甚至上百倍)。传统媒体访问控制(medium access control,MAC)协议的设计主要针对窄带信道,不能用于太比特每秒速率的太赫兹波通信。同时,太赫兹波通信需要利用具有高度方向性的天线来发送和接收太赫兹波,从而克服较高的传输衰减和路径损耗。所以,针对新的太赫兹波通信场景,必须考虑太赫兹频段的传输特性,要有针对性地建立新的干扰模型,用来发现太赫兹频段中多用户干扰的主要特性。同时,新模型的建立有助于分析纳米网络新协议的性能。

基于太赫兹波通信的 MAC 协议[33]应具有动态的状态选择机制,以保证数据包的发送和接收相匹配。需要建立一定的切换机制,使纳米节点在休眠模式、传输模式、接收模式三种不同状态之间有规律地进行切换。当节点开启传输模式时,等到目标节点的接收器打开才能进行数据传输;当节点的接收模式打开时,节点会通过预先定义的模式调整它的天线波束,用来接收电磁波,在这个过程中,接收节点做好接收数据包的准备。新的 MAC 协议有助于缓解纳米节点能量受限问题,提高节点的生存时间[34]。

4. 寻址方式

在纳米网络中,对每个纳米节点进行寻址和定位是一项复杂的工作。可以在节点制作阶段单独为每个节点分配地址,或者在纳米节点之间使用复杂的同步和协调策略来识别纳米节点的位置。然而,当环境中纳米节点的数量很多时,传统的寻址方式需要非常长的地址来表示每个节点，这必然不适用于纳米网络中纳米节点的处理器和存储器。

为了解决上述问题，部分研究工作提出了如下解决方法[35]：

（1）利用网络分层来设计新的寻址机制，即通过纳米网络的分层网络框架，可以避免使用过长的地址来进行节点区分。在大多数情况下，只有在同一个路由器分配下的节点之间才需要有身份区分。因此，分层的思想可以在单个路由器支持下的多个节点之间重新进行地址分配，在与路由器同一层次上的路由器之间也独立进行地址分配，从而大幅减少需要定址的节点数量，达到减小地址长度的目的。

（2）根据节点的功能对节点重新分组，即当使用需要某类特别的数据时，对提供数据的分组节点进行定址操作。与基于网络分层的寻址机制原理类似，最终也将达到减少地址长度的目的。

5. 路由协议

现有传统网络中的相邻节点发现方法和路由选择机制无法适用于纳米网络，原因在于其没有充分考虑和利用纳米节点物理层的诸多特性和约束，如高传输速率、高信道衰减、弱能量供给等，以及传输距离和有效的 3dB 带宽之间的独特关系。因此，在设计新的路由协议[36]时，需要借助动态资源分配协议并考虑纳米节点之间的差异性等。

1.2.2 纳米收发器和纳米天线

天线的主要作用是向空间发射电磁波。当作为发射器时，将电路中的高频电流有效地转换为相应的空间电磁波；当作为接收器时，天线可以将空间特定方向上极化的电磁波有效地转换为电路中的高频电流。这是两个相反的过程，所以同一个天线可以同时作为发射器和接收器。

市场上绝大部分的天线产品是使用硅材料的集成电路，基于硅材料的收发器在纳米尺度上具有较低的电子迁移率，当使用高谐振频率时，将会带来巨大的信道衰减。在制作高频天线时，现有成熟的互补金属氧化物半导体（complementary metal oxide semiconductor，CMOS）工艺[37]，其复杂程度很高，辐射效率较低，应用于纳米网络的价值不高。针对无线纳米网络场景，为了实现太赫兹波传输并将硬件尺寸控制在纳米尺度，就必须寻找新的纳米材料代替传统硅材料。

石墨烯是一种二维原子晶体，结构上只有一个碳原子的厚度，具有很好的力、磁和热方面的特性，具体表现如下：

（1）根据导电性质的不同，可以表现出金属的或者半导体的特性；

（2）即使尺寸仅为纳米级别，仍然保持极强的机械强度；

（3）石墨烯表面具有极高的电子迁移率和热导率。

单层石墨烯卷曲成圆柱状，成为单壁碳纳米管（single-walled carbon nanotube，SWCNT），直径为 0.6～2nm，也有通过多层石墨烯卷起来的多壁碳纳米管（multi-walled carbon nanotube，MWCNT）。多壁碳纳米管的层与层之间容易产生多种缺陷，因为管壁上会布满小洞样的缺陷。单壁碳纳米管由于分布范围小，相比多壁碳纳米管具有更高的均匀一致性，不容易产生缺陷[38]。

　　根据碳纳米管边缘几何特征的不同，可将其分为扶手椅形（armchair form）碳纳米管和锯齿形（zigzag form）碳纳米管[39]。图 1-3 所示为单层石墨烯蜂窝状晶体结构，以垂直方向的中心轴卷曲而成的碳纳米管，边缘的形状与扶手椅相似（图中上下边缘加粗的曲线），通过这种方式卷曲而成的碳纳米管称为扶手椅形碳纳米管。同理，以水平方向的中心轴卷曲而成的碳纳米管，边缘的形状为锯齿形（图中左右边缘加粗的曲线），所以称为锯齿形碳纳米管。扶手椅形碳纳米管和锯齿形碳纳米管不仅在外形上有区别，内部结构也因为卷曲方式不同而有差异，因此两种不同的碳纳米管表现出不同的特性。

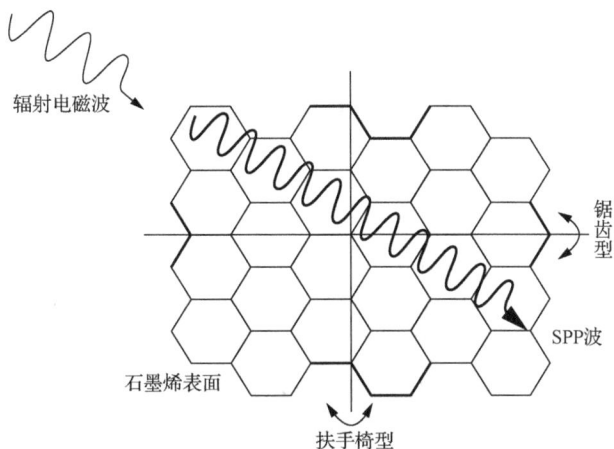

图 1-3　单层石墨烯蜂窝状晶体结构

　　相较于金属材料天线，基于石墨烯的纳米天线在较低的频率下具有更高的辐射效率。这是因为当石墨烯中的电子受到传输的电磁波的激发时，会产生电荷振荡，在石墨烯表面产生密闭的电磁波，这种现象就是表面等离子激元（surface plasmon polariton，SPP）[40]，因此，在石墨烯表面生成的电磁波称为 SPP 波。表面等离子效应的存在，使石墨烯具有很高的电子迁移率[41]，能够保证在较低频率触发的情况下，还能辐射出太赫兹频率的电磁波。所以，石墨烯的尺寸优势和表面等离子效应特性使它成为制作纳米天线的最佳候选材料。相关研究也表明[42]，石墨烯在制作射频电路、低噪声放大器、混频器及倍频器上有很大的潜力。随着纳米技术的日趋成熟，在纳米节点上，石墨烯能嵌入越来越完整和稳定的通信元件，从而支持更加稳定和高效的通信需求。

1.3　电磁纳米网络的研究意义

　　电磁纳米网络技术是传统无线网络或传感器网络在微观领域的应用，根据它们的硬件特性和具体应用，实现这一新兴的网络技术不仅需要全新的解决方案，还需要重新思考（甚至颠覆）一些传统通信网络理论中已确立的概念，包括设计新型纳米天线及考虑纳米天线电磁频段的特性，为纳米网络设计特定的通信机制等。

本书的研究目的是建立基于太赫兹波通信的电磁纳米网络基础理论和技术架构，通过石墨烯纳米天线实现纳米节点之间的相互通信，研究和分析基于石墨烯天线和太赫兹频段的纳米网络的可行性理论模型。在此基础上，基于全太赫兹频段的新型信道模型，对其信道容量进行研究。在非常短的距离内（1m以内），太赫兹频段表现为单一的传输窗口，宽度接近10THz。从该结论出发，研究全新的纳米网络通信机制，其中包括新的调制机制、信道编码技术、接收信号探测机制和针对纳米网络的MAC协议。此外，研究基于能量捕获的自供电纳米能源模型，以解决永久纳米网络的能源限制，并在现有的网络仿真平台NS3上开发一套基于纳米网络和太赫兹波通信特性的电磁纳米网络仿真平台（Nano-Sim），用于验证所构建的模型和算法性能等。

1.4　本书的组织结构

本书的结构如下：

第1章简单介绍电磁纳米网络。

第2章主要介绍纳米节点能耗优化设计，包括纳米处理器与纳米收发器作为纳米节点的重要功能。在纳米节点收发器能耗优化模型中，联合物理层和硬件电路建立能耗模型，进一步设计针对单位数据传输的能耗优化模型。

第3章着重介绍电磁纳米网络中的太赫兹波通信建模。在能耗模型的基础上，建立全频段的太赫兹波通信模型，通过对太赫兹频段特性的分析，分别建立太赫兹频段的信道通信模型和信道干扰模型，为后续调制机制的设计、通信协议的研发、通信频率的选择奠定理论基础。

第4章主要介绍时域扩展的通断键控（time spread on-off keying，TS-OOK）通信机制，包括其调制方式及现实应用中的优缺点，重点分析纳米网络中基于TS-OOK通信机制的信道容量。在分析纳米网络中无线通信链路容量的基础上，提出基于节点混合能量储存结构（由电池和超级电容器组成）的能量捕获通信系统，对其信道进行建模分析。分析能量采集和永久纳米网络能耗之间的平衡关系，提出相应参数的基本约束，对永久纳米网络和最大网络容量的联合参数进行优化。

第5章主要介绍电磁纳米网络在太赫兹频段上的信道干扰和抑制。通过信道干扰建模分别对视距传播干扰和非视距传播干扰进行分析，利用干扰模型研究电磁纳米网络中的信号覆盖问题，利用信道编码方式研究电磁纳米网络中的信道干扰抑制问题。

第6章主要从能耗优化的角度介绍电磁纳米网络的信道和信源编码，在降低误比特率、保障通信可靠性的同时，兼顾能量有效性的最小传输能耗。对纳米网络的低码重信道编码、源字等概率通信能耗优化编码、源字非等概率通信能耗优化编码、实时信息流通信能耗优化编码，以及联合太赫兹信道容量性能的节能编码等做了详细介绍。

第7章主要介绍电磁纳米网络中的MAC协议，包括辅助波束成形的MAC协议（TAB-MAC）、中继MAC协议（RBMP）和基于时序接收驱动的MAC协议。

第 8 章主要介绍电磁纳米网络中的路由协议。概述电磁纳米网络路由协议的设计原则与分类，详细介绍基于相对位置感知的机会路由、基于协作传输的能耗优化路由和基于增强学习的偏转路由这三种路由协议。

第 9 章主要介绍电磁纳米网络中太赫兹波通信研究的难点，提出未来的重点研究方向，包括优化能耗模型、延长网络生存时间、进一步研究多跳网络模型、完善纳米物联网编码理论等。

参 考 文 献

[1] Geim A K. Graphene: status and prospects[J]. Science, 2009, 324(5934): 1530-1534.

[2] Novoselov K S, Geim A K, Morozov S V, et al. Electric field effect in atomically thin carbon films[J]. Science, 2004, 306(5696): 666-669.

[3] Geim A K, Novoselov K S. The rise of graphene[J]. Nature Materials, 2007, 6(3): 183-191.

[4] Akyildiz I F, Brunetti F, Blázquez C. Nanonetworks: a new communication paradigm[J]. Computer Networks, 2008, 52(12): 2260-2279.

[5] Akyildiz I F, Jornet J M. Electromagnetic wireless nanosensor networks[J]. Nano Communication Networks, 2010, 1(1): 3-19.

[6] Akyildiz I F, Jornet J M. The internet of nano-things[J]. IEEE Wireless Communications, 2010, 17(6): 58-63.

[7] Akyildiz I F, Jornet J M, Pierobon M. Nanonetworks: a new frontier in communications[J]. Communications of the ACM, 2011, 54(11): 84-89.

[8] Jornet J M, Akyildiz I F. The internet of multimedia nano-things[J]. Nano Communication Networks, 2012, 3(4): 242-251.

[9] Nelson D L, Cox M M. Lehninger: principles of biochemistry[M]. New York: Palgrave Macmillan Biochemistry, 2000.

[10] Yonzon C R, Stuart D A, Zhang X, et al. Towards advanced chemical and biological nanosensors—an overview[J]. Talanta, 2005, 67(3): 438-448.

[11] Dubach J M, Harjes D I, Clark H A. Fluorescent ion-selective nanosensors for intracellular analysis with improved lifetime and size[J]. Nano Letters, 2007, 7(6): 1827-1831.

[12] Li J P, Peng T Z, Peng Y Q. A cholesterol biosensor based on entrapment of cholesterol oxidase in a silicic sol-gel matrix at a prussian blue modified electrode[J]. Electroanalysis: an International Journal Devoted to Fundamental and Practical Aspects of Electroanalysis, 2003, 15(12): 1031-1037.

[13] Tallury P, Malhotra A, Byrne L M, et al. Nanobioimaging and sensing of infectious diseases[J]. Advanced Drug Delivery Reviews, 2010, 62(4-5): 424-437.

[14] Kosaka P M, Pini V, Ruz J J, et al. Detection of cancer biomarkers in serum using a hybrid mechanical and optoplasmonic nanosensor[J]. Nature Nanotechnology, 2014, 9(12): 1047-1053.

[15] Heil M, Silva Bueno J C. Within-plant signaling by volatiles leads to induction and priming of an indirect plant defense in nature[J]. Proceedings of the National Academy of Sciences, 2007, 104(13): 5467-5472.

[16] Heil M, Ton J. Long-distance signalling in plant defence[J]. Trends in Plant Science, 2008, 13(6): 264-272.

[17] Pieterse C M J, Dicke M. Plant interactions with microbes and insects: from molecular mechanisms to ecology[J]. Trends in Plant Science, 2007, 12(12): 564-569.

[18] Riu J, Maroto A, Rius F X. Nanosensors in environmental analysis[J]. Talanta, 2006, 69(2): 288-301.

[19] Park M, Im J, Shin M, et al. Highly stretchable electric circuits from a composite material of silver nanoparticles and elastomeric fibres[J]. Nature Nanotechnology, 2012, 7(12): 803-809.

[20] Han W, Wu Z, Li Y, et al. Graphene family nanomaterials (GFNs)—promising materials for antimicrobial coating and film: a review[J]. Chemical Engineering Journal, 2019, 358: 1022-1037.

[21] Hierold C, Jungen A, Stampfer C, et al. Nano electromechanical sensors based on carbon nanotubes[J]. Sensors and Actuators A: Physical, 2007, 136(1): 51-61.

[22] Jornet J M, Akyildiz I F. The internet of multimedia nano-things[J]. Nano Communication Networks, 2012, 3(4): 242-251.

[23] Bacon M, Bradley S J, Nann T. Graphene quantum dots[J]. Particle & Particle Systems Characterization, 2014, 31(4): 415-428.

[24] Bennewitz R, Crain J N, Kirakosian A, et al. Atomic scale memory at a silicon surface[J]. Nanotechnology, 2002, 13(4): 499.

[25] Parkin S S P, Hayashi M, Thomas L. Magnetic domain-wall racetrack memory[J]. Science, 2008, 320(5873): 190-194.

[26] Ji L, Tan Z, Kuykendall T, et al. Multilayer nanoassembly of Sn-nanopillar arrays sandwiched between graphene layers for high-capacity lithium storage[J]. Energy & Environmental Science, 2011, 4(9): 3611-3616.

[27] Stoller M D, Park S, Zhu Y, et al. Graphene-based ultracapacitors[J]. Nano Letters, 2008, 8(10): 3498-3502.

[28] Hierold C, Jungen A, Stampfer C, et al. Nano electromechanical sensors based on carbon nanotubes[J]. Sensors and Actuators A: Physical, 2007, 136(1): 51-61.

[29] Kershner R J, Bozano L D, Micheel C M, et al. Placement and orientation of individual DNA shapes on lithographically patterned surfaces[J]. Nature Nanotechnology, 2009, 4(9): 557-561.

[30] Schwierz F. Graphene transistors[J]. Nature Nanotechnology, 2010, 5(7): 487-496..

[31] Liu B, Lai Y, Ho S T. High spatial resolution photodetectors based on nanoscale three-dimensional structures[J]. IEEE Photonics Technology Letters, 2010, 22(12): 929-931.

[32] Llatser I, Cabellos-Aparicio A, Alarcón E, et al. Scalability of the channel capacity in graphene-enabled wireless communications to the nanoscale[J]. IEEE Transactions on Communications, 2014, 63(1): 324-333.

[33] Pujol J C, Jornet J M, Pareta J S. PHLAME: A physical layer aware MAC protocol for electromagnetic nanonetworks[C]// 2011 IEEE Conference on Computer Communications Workshops (INFOCOM WKSHPS). Shanghai, IEEE, 2011: 431-436.

[34] Wang P, Jornet J M, Malik M G A, et al. Energy and spectrum-aware MAC protocol for perpetual wireless nanosensor networks in the Terahertz Band[J]. Ad Hoc Networks, 2013, 11(8): 2541-2555.

[35] Kuran M Ş, Yilmaz H B, Tugcu T. Effects of routing for communication via diffusion system in the multi-node environment[C]//2011 IEEE Conference on Computer Communications Workshops (INFOCOM WKSHPS). Shanghai, IEEE, 2011: 461-466.

[36] Kimura M. Emerging applications using metal-oxide semiconductor thin-film devices[J]. Japanese Journal of Applied Physics, 2019, 58(9): 090503.

[37] Pierobon M, Jornet J M, Akkari N, et al. A routing framework for energy harvesting wireless nanosensor networks in the Terahertz Band[J]. Wireless Networks, 2014, 20(5): 1169-1183.

[38] 毛军发, 黄一, 吴林晟, 等. 碳纳米材料太赫兹无源元件与天线研究进展[J]. 微波学报, 2013, 29（5）: 17-21.

[39] Abadal S, Alarcón E, Cabellos-Aparicio A, et al. Graphene-enabled wireless communication for massive multicore architectures[J]. IEEE Communications Magazine, 2013, 51(11): 137-143.

[40] Farmani H, Farmani A, Biglari Z. A label-free graphene-based nanosensor using surface plasmon resonance for biomaterials detection[J]. Physica E: Low-dimensional Systems and Nanostructures, 2020, 116: 113730.

[41] Stoller M D, Park S, Zhu Y, et al. Graphene-based ultracapacitors[J]. Nano Letters, 2008, 8(10): 3498-3502.

[42] Hossain Z, Xia Q, Jornet J M. TeraSim: An ns-3 extension to simulate Terahertz-band communication networks[J]. Nano Communication Networks, 2018, 17: 36-44.

第 2 章

电磁纳米网络节点能耗优化设计

目前，纳米节点的常规尺寸为立方微米级，在如此小的空间制造大容量的电能储存装置，还存在较大的技术瓶颈。因此，如何在纳米节点空间和能量双重受限的情况下，设计合适的节能或能量管理机制，合理分配节点能耗，以增加单个纳米节点甚至整个纳米网络的生存周期，是克服电磁纳米网络发展和应用瓶颈的一个关键技术要点[1-2]。

2.1 电磁纳米网络节点能耗

现有研究成果表明，纳米节点的通信模块是节点能耗的主要来源，针对节点能量受限问题，现有能量管理机制[3-8]主要通过网络层、数据链路层（MAC 层）协议进行优化。本节通过融合物理层和硬件电路来建立节点能耗模型，根据电磁波在节点间发送和接收的特点，结合硬件电路能耗组成，建立收发器能耗模型，从而进一步设计出针对单位数据传输的能耗最小化模型。

2.1.1 数据包结构

根据微波通信原理[9-10]，数据包是数据收发的最小单元。数据包由三部分组成：负载数据、上层报头和物理层（physical layer，PHY）/数据链路层（MAC 层）报头，如图 2-1 所示。其中，负载数据的长度为 L_L，主要包含需要传递的有效信息。上层报头的长度为 L_{UH}，包括上面几层添加的控制信息，如路由信息、数据包标识、优先级设定信息等。从 PHY/MAC 层的角度来看，负载数据和上层报头信息的区分度不高，所以一般将两者合在一起看成是一个整体，PHY/MAC 层报头的长度为 L_H。

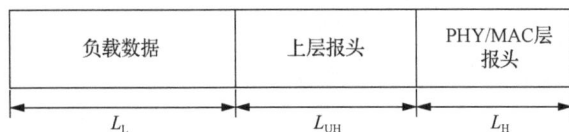

负载数据	上层报头	PHY/MAC层报头
L_L	L_{UH}	L_H

图 2-1　数据包结构（单位：bit）

PHY/MAC 层报头包含数据包中其他部分负载数据的调制机制、编码方法等信息，以及时钟同步、自动增益控制器参数等常量信息，在进行编码调制时，相较于负载数据和上层报头，需要更好的鲁棒性和可靠性，所以对 PHY/MAC 层报头采用特定的调制方式，如采用二进制相移键控（binary phase-shift keying，BPSK）、正交相移键控（quadrature phase-shift keying，QPSK）、多进制相移键控（multiple phase-shift keying，MPSK）、多进制正交幅度调制（multiple quadrature amplitude modulation，MQAM）等对非编码系统进行信号调制。

2.1.2 收发器能耗模型

节点能耗的主要来源是传感模块的环境感应、处理模块的信息处理，以及通信模块的信号发送与接收[11-13]。其中，通信模块在信号的发送和接收过程中承担了主要的能耗，所以对通信模块的能耗进行优化对整个节点的能量管理有着重要的意义[14-17]。

通信模块硬件电路的能耗主要来自两个方面：发送器和接收器工作时的能耗。发送器和接收器分别使用卷积编码器和维特比（Viterbi）解码器来发送和接收信号，其通用模型结构如图 2-2 所示[18]。发送器由数模转换器（digital-to-analog converter，DAC）、滤波器（filter）、混频器（mixer）、提供地方频率（local oscillator，LO）的频率合成器（frequency synthesizer，FS）和功率放大器（power amplifier，PA）等组成。接收器对应于发送器，由模数转化器（analog-to-digital converter，ADC）、中频放大器（intermediate frequency amplifier，IFA）、滤波器、混频器和频率合成器、低噪声放大器（low noise amplifier，LNA）等组成。

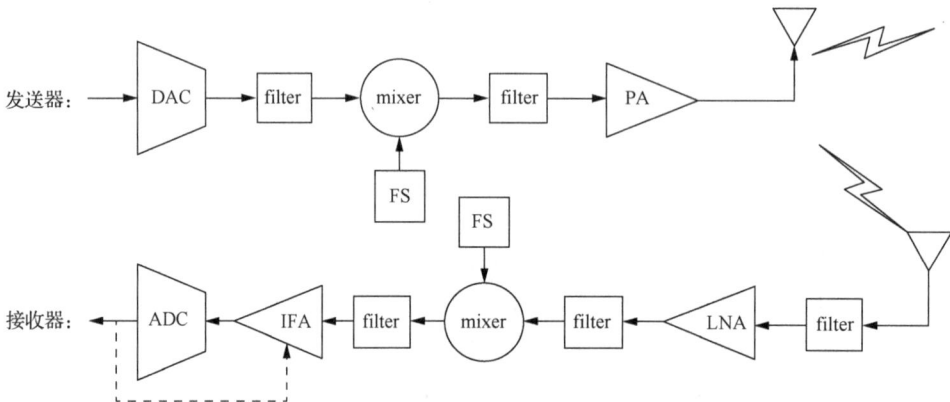

图 2-2　发送器和接收器模型结构

其中，由于能耗较小，卷积编码器的能耗可以忽略不计。定义模数转换器和数模转换器的功率分别为 P_{ADC} 和 P_{DAC}，滤波器的功率为 P_{filter}，混频器的功率为 P_{mixer}，频率合成器的功率为 P_{syn}，低噪声放大器的功率为 P_{LNA}，Viterbi 解码器的功率为 P_{dec}，功率放大器的功率[18]可表示为

$$P_{amp} = \beta P_t \qquad (2-1)$$

式中，P_t 为发送功率；系数 β 用来区分不同的调制机制，由不同的调制机制的特点决定。

在不考虑功率放大器的情况下，发送器和接收器的集成电路的功率损耗为 P_c，可

表示为

$$P_c = P_{DAC} + P_{filter} + P_{mixer} + P_{syn} + P_{LNA} + P_{mixer} + P_{syn} + P_{ADC} + P_{dec}$$
$$= P_{DAC} + P_{filter} + 2P_{mixer} + 2P_{syn} + P_{LNA} + P_{ADC} + P_{dec} \tag{2-2}$$

2.2 数据传输能耗优化模型

无线网络具有信道不可靠和易受干扰等特性，在不同的网络环境下，采用自适应的调制机制可以优化系统能耗。本节从物理层的角度，在考虑数据重传机制的基础上，以单位数据传输能耗最优化为目标，从最佳负载大小和最优通信距离两方面对能耗优化模型进行改进。同时，分别采用不同的调制机制，在不同信号干扰强度、通信距离、负载大小条件下，对所建立的电磁纳米网络收发器能耗优化模型进行验证。

2.2.1 单个数据包的能耗模型

发送节点将数据包发送给接收节点，节点同时包括发送器和接收器，定义发送器和接收器总的打开时间为 T_{on}，定义 T_L、T_{UH} 和 T_H 分别为负载数据、上层报头和 PHY/MAC 层报头发送所需的时间，则打开时间可以表示为

$$T_{on} = \frac{T_L + T_{UH} + T_H}{R_c} \tag{2-3}$$

式中，R_c 为信道编码速率，当无编码状态时，R_c 取值为 1。发送器在数据发送前的编码和调制是发送数据最主要的能耗部分，定义在 T_{on} 时间内发送和接收负载数据的能耗为 E，表示为

$$E = \left(\frac{P_t}{G_c} + P_{amp} + P_c \right) T_{on} \tag{2-4}$$

式中，P_t / G_c 为用于编码的能耗；P_{amp} 和 P_c 的和为编码结束后整个硬件电路的功率。发送功率取值的大小主要由接收器的信噪比 γ 和误码率 P_b 决定，信噪比大小与接收器的接收功率及产生的误差有关，可以表示为

$$\gamma = \frac{P_r}{2BN_0} \tag{2-5}$$

式中，P_r 为接收器接收到的功率；B 为带宽；N_0 为加性高斯白噪声（additive white Gaussian noise，AWGN）的功率谱密度。为了得到误码率和信噪比之间的关系，采用 Q 函数（标准正态分布的右尾函数）逼近的方法，其中 Q 函数可表示为

$$Q(x) = \int_x^\infty \frac{1}{\sqrt{2\pi}} e^{-\frac{u^2}{2}} du \tag{2-6}$$

不同编码机制下误码率 P_b（基于 Q 函数与信噪比 γ 进行表示）如表 2-1 所示，表中 N 为进制数，表示采用 N 进制数字相位调制。

表 2-1　不同编码机制下的误码率

编码机制	误码率
BPSK	$P_{\text{b}} \approx Q(\sqrt{2\gamma})$
QPSK	$P_{\text{b}} \approx 2Q(\sqrt{2\gamma})\left[1 - \frac{1}{2}Q(\sqrt{2\gamma})\right]$
MPSK	$P_{\text{b}} \approx 2Q\left[\sqrt{2\gamma\log_2 N}\sin\frac{\pi}{N}\right]$
MQAM	$P_{\text{b}} \approx 1 - \left[1 - 2\left(1 - \frac{1}{\sqrt{N}}\right)Q\left(\frac{3\log_2 N}{N-1}\gamma\right)\right]$

根据信号传输原理，同时结合式（2-5），发送功率 P_{t} 可以表示为

$$P_{\text{t}} = G_{\text{P}}P_{\text{r}} = 2BN_0 G_{\text{P}}\gamma \tag{2-7}$$

式中，G_{P} 为功率增益因子，$G_{\text{P}} \triangleq Gd^k M_1$，其中 G 为天线增益，d 表示通信距离，k 表示传输衰减因子，M_1 表示噪声干扰量。将式（2-1）和式（2-7）代入式（2-4），进一步可以得到在 T_{on} 时间内发送和接收负载数据的能耗为

$$E = \frac{(1 + \beta G_{\text{c}})2BN_0 G_{\text{P}}\gamma T_{\text{on}}}{G_{\text{c}}} + P_{\text{c}}T_{\text{on}} \tag{2-8}$$

式中，G_{c} 为编码增益。

2.2.2　单个数据包的能耗优化

PHY/MAC 层报头采用特定的调制方式进行调制，具有较高的鲁棒性和可靠性，同时，误码主要发生在数据量较多的负载数据和上层报头部分，而 PHY/MAC 层报头的数据量要明显小于负载部分的数据量，所以 PHY/MAC 层报头数据不易产生误码。用误包率 P_{pe} 表示数据传输错误的概率，可以由误码率 P_{b} 得到：

$$P_{\text{pe}} = 1 - (1 - P_{\text{b}})^{L_{\text{L}} + L_{\text{UH}}} \tag{2-9}$$

每个节点都包含发送器和接收器，当数据发送错误，发送节点未收到接收节点的确认信息时，采用重传机制对数据进行重新发送，直到接收到确认信息，再进行新一轮的数据包发送，数据包经过 m 次的重传成功传输数据的过程如图 2-3 所示。其中，T_{tr} 表示发送节点发送器和接收节点接收器的启动时间，对应的 E_{tr} 表示电路在开启时的能耗。由于频率合成器相较于其他硬件打开的时间较长，硬件启动时间近似等于打开频率合成器的时间，相应地，启动时间内的能耗 E_{tr} 近似等于频率合成器的能耗 E_{syn}。在 T_{on} 时间内发送数据包对应的能耗为 E_{tx}。数据包时间间隔 T_{IPS} 默认设置为 5ms，在该时间间隔内能耗主要来自频率合成器，用 E_{IPS} 表示。发送节点收到接收节点的应答信号所需的时间为 T_{ACK}，能耗用 E_{ACK} 表示。T_{ACK} 可以表示为

$$T_{\text{ACK}} \approx \frac{L_{\text{H}}}{BR_{\text{c}}} \tag{2-10}$$

由图 2-3 可知，发送节点和接收节点是基于可靠通信的数据包传输方式，发送节点在接收到数据到达返回的确认（acknowledgement，ACK）信号后，经过数据包时间间

隔 T_{IPS}，再进行下一轮新的数据包传输，否则进行原数据包的重传操作。数据包在第 m 次发送后收到 ACK 信息，表示第 m 次成功发送，在前 $m-1$ 次发送过程中都没有收到 ACK 信息，即此时间段内每次发送过程中，接收节点的发送器发送 ACK 信息的能耗 E_{ACK} 的值为 0，而发送节点的接收器——低噪声放大器保持收听 ACK 信息的工作状态的能耗为 E_{LN}。

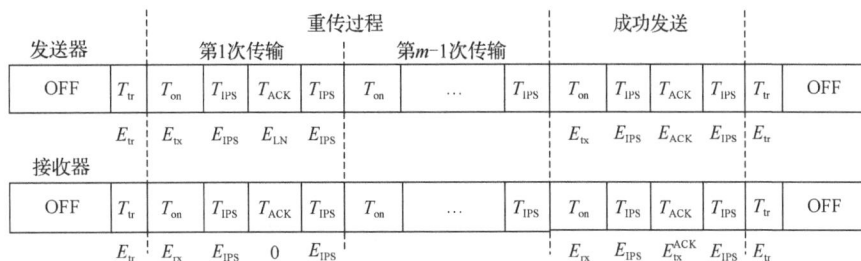

图 2-3　单个数据包 m 次重传过程

		重传过程								成功发送					
		第1次传输				第m-1次传输									
发送器															
OFF	T_{tr}	T_{on}	T_{IPS}	T_{ACK}	T_{IPS}	T_{on}	…	T_{IPS}	T_{on}	T_{IPS}	T_{ACK}	T_{IPS}	T_{tr}	OFF
	E_{tr}	E_{tx}	E_{IPS}	E_{LN}	E_{IPS}				E_{tx}	E_{IPS}	E_{ACK}	E_{IPS}	E_{tr}	
接收器															
OFF	T_{tr}	T_{on}	T_{IPS}	T_{ACK}	T_{IPS}	T_{on}	…	T_{IPS}	T_{on}	T_{IPS}	T_{ACK}	T_{IPS}	T_{tr}	OFF
	E_{tr}	E_{rx}	E_{IPS}	0	E_{IPS}				E_{rx}	E_{IPS}	$E_{\text{tx}}^{\text{ACK}}$	E_{IPS}	E_{tr}	

数据包在第 m 次成功发送，接收节点的发送器向发送节点发送 ACK 信息反馈，在 T_{ACK} 时间间隔内能耗为 $E_{\text{tx}}^{\text{ACK}}$，发送节点在接收到 ACK 信息后对其进行解码，损耗的能量大小为 E_{ACK}。在经过预先设定的时间间隔后，发送节点进行下一步操作，数据包在时间间隔内的能耗主要来自频率合成器，用 E_{IPS} 表示。

综上，在考虑重传机制下，单个数据包第 m 次成功发送时，发送节点的能耗为

$$E_{\text{t}}(m) = (2E_{\text{IPS}} + E_{\text{tx}} + E_{\text{LN}})(m-1) + 2E_{\text{tr}} + 2E_{\text{IPS}} + E_{\text{tx}} + E_{\text{ACK}} \tag{2-11}$$

接收节点的能耗为

$$E_{\text{r}}(m) = (2E_{\text{IPS}} + E_{\text{rx}})m + 2E_{\text{tr}} + E_{\text{tx}}^{\text{ACK}} \tag{2-12}$$

进一步，可以得出单个数据包成功传输所需要的平均能耗 $\overline{E}$ 的表达式如下：

$$\overline{E} = \lim_{m \to \infty} \sum_{i=1}^{m} [E_{\text{t}}(i) + E_{\text{r}}(i)] \cdot \psi\{i\} \tag{2-13}$$

式中，$\psi\{i\}$ 表示数据包通过 i 次重传被成功传送的概率，由数据传输的误包率决定，可以表示为

$$\psi\{i\} = P_{\text{pe}}^{i-1}(1 - P_{\text{pe}}) \tag{2-14}$$

由 $P_{\text{dec}}T_{\text{ACK}} = E_{\text{tx}} + 2E_{\text{IPS}} + E_{\text{ACK}}$，并将式（2-11）、式（2-12）和式（2-14）代入式（2-13）后，可以得到式（2-13）表示的平均能耗，表示如下：

$$\overline{E} = \frac{4E_{\text{IPS}} + E_{\text{tx}} + E_{\text{rx}} + E_{\text{LN}}}{1 - P_{\text{pe}}} + 2E_{\text{tr}} + P_{\text{dec}}T_{\text{ACK}} + 2E_{\text{tr}} + E_{\text{tx}}^{\text{ACK}} \tag{2-15}$$

根据传输负载数据包所需的平均能耗 $\overline{E}$，以及 $T_{\text{on}} = \dfrac{L_{\text{L}}}{B\eta R_{\text{c}}} + \dfrac{L_{\text{UH}}}{B\eta R_{\text{c}}} + \dfrac{L_{\text{H}}}{BR_{\text{c}}}$ 可以得到传输 1bit 数据所需的平均能耗 $\overline{E}_{\text{bit}}$ 为

$$\overline{E}_{\text{bit}} = \frac{\overline{E}}{L_{\text{L}}} = \frac{1}{L_{\text{L}}} \left[\frac{4E_{\text{IPS}} + E_{\text{LN}} + P_{\text{on}}\left(\dfrac{L_{\text{L}}}{B\eta R_{\text{c}}} + \dfrac{L_{\text{UH}}}{B\eta R_{\text{c}}} + \dfrac{L_{\text{H}}}{BR_{\text{c}}} \right)}{(1 - P_{\text{b}})^{L_{\text{L}} + L_{\text{UH}}}} + P_{\text{dec}}T_{\text{ACK}} + 4E_{\text{tr}} + E_{\text{tx}}^{\text{ACK}} \right] \tag{2-16}$$

式中，P_{on} 为发送器和接收器启动状态的功率；η 为带宽效率。为了对每比特数据传输能耗进行优化，通过对 $\overline{E}_{bit}$ 求关于数据包长度的偏导，使 $\frac{\partial \overline{E}_{bit}}{\partial L_L} = 0$，当 $P_b \to 0$ 时，$\lim\limits_{P_b \to 0} \ln(1 - P_b) \approx -P_b$，$\lim\limits_{P_b \to 0} (1 - P_b)^{L_L + L_{UH}} \approx 1$，可以得到如下等式：

$$aL_L^2 + bL_L + c = 0 \tag{2-17}$$

式中，

$$a = \frac{P_{on}}{B\eta R_c} P_b$$

$$b = -\left[4E_{IPS} + E_{LN} + P_{on}\left(\frac{L_{UH}}{B\eta R_c} + \frac{L_H}{BR_c} \right) + (P_{dec}T_{ACK} + 4E_{tr} + E_{tx}^{ACK}) \right]$$

$$c = \left[4E_{IPS} + E_{LN} + P_{on}\left(\frac{L_{UH}}{B\eta R_c} + \frac{L_H}{BR_c} \right) \right] P_b$$

另外，还可以根据 $P_{on} = \frac{(1 + \beta G_c)2BN_0 G_P \gamma}{G_c} + P_c$，$E_{IPS} = P_{syn}T_{IPS}$，$E_{LN} = (P_{cr} - P_{dec})T_{ACK}$，

$E_{tr} = P_{syn}T_{tr}$，$E_{tx}^{ACK} = \left[\frac{(1 + \beta G_c)2BN_0 G_P \gamma}{G_c} + P_{ct} \right] T_{ACK}$（其中 P_{cr} 为接收器有源模式下的功率，P_{ct} 为发送器有源模式下的功率），化简式（2-17），求得能耗优化后的最佳负载数据包长度 L_L^* 为

$$L_L^* = \frac{-b \pm \sqrt{b^2 - 4ac}}{2a} \tag{2-18}$$

通常情况下，发送功率 P_t 远大于接收节点的接收功率 P_r，此时的最佳负载数据包长度趋向于恒定值，即

$$L_L^* \approx \frac{\sqrt{(P_b L_{UH} + P_b L_H \eta)^2 - 4P_b \frac{L_{UH} + \eta L_H}{\eta}} - P_b(L_{UH} + \eta L_H)}{2P_b} \tag{2-19}$$

同时，可以针对每比特数据传输能耗做对距离 d 的求偏导处理：

$$\frac{\partial \overline{E}_{bit}}{\partial d} = \frac{\left(\frac{L_L}{B\eta R_c} + \frac{L_{UH}}{B\eta R_c} + \frac{L_H}{BR_c} \right)}{L_L \cdot (1 - P_b)^{L_L + L_{UH}}} [(1 + \beta G_c)2BN_0 \gamma k G d^{k-1} M_1] \tag{2-20}$$

对上面等式求解，可以得到固定数据包长度情况下最佳的通信距离 d^* 为

$$d^* = \left(\frac{L_L \cdot (1 - P_b)^{L_L + L_{UH}}}{\left(\frac{L_L}{B R_c} + \frac{L_{UH}}{B\eta R_c} + \frac{L_H}{BR_c} \right)(1 + \beta G_c)2BN_0 \gamma k G M_1} \right)^{\frac{1}{k-1}} \tag{2-21}$$

将发送功率表达式 $P_t = 2BN_0 G\gamma = 2BN_0 G_1 d^k M_1 \gamma$，代入对距离的偏导式（2-21），可

得：$\dfrac{\partial \overline{E}_{\text{bit}}}{\partial d} = \dfrac{\left(\dfrac{L_{\text{L}}}{B\eta R_{\text{c}}} + \dfrac{L_{\text{UH}}}{B\eta R_{\text{c}}} + \dfrac{L_{\text{H}}}{BR_{\text{c}}} \right)}{L_{\text{L}} \cdot (1-P_{\text{b}})^{L_{\text{L}}+L_{\text{UH}}}} \left[(1+\beta G_{\text{c}}) \dfrac{P_{\text{t}}k}{d} \right]$，进而得到最佳通信距离的简化表达

式为

$$d^* = \left(\dfrac{L_{\text{L}} \cdot (1-P_{\text{b}})^{L_{\text{L}}+L_{\text{UH}}} \cdot d}{\left(\dfrac{L_{\text{L}}}{B\eta R_{\text{c}}} + \dfrac{L_{\text{UH}}}{B\eta R_{\text{c}}} + \dfrac{L_{\text{H}}}{BR_{\text{c}}} \right)(1+\beta G_{\text{c}})P_{\text{t}}k} \right)^{\frac{1}{k-1}} \tag{2-22}$$

2.3　参数性能分析

为了分析与评估所提能耗优化模型的性能，以单位数据传输能量最小化为目标，以通信距离 d、数据包总长度 L、PHY/MAC 层报头长度 L_{H}、噪声干扰量 M_1 为优化指标，采用 MATLAB 仿真工具，在不同的调制机制 [如 BPSK、QPSK、八相相移键控（8 phase-shift keying，8PSK）、十六相相移键控（16 phase-shift keying，16PSK）、四进制正交幅度调制（4 quadrature amplitude modulation，4QAM）、十六进制正交幅度调制（16 quadrature amplitude modulation，16QAM）] 下，进行能耗对比分析。仿真实验采用 0.3THz 频段作为实验频段，实验过程中需要的其他参数设置如表 2-2 所示。

表 2-2　实验参数

参数	取值	参数	取值
L	360bit	P_{filter}	2.5pW
L_{H}	64bit	P_{mixer}	30.3pW
k	3.5	P_{LNA}	20pW
N	16	P_{syn}	50pW
G_{c}	6.47	G	40dB
d	1m	M_1	40dB

由建立的传输能量最小化模型可知，在调制机制一定的情况下，提高能量利用率，节省数据包传输能耗，主要包括两个方面：选择最优的通信距离；选择最优的数据包结构。同时，在现实环境中，噪声是不可避免的一个因素，将噪声干扰加入仿真环境，有利于还原真实的通信场景，增加模型验证的可靠性。

假设传感节点经过布置，环境中的位置及节点之间的距离不再改变。从最优通信距离的角度对节点能耗进行优化，求得不同噪声干扰下最优传输距离 [式（2-21）]，采用固定发射功率（大小为 2.86pJ）、不同调制机制的最优通信距离，如图 2-4 所示。横坐标为环境干扰设定，随着环境中干扰噪声的增加，固定发射功率下最优通信距离呈递减趋势，原因在于将损耗更多的能量用于克服环境噪声的干扰，相应的数据包传输的距离随

之缩短。不同的调制机制由于各自特性和优势的不同，呈现不同的性能表现，BPSK 调制机制由于方法简单，在固定发送频率的前提下，能够实现更大的最优通信距离，在能耗优化上的优势要明显好于其他几种调制机制。

图 2-5 所示为噪声环境中单位数据传输能耗图。随着环境干扰的增加，单位数据传输能耗呈递增趋势，因为一部分的传输能量用于克服环境中噪声的干扰。同时，从图中也可以看出，BPSK 调制机制在单位数据传输能耗优化中有显著的优势，在以节约能耗为主的系统设计中，可以作为标准调制机制的候选。

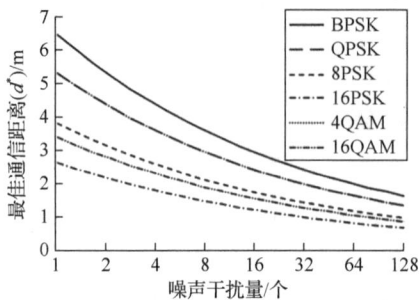

图 2-4　不同调制机制的最优通信距离　　　图 2-5　不同干扰噪声下单位数据传输能耗

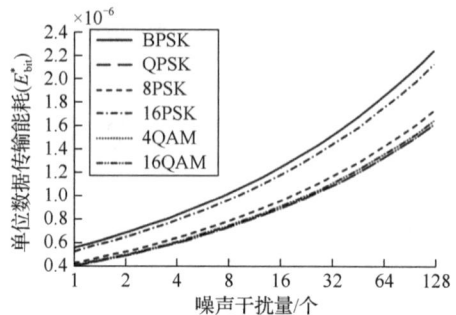

式（2-19）建立了最优负载数据模型，因此针对单位数据传输能耗优化的另一种方法是设计合理的数据包结构，即合理设定数据包中报头数据和负载数据的长度。图 2-6 所示为当传输距离 $d=1m$ 时，在一个加性高斯白噪声的干扰下，不同数据包的长度与不同结构的数据包的单位数据传输能耗。其中，横坐标为整个数据包的长度，不同的曲线表示不同结构的数据包报头长度，数据包报头长度越大，说明负载数据在这个传输数据包中所占的比例越小。

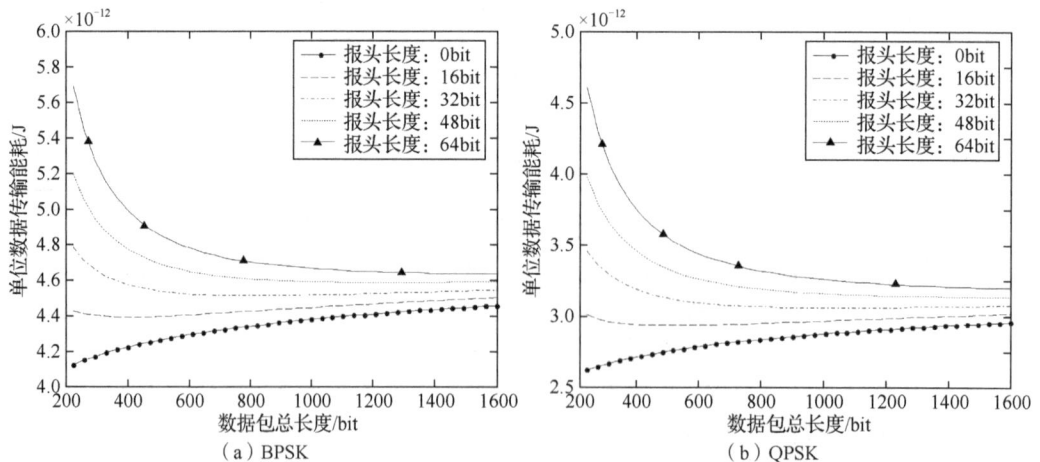

（a）BPSK　　　　　　　　　　　　　（b）QPSK

图 2-6　不同调制机制、不同长度与结构的数据包单位数据传输能耗

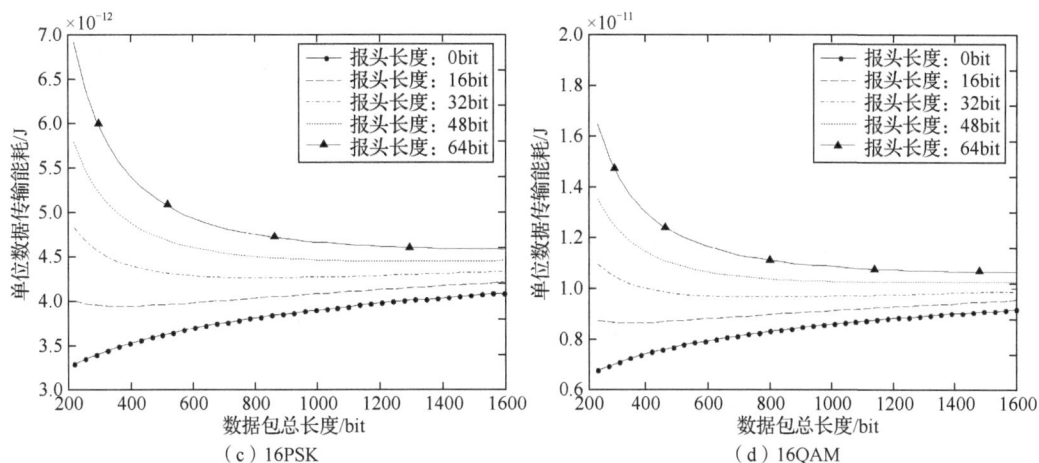

（c）16PSK　　　　（d）16QAM

图 2-6（续）

图 2-6 中不同调制机制下单位数据传输能耗都有相似的趋势。图 2-6（a）中，当报头长度为 0bit 时，数据包的数据都为负载数据，假设此时数据包仍能正常收发，由对应的报头长度为 0bit 时的曲线可知，此时单位数据传输的能耗呈单调递增的趋势。这是因为随着整个数据量的增加，硬件电路在打开和调制时花费更多的时间和能耗，所以单位数据成功传输的能耗随着数据包负载数据的增加而规律性地增加。

当报头长度为 16bit 时，在正常的通信链路建立的基础上，单位数据传输的能耗与报头长度为 0bit 时呈近似相反的趋势。虽然负载数据是数据传输过程中发生错误传输（即误码）的主要来源，发生误包后进行数据重传，将损耗额外的能量。但是，为了确保报头数据的稳定性和健壮性，报头数据的调制和编码采用特定的机制，是能耗的重要来源。当整个数据包的长度为 200bit 以下时，16bit 长度的报头数据在整个数据包中所占的比例较大，对报头数据进行调制和编码，产生的能耗在单位数据成功传输的能耗中占主导。当整个数据包长度由 200bit 增加到 400bit 时，数据总量增加，报头长度在整个数据包中所占的比例反而减少，结果是，由于报头数据而引起的能耗作用越来越小，在图中表现为，200bit 数据包长度和 400bit 数据包长度中间的曲线呈单调递减趋势。当数据包长度大于 400bit 之后，由于报头数据所占的比例越来越小，报头数据对整个能耗的影响作用减小，因此其单位数据的传输能耗与 0bit 数据包报头长度时单位数据的传输能耗曲线走势一致，都随着数据包数据量的增加呈递增趋势。同时，对比数据包长度增加到 400bit 后两条曲线在图中的位置，表明在有报头数据的情况下，单位数据成功传输的能耗要明显高于无报头数据时的能耗，这也符合数据包成功发送过程中对不同结构部分的数据发送能耗的分析。

当报头长度为 32bit 时，对比报头长度为 16bit 时的能耗曲线走势，发现具有相似的趋势，同时，当增大报头长度时，整体的单位数据成功传输能耗值增加。由于 32bit 长度的报头数据在仿真初期所占整个数据包的比例要高于 16bit 报头数据，报头数据传输产生的能耗在整体能耗中所占的比例更大，因此此时的单位数据传输能耗要明显高于报头数据较小时的情况。在数据包整体长度超过 600bit 时，32bit 长度的报头数据在整个数据包中所占的比例才接近足够小，能耗主要由负载数据的重传和传输组成。

同理，当报头长度持续增加到 48bit 和 64bit 时，单位数据成功传输的能耗随着报头长度的增加而增加。同时，随着整个数据包数据量的增加，不同结构的数据包之间又有相似的能耗趋势。对比图 2-6（a）中不同结构的数据包的能耗特点，当数据包中所包含的负载数据量超过某个阈值后，单位数据成功传输能耗趋向于一个收敛区间。通过大量仿真试验可以进一步确定该区间，为未来的节点数据传输能耗提供参考。

图 2-6 中的 BPSK、QPSK、16PSK 和 16QAM 四种不同调制机制下的数据包结构和单位数据成功传输的能耗之间有相近的趋势，但在具体的能耗值上有差别。与图 2-5 的仿真结果相对应，图 2-5 表明节点能耗优化模型对不同调制机制优化值的数量值不同，而图 2-6 表明不同调制机制之间，不同数据包结构在节点能耗优化模型中都有较好的优化效果。

2.4　小　　结

本章首先在纳米节点的硬件特性基础上，从纳米网络节点的 PHY/MAC 层能耗的角度出发，建立收发器能耗模型。然后，针对节点能量受限问题，提出了以单位数据传输能量最小化为目标的节点能耗优化模型。优化模型在数据包结构设计的基础上，根据数据包传输特点，结合数据错误重传机制，在加性高斯噪声信道中进行数据传输能耗优化，分别提出了最佳通信距离模型和最佳数据包长度模型。最后，通过将不同调制机制应用于建立的收发器能耗优化模型，分析了在不同调制机制和不同噪声干扰环境中，最佳通信距离和最佳负载大小。收发器能耗模型及其能耗优化模型作为纳米网络系统建模的重要部分，将为节点通信距离与数据包的结构设计提供重要参考。

参 考 文 献

[1] Canovas-Carrasco S, Garcia-Sanchez A J, Garcia-Haro J.The IEEE 1906.1 standard: some guidelines for strengthening future normalization in electromagnetic nanocommunications[J]. IEEE Communications Standards Magazine, 2018, 2(4): 26-32.

[2] Lemic F, Abadal S, Tavernier W, et al. Survey on terahertz nanocommunication and networking: a top-down perspective[J]. IEEE Journal on Selected Areas in Communications, 2021, 39(6):1506-1543.

[3] Latifi M, Rastegarnia A, Khalili A, et al. A self-governed online energy management and trading for smart micro/nano-grids[J]. IEEE Transactions on Industrial Electronics, 2020, 67(9):7484-7498.

[4] Jin H L, Zhao J . Real-time energy consumption detection simulation of network node in internet of things based on artificial intelligence[J]. Sustainable Energy Technologies and Assessments, 2021, 44(3):101004.

[5] Aliouat L, Mabed H, Bourgeois J. Efficient routing protocol for concave unstable terahertz nanonetworks[J]. Computer Networks, 2020, 179:107375.

[6] Rong Z C, Leeson M S, Higgins M D, et al. Simultaneous wireless information and power transfer for AF relaying nanonetworks in the Terahertz Band[J]. Nano Communication Networks, 2017, 14:1-8.

[7] Huang L J, Wang W L, Shen S G. Energy-efficient coding for electromagnetic nanonetworks in the Terahertz band[J]. Ad Hoc Networks, 2016, 40:15-25.

[8] Feng L, Yang Q H, Park D, et al. Energy efficient nano-node association and resource allocation for hierarchical nano-communication networks[J]. IEEE Transactions on Molecular, Biological and Multi-Scale Communications, 2018, 4(4): 208-220.

[9]　Belkin M E, Fofanov D, Sigov A. Microwave photonics approach as a novel smart fabrication technique of a radio communication jammers[J]. Procedia Computer Science, 2021, 180(2):950-957.

[10]　Hosseininejad S E, Alarcón A, Komjani N, et al. Study of hybrid and pure plasmonic terahertz antennas based on graphene guided-wave structures[J]. Nano Communication Networks, 2017, 12:34-42.

[11]　Yao X W, Wu Y, Huang W. Routing techniques in wireless nanonetworks: a survey[J]. Nano Communication Networks, 2019, 21:100250.

[12]　Zhang R, Yang K, Alomainy A, et al. Modelling of the terahertz communication channel for in-vivo nano-networks in the presence of noise[C]// 2016 16th Mediterranean Microwave Symposium (MMS). Abu Dhabi, IEEE, 2016, 1-4.

[13]　Abadal S, Alarco X, Cabellos-Aparicio A, et al. Graphene-enabled wireless communication for massive multicore architectures[J]. IEEE Communications Magazine, 2013, 51(11): 137-143.

[14]　Agarwal V, Decarlo R A, Tsoukalas L H. Modeling energy consumption and lifetime of a wireless sensor node operating on a contention-based mac protocol[J]. IEEE Sensors Journal, 2017, 17(16):5153-5168.

[15]　Wang T Q, Wang T, Heinzelman W, et al. Minimization of transceiver energy consumption in wireless sensor networks with AWGN channels [C]// 2008 46th Annual Allerton Conference on Communication, Control, and Computing, Monticello, IL, 2008, 62-66.

[16]　Jornet J M, Akyildiz I F. Femtosecond-long pulse-based modulation for terahertz band communication in nanonetworks[J]. IEEE Transactions on Communications, 2014, 62(5):1742-1754.

[17]　Schwierz F. Graphene transistors: status, prospects, and problems[J]. Proceedings of the IEEE, 2013, 101(7):1567-1584.

[18]　Cui S G, Goldsmith A J, Bahai A. Energy-contrained modulation optimization[J]. IEEE Transactions on Wireless Communications, 2005, 4(5): 2349-2360.

第3章

电磁纳米网络的太赫兹波通信建模

20 世纪末，无线通信技术得到了快速发展，1997 年发布的 IEEE 802.11 协议的传输速率为 2.4Mbit/s，2012 年 10 月发布的 IEEE 802.11ad 协议的最高传输速率达到了 7Gbit/s，无线网络的信息传输速率在 30 年中平均每 18 个月就要翻一番。如果保持现有的增长速度，预计到 2030 年，无线通信数据速率将接近有线通信水平，且未来 5～10 年内，无线通信峰值数据速率将超过 100Gbit/s 乃至 Tbit/s 级，这已经接近有线通信系统能力的极限。为顺应这一趋势，需要先进的物理层解决方案，更重要的是，需要新的频段来支持这些极高的数据速率。本章以电磁纳米网络为应用对象，太赫兹频段为通信频段，从能耗的角度建立电磁纳米网络中的太赫兹波通信模型。

3.1 太赫兹技术的发展

在电磁纳米网络中，纳米器件大部分由石墨烯等材料制成，其天线产生的电磁波信号的波长很短（即通信频率非常高）。结合石墨烯的特性和纳米天线尺寸特性，电磁纳米网络最适合工作在太赫兹频段的信道上。太赫兹频段不仅可以达到更高的传输速率，还具有波束更窄、方向性更好、对人体伤害更小、抗干扰能力更强等特点。鉴于上述优势，太赫兹波通信技术将缓和现阶段无线通信系统中频谱稀缺和容量受限的问题，促进传统无线网络领域的改革和创新。作为电磁纳米网络通信的首选频段，太赫兹频段通信的研究和发展也带动了电磁纳米网络应用的发展[1-2]。

近些年来，美国、德国、日本、澳大利亚等发达国家在太赫兹技术的研究上投入了大量的精力。2004 年，美国政府将太赫兹技术列为改变未来世界的十大技术之一，美国航空航天局（National Aeronautics and Space Administration，NASA）、国防部高级研究计划局（Defense Advanced Research Projects Agency，DARPA）认识到太赫兹技术在军事领域的潜在优势，加大了太赫兹技术在军事领域应用的研究力度，并在 2006 年将太赫兹技术列为国防重点科学[3]。同时，美国国家科学基金会（National Science Foundation，NSF）和国立卫生研究院（National Institutes of Health，NIH）非常重视太赫兹技术在生物应用上的发展前景，也纷纷加入太赫兹技术的研究队伍中。德国布伦瑞克工业大学的太赫兹实验室对太赫兹波通信开展了大量的研究，包括太赫兹波发射源[4]及太赫兹美观天线等太赫兹波通信的基本硬件材质。2005 年，日本将太赫兹技术列为"国家支柱技术十大重点战略目标"的首位，并在之后的十年进行了重点开发，同时在 2006 年到 2010 年之间还得到了第三期科学技术基本计划的支持。2006 年，日本建立了 1.5km 的太赫兹波无线通信演示系统。欧盟、美国、日本在太赫兹技术研究领域加强合作，建成了全球最大的射电天文毫米波干涉阵。

2005 年，中国香山科学会议专门探讨了"太赫兹科学技术的新发展"[5]，吹响了我国太赫兹波通信技术研究探索的号角。目前，国内已经建成多个太赫兹技术研究实验室，首都师范大学[6]、电子科技大学[7]、华中科技大学[8]在内的多所高校纷纷成立课题组加大太赫兹技术的研究力度，并取得了一定的进展。中国科学院上海微系统与信息技术研究所致力于新型半导体太赫兹源的研究，中国科学院物理研究所在太赫兹成像方面有较多的成果，中国科学院西安光学精密机械研究所和电子科技大学都对太赫兹源、微波技术增加了研究力度。2007 年，中国科学院上海微系统与信息技术研究所联合电子科技大学、中国科学院物理研究所等单位申请我国首个太赫兹 973 计划，并获得了立项。2013 年，伊恩·阿基尔迪茨（Ian F. Akyildiz）[5]的研究团队以太赫兹波通信作为研究对象，在美国自然科学基金项目的支持下，进行太赫兹频段超宽带通信网络的研究。研究内容涵盖了适用于太赫兹频段的基于石墨烯的新型收发器、基于石墨烯的纳米天线、探索新的适应太赫兹波通信的物理层解决方案，包括新的带宽适应机制和多输入多输出（multiple-input multiple-output，MIMO）技术、新的链路层功能设计等内容，从而初步建立了太赫兹频段超宽带通信网络的理论基础。2016 年，谢赫（Sheikh）联合扎里菲（Zarifeh）和凯撒（Kaiser），研究并展示了一种用于模拟太赫兹频段短程传播通道的光线追踪方法，并绘制了一个非常详细的超宽带室内办公环境下的非立方三维模型，在建模过程中考虑了多达四个不同振幅大小的反射光线（即四阶）[9]。2019 年，彼得罗夫（Petrov）联合约瑟夫（Josep）、莫尔特恰诺夫（Moltchanov）和库切里亚维（Koucheryavy）研究了如何利用太赫兹波通信固有的多路径特性来降低消息窃听的概率：以略微降低链路容量为代价，即使在多个攻击者以合作方式操作时，也能显著降低消息窃听概率。该解决方案为传输敏感数据及保护太赫兹频段网络中的密钥交换提供了理论基础[10]。2022 年，华中科技大学武汉光电国家实验室联合浙江大学，基于环形谐振器和偏振分束器，提出并演示了一种用于高容量通信的新型硅基集成多维太赫兹复用器，基于偏振分束旋转器和环形谐振器，实现了偏振和频分复用太赫兹波通信，为加速片上太赫兹技术的发展和在未来大容量通信中的应用提供了一条有效途径[11]。同年，余显斌带领的之江实验室太赫兹波通信团队，在国家重点研发计划等项目的支持下，搭建了一套多维度复用的光子太赫兹波无线通信平台。通过不断的系统优化及改进数字信号处理算法，2022 年 8 月，项目团队成功创建了在 265～335GHz 频段内 4 路汇聚速率超 1Tbit/s 的光电太赫兹波无线系统，传输距离达到 100m，系统单路速率距离积高达 25600Gb/（s·m），该项指标处于国际领先水平。

目前，随着纳米技术的发展，纳米设备材料和硬件制作的研究越来越深入，技术也日渐成熟。然而，在纳米节点之间建立稳定的通信链路仍然面临着很大的挑战[12]。建立合理的通信模型，将为调制机制的设计、通信协议的设定、通信频率的选择提供重要参考。

3.2 太赫兹波通信特性研究

目前，针对纳米网络中的信号传输主要有两种方式[13]：介质分子传输[14]和电磁波传输[15]。介质分子传输方式是利用生物分子的生物特性来传递节点间的信息，涉及生物学和化学知识；电磁波传输是基于传统电磁通信理论的纳米网络通信，是本章研究的电磁纳米网络采用的通信方式。电磁纳米网络通信示意图如图 3-1 所示。目前，研究人员已经定义了纳米级的网络节点的基本构成，包括纳米处理器、纳米存储器、能量系统和纳米收发器等，认为石墨烯是制作纳米收发器和纳米天线最理想的材料，并将太赫兹频段作为无线纳米网络通信的最佳频段。但是，纳米节点的尺寸一般为微米量级，将不同的纳米元件组合在一起，嵌入单个纳米节点中，完成节点之间的互联与通信，仍然存在许多难题和挑战。

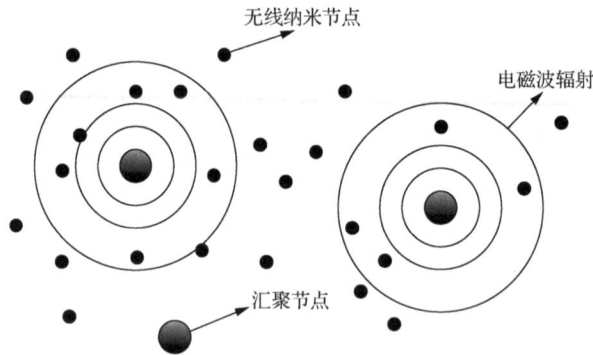

图 3-1　电磁纳米网络通信示意图

目前，如何建立节点之间的高效通信是电磁纳米网络研究中的最大挑战。建立合适的信道模型将给节点之间的通信研究提供依据，进而推动电磁纳米网络理论的深入研究。以电磁纳米网络太赫兹波通信模型建立为目的，本节对纳米节点的太赫兹波传输特性进行分析，研究电磁纳米网络太赫兹频段的信道特性，为太赫兹波通信模型中的纳米节点收发器能耗模型和分子吸收损耗模型，以及太赫兹信道干扰模型的建立奠定基础。

3.2.1 太赫兹波传输特性

从通信理论的角度来看，通信材料所表现出来的特性将决定电磁波传输所需要的特定频段，同时也将影响电磁波发射的延迟、功率大小等。通过研究和分析石墨烯的电磁波特性发现，太赫兹频段是进行电磁波传输的最佳频段。同时，文献[16]已经证明使用石墨烯制作的高度为 1μm 的纳米天线的有效发射频率在太赫兹频段范围内。

如图 3-2 所示，太赫兹频段在电磁波谱中位于微波和红外线之间，频率范围为 0.1～10THz，波长为 30μm～3mm。太赫兹波通信同时具有微波通信和光通信的优点[17]：

（1）太赫兹波与某些极性分子具有很强的吸收作用；

（2）太赫兹光子携带的能量低；

（3）波束短、方向性好，具有很强的穿透能力；

（4）传输容量大、传输速率高，可达到 Tbit/s 级；

（5）由于波长较短，可以使用更小尺寸的天线。

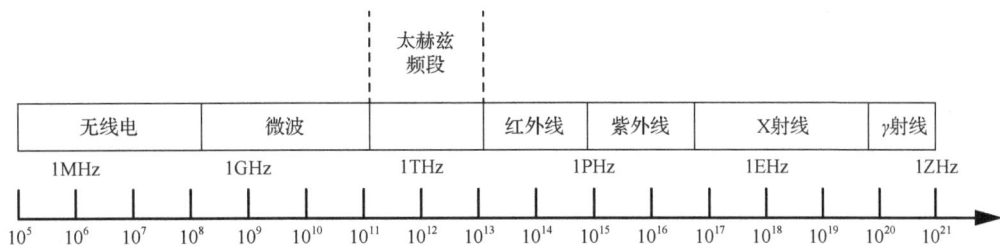

图 3-2　太赫兹频段在电磁波谱中的位置

科学界对频率小于 0.1THz 的微波频段和频率大于 10THz 的远红外波频段已经进行了大量的研究，太赫兹频段仍然是通信领域探索最少的频段之一。

1. 调制机制

在有效的数据处理算法的基础上，电磁纳米网络还需要尽可能实时地传输大量的多源异构数据。使用石墨烯制作的纳米收发器和纳米天线可以解决无线纳米节点在太赫兹频段的电磁波传输问题，数据可以高速传输，最高可以达到 Tbit/s。传输数据量的增加和数据传输速率的提高给系统带来了新的挑战，现在亟须探索和设计合适的信号调制和编码机制[18]。

目前，数字微波通信的研究已经成熟，光通信研究中的许多概念和技术都参照微波通信的成熟技术，如频移键控（frequency-shift keying，FSK）和相移键控（PSK）等数字调制技术。本质上微波通信系统和光通信系统都是依托电磁波进行传播的，因此，介于两者之间的太赫兹波通信技术，也能参照微波通信的调制方案进行调制机制的研究。

由于太赫兹波的发送频率很高，在传输系统中，常用基带信号序列进行调制后再变换到太赫兹频率，这就是数字载波调制或载波键控。载波的振幅、相位或频率随基带数字信号改变时，相应地获得幅移键控（amplitude shift keying，ASK）信号、PSK 信号和FSK 信号，其中 PSK 信号和 FSK 信号在数字微波传输系统中使用较多。目前在高频率段，调制方式有 BPSK、4PSK、8QAM 和 16QAM[19]。

2. 传输介质分子吸收效应

大气作为常见的无线传输介质，其中存在很多极性分子。极性分子会被太赫兹频段中的某些频率的电磁波所激发，分子内部产生振动反应，即内部原子做周期性的运动。原子运动的规律性是由激发它的电磁波频率决定的，当电磁波频率和原子振动的频率相同时，就会产生共振效应，这个频率就是该极性分子的共振频率[20]。共振效应的结果是传输电磁波的某些能量转换为分子内部周期振动的动能，电磁波由于激发极性分子内部的原子振动而损耗的能量称为分子吸收损耗，分子吸收损耗是太赫兹波的主要特性之一。

　　我国著名物理学家石广玉[20]院士，在其著作《大气辐射学》中对大气分子吸收特性做了详细介绍，并推荐了进行分子吸收计算的标准数据库——由罗斯曼（Rothman）编写的高透射分子吸收数据库（High Resolution Transmission，HITRAN）[21]。HITRAN 是空军剑桥研究实验室（Air Force Cambridge Research Laboratories，AFCRL）在 20 世纪 60 年代建立的专项项目，最初是为了详细了解大气中红外线的传输特性，如今它已经成为一个长期更新的永久项目，新的大气谱线信息的不断加入也使该数据库的功能更加全面与实用。

　　为了提取 HITRAN 数据库中相应的光谱信息，必须对应使用 HAWKS（HITRAN Atmospheric Workstation）软件，该软件通过 Java 语言编译，可以实现在单一编码的同时支持交叉平台执行，软件的主页面如图 3-3 所示。

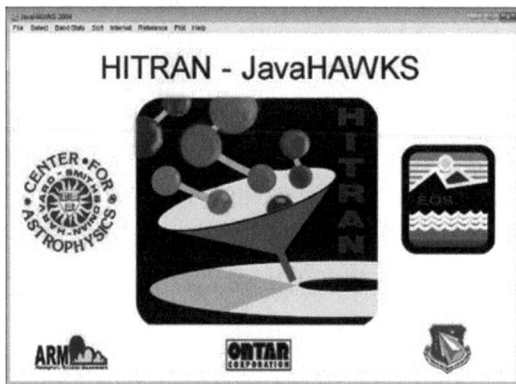

图 3-3　HAWKS 软件主页面

　　HAWKS 软件通过读取 HITRAN 数据库生成的.par 文件，可以按照用户具体需求提取相应分子的谱线信息，可选择的背景环境选项包括频率范围、温度、分子同位素、带宽等。选择具体分子的谱线后，HAWKS 将需要的分子谱线信息以文档格式输出。文档中的信息包含分子吸收能耗所需要的参数：波数、线性强度、跃迁时加权平方、空气展宽的半宽度、自然展宽的半宽度、高态量子指数等。

3.2.2　太赫兹频段的信道特性

　　虽然太赫兹波具有明显优势，但是目前依然存在诸多挑战。太赫兹频段的主要特性有非常高的路径损耗、传输介质中的极性分子对传输信号能量的吸收作用，以及太赫兹波在极小粒子上的散射等。太赫兹频段的特性决定了其并不适用传统计算机网络的通信理论，因此无线传感器网络（wireless sensor network，WSN）的现有低频段（如 2.4GHz）的信道模型也不能直接用于太赫兹频段。综合上述原因，分析太赫兹信道特性可以为电磁纳米网络的调制机制、信道特性、通信协议等方面的研究奠定基础。太赫兹信道与其他传输信道最大的不同点主要集中在两个方面：路径损耗和信道噪声[22]。

1. 路径损耗

由于传输介质中的部分极性分子的共振频率与太赫兹频段中的某些频率相同，极性分子会将传输信号能量吸收转换为自身的动能。因此，不同于其他电磁波，太赫兹波的路径损耗包括传输路径损耗、分子吸收损耗两部分，其函数形式表示如下：

$$E_{total}(f,r) = E_{loss}(f,r) + E_{abs}(f,r) \tag{3-1}$$

式中，$E_{loss}(f,r)$ 为传输路径损耗函数；$E_{abs}(f,r)$ 为分子吸收损耗函数。

传输路径损耗是指电磁波在介质中传播发生的信号能耗，与信号频率和传输距离有关[23]，表示如下：

$$E_{loss}(f,r) = \left(\frac{4\pi fr}{c}\right)^2 \tag{3-2}$$

式中，f 是电磁波的频率；r 是路径传输的距离；c 是真空中的光速。

分子吸收损耗是指在电磁波传输路径中，特定极性分子将信号能量吸收并转换为分子内部动能而产生的能耗，与路径中的极性分子种类和浓度有关，这是太赫兹频段与其他频段最主要的不同点。不同种类的极性分子拥有不同的共振频率，且具有不同的中心频率，因此分子吸收是发生在近乎整个太赫兹频段上的。不同浓度的水分子、氧分子等具有不同的能量吸收特性，但均可以通过朗伯-比尔（Lambert-Beer）定律[24]得到。分子吸收损耗表示如下：

$$E_{abs}(f,r) = \frac{1}{\tau(f,r)} = \frac{1}{e^{-k(f)r}} \tag{3-3}$$

式中，τ 是传输介质特有的分子透过率；k 是传输介质分子吸收系数。分子吸收系数 k 与传输环境的特性有关，不同的压强、温度、分子密度等都会引起分子吸收系数的变化[21]，表示如下：

$$k(f) = \sum_{i,g} k^{i,g}(f) = \sum_{i,g} \frac{p}{p_0} \frac{T_{STP}}{T} Q\sigma(f) \tag{3-4}$$

式中，$k^{i,g}(f)$ 为第 g 种极性分子的第 i 种同位素的分子吸收系数表示函数，如氧元素和氢元素都存在多种同位素，因此水分子类型共有 $H_2^{16}O$、$H_2^{18}O$、$H_2^{17}O$、HDO、$HD^{18}O$、$HD^{17}O$ 六种；p_0 和 T_{STP} 是标准大气压力和标准温度，分别为 101.325kPa 和 273K；p 和 T 分别为当前传输介质条件下的气压和温度值；Q 是分子密度；σ 是分子吸收截面积。在自由空间传输过程中，氮气的体积分数占 78.1%，氧气的体积分数占 20.9%，水蒸气的体积分数在 0.1%~10% 之间，其中水分子是分子吸收损耗最主要的部分。由于氮分子的共振频率不在 0.1~10THz 频段内，因此主要考虑氧分子和水分子对能量的吸收作用。图 3-4、图 3-5 分别为氧分子和水分子的吸收系数与传输频率之间的关系，由图可知太赫兹波通信具有较高的频率选择性。

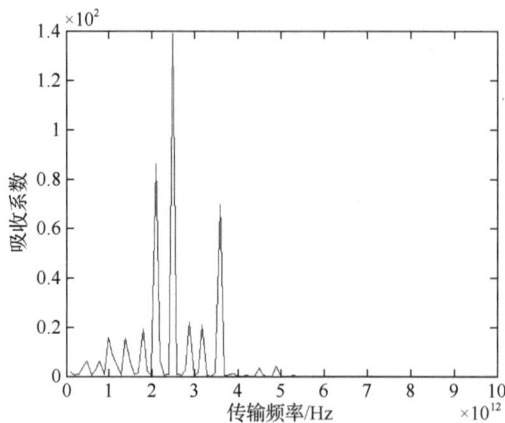

图 3-4 氧分子的吸收系数随传输频率变化曲线

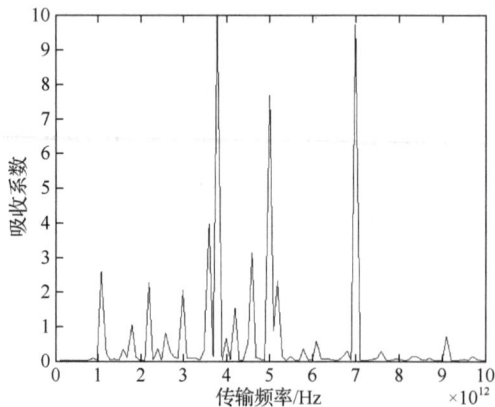

图 3-5 水分子的吸收系数随传输频率变化曲线

由于传输信道中不同的极性分子拥有不同的共振频率，太赫兹频段的分子吸收损耗具有高频率选择性。在传输距离远小于 1m 时，分子吸收损耗是可以忽略的。当传输距离大于 1m 时，分子吸收损耗要远大于−100dBW。同时，由于分子间的共振会随着传输距离的增大越来越明显，可用的传输频段会急剧减小，因此在利用太赫兹频段进行信号传输时需要严格控制信号传输的距离。

2. 信道噪声

极性分子的能量吸收作用不仅造成了信号的衰减，也产生了传输信道噪声。太赫兹频段的信道噪声主要由两部分组成：一部分是背景噪声，即在没有任何信号发射时依然存在的信道噪声；另一部分是分子吸收噪声。太赫兹信道噪声的功率谱密度函数表示如下：

$$S_N(f,r) = S_B(f) + S_{Nm}(f,r) \tag{3-5}$$

式中，$S_B(f)$ 为背景噪声功率谱密度函数；$S_{Nm}(f,r)$ 为分子吸收噪声功率谱密度函数[22]。背景噪声表征传输信道的温度、分子组成等特性，只要温度在绝对零度以上均会产生背景噪声。背景噪声的功率谱密度函数[25]表示如下：

$$S_B(f) = k_B T_0 (1 - e^{-k(f)r}) \left(\frac{c}{\sqrt{4\pi} f_0} \right)^2 \tag{3-6}$$

式中，玻尔兹曼常数 $k_B = 1.380622 \times 10^{-23}$ J/K；T_0 为室温；f_0 是太赫兹频段的中心频率。从式（3-6）可以看出，背景噪声是由传输介质的分子组成、环境温度和传输频率决定的，与信号强度、传输距离关联不大。

分子吸收噪声是太赫兹频段信道噪声的主要来源。与分子吸收损耗类似，分子吸收噪声的强弱同样是由传输路径中的特定极性分子的组成和分子密度决定的。由于不同的分子具有不同的共振频率，因此分子吸收噪声并不是白噪声。分子吸收噪声只有在发送端发射有效信号时才会产生，分子吸收噪声的功率谱密度函数[26]表示如下：

$$S_{Nm}(f, r) = S_p(f)(1 - e^{-k(f)r}) \left(\frac{c}{4\pi r f_0} \right)^2 \tag{3-7}$$

式中，$S_p(f)$ 为发送端发射信号的功率谱密度函数。由式（3-7）可以看出，影响分子吸收噪声的因素有传输信道的分子组成和发射信号的强度，此外传输距离的大小也直接决定了分子吸收噪声的强弱。因此，太赫兹频段的噪声功率[26]可表示为

$$N_m = \int_{B_{noise}} S_N(f, r) |H_c(f)|^2 \, df \tag{3-8}$$

式中，$H_c(f)$ 为太赫兹频段的频率响应函数，将在 3.4 节中进行分析。图 3-6 所示为发射时间为100fs、总能量为1pJ的脉冲信号时，由分子吸收引起的信道噪声功率与传输距离的关系。

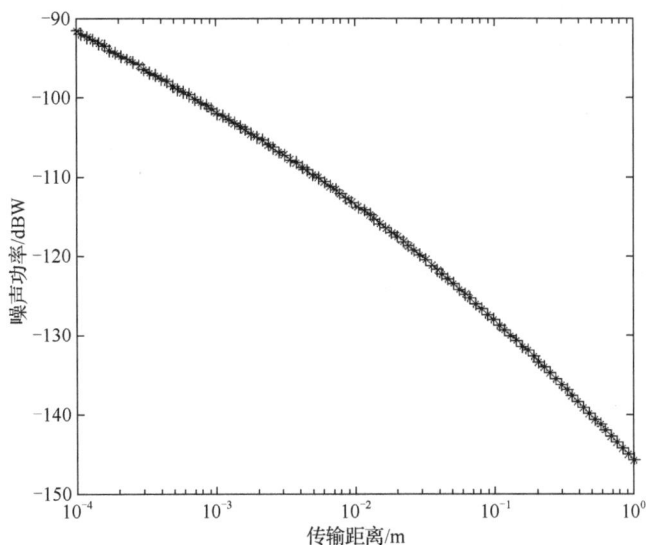

图 3-6 太赫兹频段的信道噪声功率随传输距离变化曲线

3.3 太赫兹波通信模型研究

大气分子中的某些极性分子（如水分子）会对太赫兹波有很强的吸收能力，带来很大的分子吸收损耗，使得太赫兹波通信区别于低频段的无线通信。针对电磁纳米网络，构建传输信道模型[1-2]必须深入分析太赫兹波路径传输特性及大气分子吸收特性，从能耗的角度构建太赫兹频段信道传输的数学模型。本节分别针对不带反射路径和带有反射路径的传输场景[27]来分析路径传输特性，同时利用大气辐射原理分析大气分子吸收特性来建立太赫兹频段的信道通信模型。在不同传输距离和传输频率下，结合路径传输损耗和大气分子吸收损耗对太赫兹波传输能耗进行仿真。信道通信模型的建立及对传输过程中的传输特性的研究，能够为太赫兹波通信频段的选择及纳米节点能耗设计提供有效的参考价值。

3.3.1 传输路径损耗模型

发送节点将需要发送的信息编码调制到电磁波上，通过发送天线将太赫兹波辐射到传输介质中，太赫兹波在从发送节点到达接收节点的过程中，所损耗的能量主要来自传输路径中的辐射损耗，称为传输路径损耗。在 0.1THz 以下的传输窗口，太赫兹波在传输介质中的传输路径损耗包括在传播过程中随着传播距离的增大、能量的自然扩散而引起的自由空间传输损耗，以及由路径中的干扰物所引起的干扰损耗，如反射干扰损耗、散射干扰损耗和衍射干扰损耗等[28]。太赫兹波由于工作频率高、波长短、方向性较好，且传输距离相对较短，因此散射和衍射作用相对较少。本小节对自由空间传输损耗和由反射干扰引起的传输损耗分别进行建模，构建传输路径损耗模型。

1. 发送和接收信号模型

电磁纳米网络中太赫兹波的传输距离一般比较短，区别于远距离通信系统中会受到地球表面曲率的影响，本模型不考虑地球表面曲率。由于调制器和解调器使用振荡器产生实正弦曲线，模型中所有传输和接收信号都为实信号。同时，由于傅里叶变换的性质，建立的信号模型都有一个复杂的频率响应。综上，调制和解调的实信号常常作为复杂信号的实部。

发送信号表达式[24]如下：

$$
\begin{aligned}
s(t) &= R\{u(t)e^{j(2\pi f_c t + \phi_0)}\} \\
&= R\{u(t)\}\cos(2\pi f_c t + \phi_0) - j\{u(t)\}\sin(2\pi f_c t + \phi_0) \\
&= x(t)\cos(2\pi f_c t + \phi_0) - y(t)(2\pi f_c t + \phi_0)
\end{aligned}
\tag{3-9}
$$

式中，j 是虚数单位；$u(t) = x(t) + jy(t)$，是一个带有同相分量 $x(t) = R\{u(t)\}$、正交分量 $y(t) = I\{u(t)\}$ 的复数基带信号，带宽为 B，功率为 P_u，称为复包络或信号 $s(t)$ 的复数低通滤波器等效信号。$u(t)$ 之所以称为 $s(t)$ 的复数低通滤波器等效信号，是因为 $u(t)$ 的大

小就是 $s(t)$ 的大小，且 $u(t)$ 的相位是 $s(t)$ 相对于载波频率 f_c 的相位，初始相位偏移为 ϕ_0。信号 $s(t)$ 的发送功率为 $P_t = P_u / 2$。同理，接收信号函数具有类似的格式，表示如下：

$$r(t) = R\{v(t)\mathrm{e}^{\mathrm{j}(2\pi f_c t + \phi_0)}\} \tag{3-10}$$

式中，$v(t)$ 表示信号发射速率。定义 P_t 为发送功率，相应地，P_r 为接收功率，可以得出线性路径损耗 P_L 为发送功率和接收功率的比值[29]，即

$$P_L = \frac{P_t}{P_r} \tag{3-11}$$

定义信道的路径损耗为线性路径损耗的对数表示，即

$$P_L(\mathrm{dB}) = 10\lg \frac{P_t}{P_r} \tag{3-12}$$

式中，dB 是功率增益和衰减的单位。由于信号传输过程中不存在额外的能量补给部件，因此路径损耗的值一般为非负数。同时，将路径增益的对数表达式定义为路径损耗的相反值，即

$$P_G = -P_L = 10\lg \frac{P_r}{P_t} \tag{3-13}$$

2. 自由空间传输模型

通常，电磁波（包括太赫兹波在内）由发送节点发射，假设传输中没有障碍物和分子吸收存在，即不存在反射和分子吸收的干扰，此时电磁波在介质中传输的能耗主要来源于自由空间传输损耗。在这种情况下传输的信道模型称为视距（line of sight，LOS）[27]信道，相应的接收信号称为 LOS 信号。在自由空间传输场景下，接收信号表达式如下：

$$r(t) = R\left\{ \frac{\lambda \sqrt{G_1}\mathrm{e}^{-\mathrm{j}(2\pi f_c t)}}{4\pi r} u(t)\mathrm{e}^{\mathrm{j}(2\pi f_c t)} \right\} \tag{3-14}$$

式中，λ 为电磁波的波长；$\sqrt{G_1}$ 表示发射天线和接收天线在视线方向上增益的乘积；相移 $\mathrm{e}^{-\mathrm{j}(2\pi f_c t)}$ 是由电磁波在传输距离 r 上产生的相位偏移，可以用相应的时延 $\tau = r / c$ 进行替代，$c = 3 \times 10^8\,\mathrm{m/s}$ 为光在真空中的传播速度。

发送信号 $s(t)$ 的发送功率为 P_t，根据式（3-14）可得，接收功率和发送功率的比值为

$$\frac{P_r}{P_t} = \left[\frac{\sqrt{G_1}\lambda}{4\pi r} \right]^2 \tag{3-15}$$

因此，信号接收功率与传输距离 r 的平方成反比，接收信号功率同时与电磁波波长的平方成正比。随着载波频率的增加，电磁波的波长减小，接收功率相应减少。接收功率和电磁波波长的依赖关系是由接收天线的有效区域决定的，然而，高指向性的天线增益会随着频率的增加而增大，所以现实中接收功率会随着频率的增加而增加。接收功率表示如下：

$$P_r(\mathrm{dB}) = P_t(\mathrm{dB}) + 10\lg G_1 + 20\lg \lambda - 20\lg 4\pi - 20\lg r \tag{3-16}$$

同时，自由空间传输损耗定义为自由空间模型的传输路径损耗，表示如下：

$$\eta_L(dB) = 10\lg\frac{P_t}{P_r} = -10\lg\frac{G_1\lambda^2}{(4\pi r)^2} \tag{3-17}$$

自由空间路径增益表示如下：

$$\eta_G = -\eta_L = 10\lg\frac{G_1\lambda^2}{(4\pi r)^2} \tag{3-18}$$

图 3-7 所示为自由空间传输情况下的能耗情况。图中，X 轴为单跳距离，由于电磁纳米网络单跳距离一般较短，所以取 10～20mm 为单跳距离区间；Y 轴表示电磁波传输频率，以太赫兹频段为电磁波的频率区间；Z 轴表示不同频率和不同传输距离下的自由空间传输能耗。根据式（3-17）可知，传输频率 f 和单跳距离 r 是影响自由空间传输能耗的两个重要因素。在频率不变的情况下，即在 Y 轴上任意取一个频率点，随着单跳距离的增加，自由空间传输能耗呈平缓上升的趋势；而在距离不变，即在 X 轴上任意取一点，频率变大时，能耗也呈上升的趋势，且上升的幅度相对较大；自由空间传输能耗随着距离和频率的增加呈平滑增加趋势，更远的传输距离和更高的传输频率对传输能量的需求也随之增大。

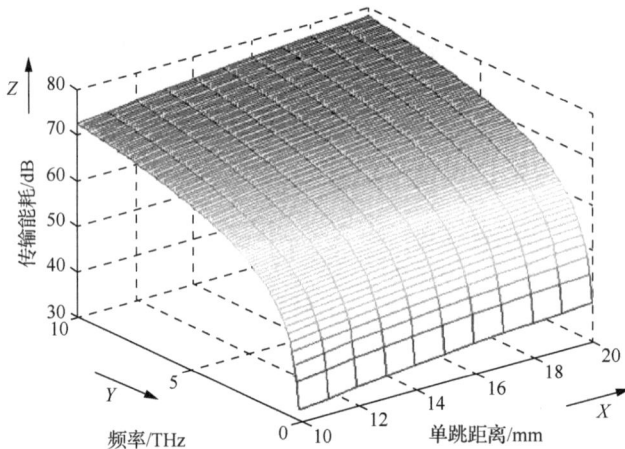

图 3-7 自由空间传输能耗随频率、单跳距离变化关系图

3. 反射路径传输模型

如图 3-8 所示，在复杂传输环境中，固定的发射源向固定的接收器发送电磁信号，会受到环境中多个障碍物的干扰，产生反射波。在接收器端，会同时接收到视线电磁波和经过反射的电磁波，产生多路径信号衰减现象，削弱接收功率，产生接收信号时延以及相位偏移，使接收器端接收到的信号失真。对于传输过程，由于经过反射面的信号反射，本质上增加了电磁波的传输路径损耗。

对带有反射信号的场景中的传输路径损耗可以采用射线追踪技术[30]来计算。双射线（two-ray）模型是典型的射线追踪模型，用来反映环境中的反射情景，如图 3-9 所示。

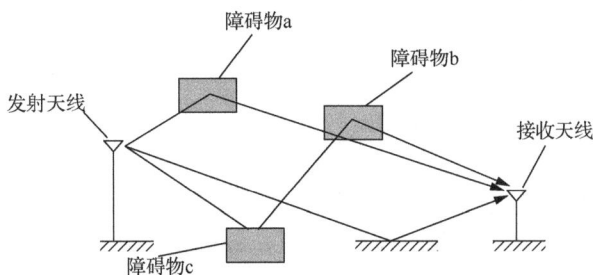

图 3-8　反射环境示意图

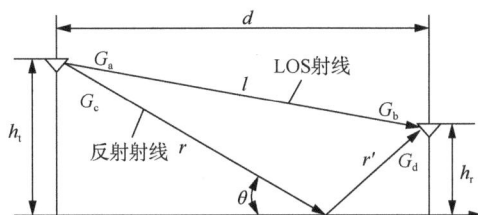

图 3-9　two-ray 模型示意图

图 3-9 中，左边是高度为 h_t 的发射天线，右边是高度为 h_r 的接收天线，天线之间距离为 d，电磁波由发送端传输至接收端，接收天线接收到两种类型的电磁波射线：通过直线到达的是 LOS 射线，在自由空间路径下传输，传输距离为 l；经过反射距离 $r+r'$ 到达接收天线的是反射射线。在接收器端，由式（3-14）可以得到 LOS 射线的接收信号，忽略反射表面的吸收损耗，双射线模型的接收信号[27]表示如下：

$$r_{2\text{ray}}(t) = R\left\{\frac{\lambda}{4\pi}\left[\frac{\sqrt{G_l}u(t)\mathrm{e}^{\mathrm{j}(2\pi l/\lambda)}}{l} + \frac{F\sqrt{G_r}u(t-\tau)\mathrm{e}^{-\mathrm{j}2\pi(r+r')/\lambda}}{r+r'}\right]\mathrm{e}^{\mathrm{j}(2\pi f_c t+\phi_0)}\right\} \quad (3\text{-}19)$$

式中，$\tau = (r+r'-l)/c$ 为反射射线相对于 LOS 射线的电磁波传输时间延迟；$\sqrt{G_l} = \sqrt{G_a G_b}$ 是 LOS 射线方向上发送天线和接收天线的增益的乘积；F 是反射系数；$\sqrt{G_r} = \sqrt{G_c G_d}$ 是反射射线方向上对应于传输距离 r 和 r' 的发送天线和接收天线的增益的乘积。

如果发送信号相对于时延扩展是窄带信号，即 $\tau \ll B_u^{-1}$，B_u 为信号带宽，那么 $u(t) \approx u(t-\tau)$。因此，双射线模型的接收功率表示如下：

$$P_r = P_t\left(\frac{\lambda}{4\pi}\right)^2\left|\frac{\sqrt{G_l}}{l} + \frac{F\sqrt{G_r}\mathrm{e}^{\mathrm{j}\Delta\phi}}{r+r'}\right|^2 \quad (3\text{-}20)$$

式中，$\Delta\phi = 2\pi(r+r'-l)/\lambda$，表示 LOS 射线和反射射线到接收天线的相位差，j 是虚数单位。根据图 3-9 所示的几何关系，可以得到如下关系：

$$r+r'-l = \sqrt{(h_t+h_r)^2+d^2} - \sqrt{(h_t-h_r)^2+d^2} \quad (3\text{-}21)$$

由于纳米天线的尺寸仅为几百纳米，通信距离 d 远大于发射天线和接收天线高度的和，即 $d \gg h_t + h_r$，此时，$l \approx r + r'$，$\theta \approx 0$。根据泰勒级数近似方法，可以得到如下表达式：

$$\Delta\phi = \frac{2\pi(r + r' - l)}{\lambda} \approx \frac{4\pi h_t h_r}{\lambda d} \tag{3-22}$$

又由指数和三角函数的转换关系可得如下表达式：

$$e^{j\Delta\phi} = \cos(\Delta\phi) + i\sin(\Delta\phi) \tag{3-23}$$

根据泰勒级数近似方法，$\cos(\Delta\phi) \approx 1 - (\Delta\phi)^2 / 2$。在 $G_l \approx G_r$，地面反射系数 $F \approx -1$ 情况下，双射线模型接收功率表示如下：

$$P_r = P_t\left(\frac{\lambda\sqrt{G_l}}{4\pi d}\right)^2\left[2 - 2\cos(\Delta\phi)\right] = P_t\left(\frac{\lambda\sqrt{G_l}}{4\pi d}\right)^2\left(\frac{4\pi h_t h_r}{\lambda d}\right)^2 = P_t\left(\frac{\sqrt{G_l}h_t h_r}{d^2}\right)^2 \tag{3-24}$$

此时，反射路径产生的能耗表示如下：

$$\eta_L(\text{dB}) = 10\lg\frac{P_t}{P_r} = 10\lg\left(\frac{d^2}{\sqrt{G_l}h_t h_r}\right)^2 \tag{3-25}$$

相应地，接收功率的 dB 衰减表示如下：

$$P_r(\text{dB}) = P_t(\text{dB}) + 10\lg G_l + 20\lg h_t h_r - 40\lg d \tag{3-26}$$

图 3-10 所示为反射路径传输情况下的能耗情况，与图 3-7 相对，X 轴为单跳距离，Y 轴为传输频率，Z 轴为传输能耗。在 Y 轴上，距离不变时，随着频率的增加，传输能耗不变；在 X 轴上，频率不变时，随着距离的增加，传输能耗平滑递增。这是由于在带有反射作用的传输场景下，反射射线和 LOS 射线共存，反射角 θ 直接影响反射作用的效果，而反射角度又是由发射天线高度 h_t、接收天线高度 h_r，以及天线之间的距离 d 决定的，此时，天线高度和天线距离作为传输能耗的主导因素。在不包含分子吸收的反射传输场景下，能耗与传输频率无关，只随着单跳距离的增加而增加。

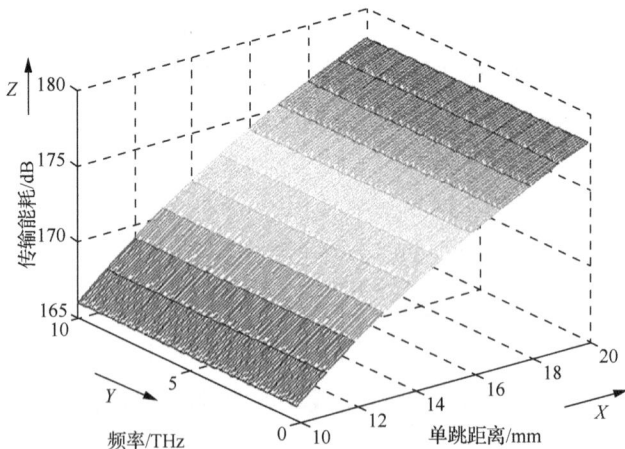

图 3-10 反射路径传输能耗随频率、单跳距离变化关系图

3.3.2　分子吸收损耗模型

1. 传输介质分子吸收计算

在太赫兹频段，当电磁波的传输频率与介质分子内部原子的振动频率一致时，就会互相产生共振效应，电磁波的一部分能量转换为分子内部原子的振动频率，传输电磁波的能量将被分子吸收而损耗。特定分子的共振频率可以根据分子内部特有的结构，通过求解薛定谔方程得到，方程中一些必要的参数可以通过 HITRAN 数据库获得。国际电信联盟（International Telecommunications Union）在标准《无线电波在大气气体中的衰减》（P.676-6）中提出了计算大气分子吸收衰减的通用方法[31]。

首先，计算电磁波在给定频率传输时在介质中穿透的能力，将这种能力定义为介质分子的透过率，用符号 ψ 表示，根据朗伯-比尔定律[22]，可以将透过率函数表示如下：

$$\psi(f,d) = \frac{P_o}{P_i} = e^{-\alpha(f)d} \tag{3-27}$$

式中，f 为电磁波辐射的频率；d 为电磁波在介质中传输的距离；P_i 和 P_o 分别为入射功率和辐射功率；$\alpha(f)$ 为介质分子的扩展系数函数，其依赖于传输介质的分子组成[21]，具体表示如下：

$$\alpha(f) = \sum_{i,g} \alpha^{i,g}(f) \tag{3-28}$$

式中，$\alpha^{i,g}$ 为对应于 g 类空气分子的第 i 种同位素的扩展系数。例如，标准大气的主要组成成分为氮气（78.1%）、氧气（20.9%）、水蒸气（1%～10.0%）（均为体积分数），每种组成成分都有自己相应的同位素，同位素之间的内部结构不相同，所以同一种分子的不同同位素之间的吸收系数也不同，所表现出来的分子吸收能力不一。

定义 $Q^{i,g}$ 为分子的体积密度，表示单位体积内分子的数量，单位为 mol/m³，同时压强为 p，温度为 T，此时吸收系数可以表示如下：

$$\alpha^{i,g}(f) = \frac{p}{p_0} \frac{T_{STP}}{T} Q^{i,g} \sigma^{i,g}(f) \tag{3-29}$$

式中，p_0 为参考压强；T_{STP} 为参考温度；在 m²/mol 单位上，$\sigma^{i,g}$ 表示介质分子 g 的第 i 种同位素的吸收截面面积。分子吸收的强度大小与传输路径上的极性分子的数量大小有着密切的关系。

在给定的混合分子传输介质中，单位体积中分子的总数量为 $Q^{i,g}$，在压强 p 和温度 T 下，根据理想气体定律[24]可得

$$Q^{i,g} = \frac{n}{V} q^{i,g} N_A = \frac{p}{RT} q^{i,g} N_A \tag{3-30}$$

式中，n 为混合分子传输介质中总的分子数量；V 为体积；$q^{i,g}$ 表示分子 g 的第 i 种同位素的混合比；N_A 和 R 分别为阿伏伽德罗常数和摩尔气体常数。在 HITRAN 数据库中，根据传输介质中的自然丰度，每种同位素的比例已经过分级处理，所以特殊分子的混合比 q^g 可以用来替代单个混合比 $q^{i,g}$。

定义 $S^{i,g}$ 为介质分子 g 的第 i 种同位素的谱线强度，$G^{i,g}$ 为介质分子 g 的第 i 种同位

素的谱线线形，则吸收截面面积 $\sigma^{i,g}$ 可以表示如下：

$$\sigma^{i,g}(f) = S^{i,g} G^{i,g}(f) \tag{3-31}$$

谱线强度 $S^{i,g}$ 定义了分子的一种特殊形式的吸收强度，介质分子的同位素的谱线强度值可以由 HITRAN 数据库直接获得。为了获取谱线线形 $G^{i,g}$ 的值，必须首先确定介质分子 g 的第 i 种同位素的共振频率 $f_c^{i,g}$ 的大小，其表达式如下：

$$f_c^{i,g} = f_{c0}^{i,g} + \delta^{i,g} \frac{p}{p_0} \tag{3-32}$$

式中，$f_{c0}^{i,g}$ 表示零压强条件下的共振频率；$\delta^{i,g}$ 表示线形压力变化量。这两个参数都可以由 HITRAN 数据库直接获得。

介质分子的吸收作用不仅局限于单个频率点，一般吸收作用还会表现在一个频率范围内，吸收作用的扩展由相同分子之间的碰撞引起，可以通过洛伦兹半宽值 $\alpha_L^{i,g}$ 体现，$\alpha_L^{i,g}$ 可通过介质分子的空气展宽半宽 α_0^{air} 和自展宽半宽 $\alpha_0^{i,g}$ 得到：

$$\alpha_L^{i,g} = [(1-q^{i,g})\alpha_0^{air} + q^{i,g}\alpha_0^{i,g}]\left(\frac{p}{p_0}\right)\left(\frac{T_0}{T}\right)^{\nu} \tag{3-33}$$

式中，ν 为温度扩展系数，与 α_0^{air} 和 $\alpha_0^{i,g}$ 一起，参数值都可以直接通过 HITRAN 数据库得到。因此，极性分子的数量不仅增加了吸收作用峰值的振幅，同时也将吸收峰值的形状变得更宽，结果导致可以用来传输信息的传输窗口变得更窄。

针对太赫兹频段，使用范弗莱克-韦斯科普夫（Van-Vleck-Weisskopf）不对称线形来表示单个频率点上的分子吸收作用，表示如下：

$$F^{i,g}(f) = \frac{\alpha_L^{i,g}}{\pi} \frac{f}{f_c^{i,g}}\left[\frac{1}{(f-f_c^{i,g})^2+(\alpha_L^{i,g})^2} + \frac{1}{(f+f_c^{i,g})^2+(\alpha_L^{i,g})^2}\right] \tag{3-34}$$

为了说明连续吸收，一种额外的调整谱线线形的方法被提出[25]，该线形的表达式如下：

$$G^{i,g}(f) = \frac{f}{f_c^{i,g}} \frac{\tan h\left(\dfrac{hcf}{2k_BT}\right)}{\tan h\left(\dfrac{hcf_c^{i,g}}{2k_BT}\right)} F^{i,g}(f) \tag{3-35}$$

式中，h 为普朗克常数；c 为光在真空中传输的速度；k_B 为玻尔兹曼常数。

2. 分子吸收损耗模型

国际电信联盟标准 ITU-R P.676-6 中提到，当频率为 f 的电磁波在经过距离为 d 的传输介质时，总的分子吸收损耗可以表示如下：

$$E_{abs}(f,d) = \frac{1}{\beta(f,d)} = e^{\alpha(f)d} \tag{3-36}$$

式中，$\beta(f,d)$ 为指定介质分子的透射率，可以通过推导及 HITRAN 数据库相应参数求得，同时，分子吸收损耗 $E_{abs}(f,d)(dB)$ 表示如下：

$$E_{abs}(f,d)(dB) = 10^{\alpha(f)d\lg e} \tag{3-37}$$

以标准大气作为传输介质为例，考虑每种介质分子的同位素组成，利用 HAWKS 软件从 HITRAN 数据库中提取需要的参数，然后通过 MATLAB 仿真工具，分别仿真出太赫兹波在氮气、氧气、水蒸气介质中传输 10mm 所产生的分子吸收损耗。

图 3-11 所示为电磁波传输 10mm 的距离，氮分子吸收损耗随频率变化曲线。仿真环境以标准大气为传输介质。图中横坐标为氮分子发生吸收效应的频率区间，可以看到，激发氮分子产生分子内部原子共振活动所需的频率，即共振频率，主要在 $6 \times 10^{12} \sim 8 \times 10^{12}$ THz 之间。其中，$6.5 \times 10^{12} \sim 7 \times 10^{12}$ THz 区间为共振活动活跃的区域，对太赫兹波传输能量的损耗最大。然而，根据太赫兹频段的定义，太赫兹频段的频率范围为 $0.1 \times 10^{12} \sim 10 \times 10^{12}$ THz，当太赫兹波在标准大气中传播时，不会与氮分子产生共振效应，所以氮气作为传输介质对太赫兹波传输能量的损耗可以忽略不计。

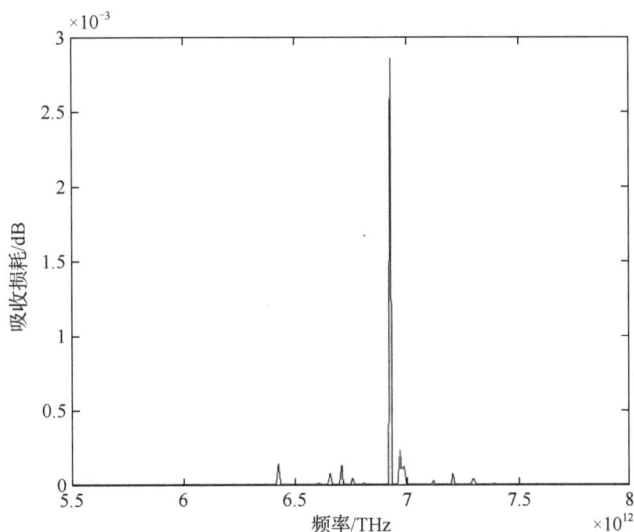

图 3-11　氮分子吸收损耗随频率变化曲线

图 3-12 所示为在相同传输条件下，太赫兹波在传输介质中，通过与氧分子的共振作用产生的分子吸收损耗，也包括由氧元素的同位素原子所产生的共振损耗，同位素元素组成的分子形式包括 O_2、$16O^{18}O$ 和 $16O^{17}O$ 三种形式。氧分子的共振频率集中在太赫兹频段，主要位于 $0.1 \times 10^{12} \sim 6 \times 10^{12}$ THz 之间。分子吸收的能耗具有不规则性，在活跃区域的某些频率点上共振反应特别强烈，而在频率相近的频率点上作用强度相差很大。观察图中纵坐标，分子吸收损耗以 dB 为单位，对氧分子的吸收损耗进行评估，10^{-3} 等级的能耗相对偏小，对电磁纳米网络系统设计和通信频段选择影响不大。

水分子中的氢元素和氧元素存在同位素，由这两种元素组成的分子类型可以为 $H_2^{16}O$、$H_2^{18}O$、$H_2^{17}O$、HDO、$HD^{18}O$、$HD^{17}O$。图 3-13 所示为相同传输环境下，水分子的吸收损耗随频率变化的曲线，水分子的共振频率位于太赫兹频段，且跨度广，几乎整个太赫兹频段上都有水分子的共振频率。其中，太赫兹频段的中频区是水分子共振活动最活跃的区域，所以当传输频率为 $3 \times 10^{12} \sim 8 \times 10^{12}$ THz 时，在经过含有水分子的传输介质时将产生相对较高的分子吸收损耗。同时，结合纵坐标所表示的水分子吸收损耗能级，通过与氧分子的吸收损耗相比，可知水分子是大气分子中分子吸收最强烈的成分。

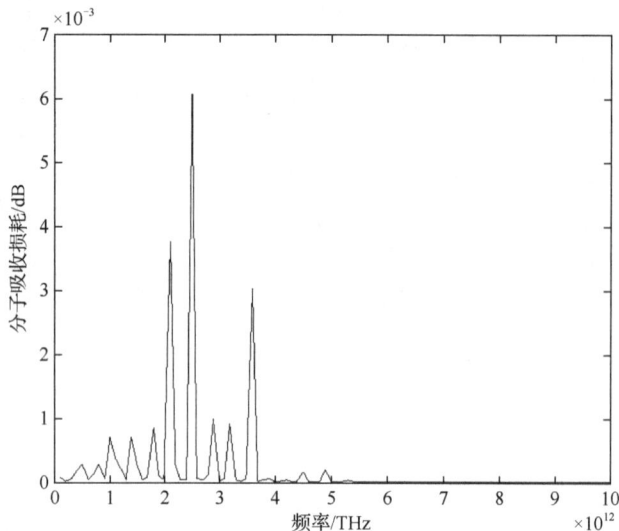

图 3-12　氧分子吸收损耗随频率变化曲线

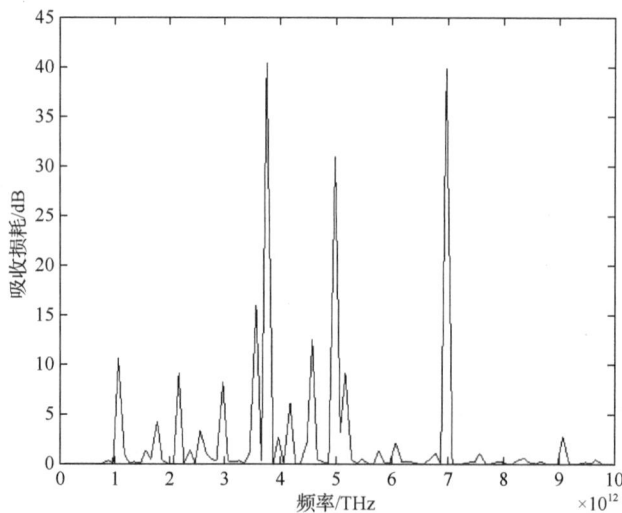

图 3-13　水分子的吸收损耗随频率变化曲线

3.3.3　太赫兹频段信道通信模型

在传统的信道通信模型下，电磁波在传输过程中所拥有的能量较大，分子吸收所产生的能耗相对较小，往往忽略分子吸收的影响。在电磁纳米网络中，由于高频特性和节点能量的限制，通信过程中分子吸收在传输能耗中所占的比例增加，成为影响能耗的主要因素之一。因此，采用未考虑分子吸收的现有低频段信道模型来分析太赫兹波传输特性存在一定的局限性，亟须在现有低频段信道通信模型基础上，针对太赫兹波通信特点，结合大气分子吸收特性建立新的信道模型。

太赫兹波在传输过程中的能耗主要来自如下两个方面：

（1）路径传输损耗。它取决于传输路径上有无障碍物，当无障碍物存在时，使用自由空间传输模型；当有障碍物干扰时，使用反射路径模型。

（2）分子吸收损耗。它由传输介质的分子组成决定，使用分子吸收损耗模型进行分子吸收损耗的计算。

由于纳米能量储存元器件大小的局限性，单个节点在能量储存和供应上受到限制，在进行长距离的信号传输时，需要有足够的能量进行补充，才能保证传输成功，因此电磁纳米网络太赫兹波通信采用多跳路由的方式进行信号传输，信号在两点间通信时通过路径上每个节点能量的补充提供可靠传输。

图 3-14 所示为无线纳米网络应用的典型场景，分布在空间不同位置的纳米传感器节点负责监测收集环境中的数据，将监测到的数据传输到纳米网络接口，由纳米网络接口负责数据的汇总和处理。信号从一个传感器节点到达网络接口的过程中，选择一条合适的路径，将路径上的节点串联起来，每一跳传输都损耗少量能量。假设每一跳的通信距离相同，都为 d，信号从传感器节点到纳米网络接口的总距离为 D，则太赫兹信道传输总的能耗 E_{total} 可以表示如下：

$$E_{\text{total}} = \frac{D}{d} E_{\text{hop}} \tag{3-38}$$

式中，E_{hop} 是经过一跳距离所需要的能量。

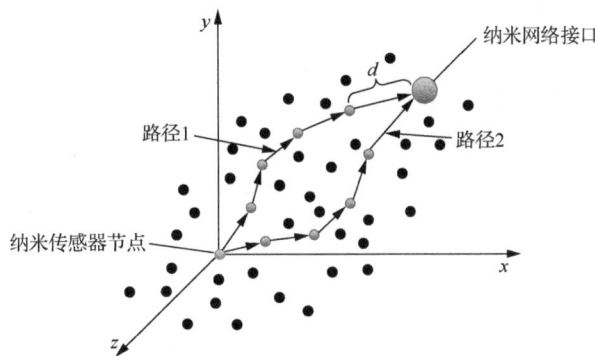

图 3-14　无线纳米网络多跳传输示意图

太赫兹波在传输时会导致能耗，单跳传输的能耗 E_{hop} 包括路径传输损耗和分子吸收损耗，其中路径传输损耗分为自由空间传输损耗和反射路径传输损耗。因此，太赫兹波信号传输一次所需要的能量可以表示如下：

$$E_{\text{hop}} = E_{\text{loss}}(f,d) \cdot E_{\text{abs}}(f,d) = \left(\frac{4\pi df}{\sqrt{G_1} \cdot c}\right)^2 \cdot e^{\alpha(f) \cdot d} \tag{3-39}$$

式中，$E_{\text{abs}}(f,d)$ 为分子损耗函数；$E_{\text{loss}}(f,d)$ 为路径传输损耗函数，是由自由空间传输或反射路径传输带来的能耗。

结合路径传输损耗和分子吸收损耗,太赫兹波单跳路径上的总能耗主要受到单跳距离 d、工作频率 f,以及传输介质的分子吸收系数 $k(f)$ 三个因素的影响。通过对比不同传输距离、不同传输频率和不同分子组成情况下的总能耗,对太赫兹波传输能耗进行整体的分析。

1. 自由空间传输下信道通信模型验证

文献[17]已经证明,基于石墨烯制作的 $1\mu m$ 长度的纳米天线可以有效发射太赫兹波,仿真时发射天线高度 h_t 设为 1000×10^{-9} m,即 1000nm,接收天线高度 h_r 设为 500×10^{-9} m。发射天线和接收天线在反射传播方向上增益的乘积 $\sqrt{G_1}=1$。在计算大气分子吸收损耗时,标准大气压下, $p=p_0=1$ atm,温度 $T=296$ K, $T_0=273.15$ K。由于电磁纳米网络中传输能量的限制,单跳传输距离一般较短,取单跳传输距离的范围为 $10\sim20$mm。根据建立的路径传输模型和分子吸收模型,自由空间传输下的单跳总能耗为

$$E_{total}=\frac{D}{d}\cdot E_{hop}=\frac{D}{d}\cdot(E_{abs}(f,d)\cdot E_{loss}(f,d)) \qquad (3\text{-}40)$$

由分子吸收损耗模型的计算,以及图 3-11～图 3-13 中在太赫兹频段不同极性分子的分子吸收损耗对比得到,大气中含量最高的氮分子在太赫兹频段不存在分子吸收作用,而水分子在大气中的含量虽然少于氧分子的含量,但是太赫兹波在经过水分子传输介质时的分子吸收损耗要大大超过氧分子传输介质的分子吸收损耗。即在 $0.1\sim10$THz 频段,水分子吸收活跃性最高,在影响分子吸收作用的分子组成中起主导作用,所以把传输介质中水分子的含量作为改变实验环境的主导参数,通过改变水分子在介质分子中的含量来实现不同分子组成的传输介质,分别在体积分数为 1%和 5%水分子含量下进行仿真实验。

图 3-15 所示为自由空间传输情况下单跳总能耗分析。其中,图 3-15(a)和图 3-15(b)分别为传输介质中体积分数为 1%水分子和 5%水分子含量下,不同单跳传输距离时总能耗 E_{total} 随频率变化曲线。对比图 3-15(a)中两条曲线总能耗,当单跳距离为 20mm 时,各频率点的能耗都明显大于在单跳距离为 10mm 时的能耗,说明随着距离的增加,总能耗也增加。由图 3-15(a)可以看出,自由空间传输损耗相对于传输频率和单跳距离都是平滑曲线,两条曲线大致变化趋势与自由空间传输损耗随频率变化的趋势相近。然而,图中两条曲线在某些频率上有不同程度的波动,其中 3.8THz、5.0THz 和 7.0THz 频率上波动最明显,原因是此时的总能耗由自由空间传输损耗和分子吸收损耗组成。结合图 3-13 中的水分子吸收损耗可知,水分子在 3.8THz、5.0THz 和 7.0THz 频率上吸收作用最强烈,平滑曲线上的波动正是由相应频率上的水分子的吸收作用产生的。

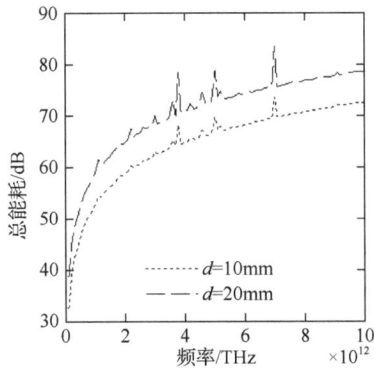

（a）1%水分子含量下总能耗E_{total}随频率变化曲线　　（b）5%水分子含量下总能耗E_{total}随频率变化曲线

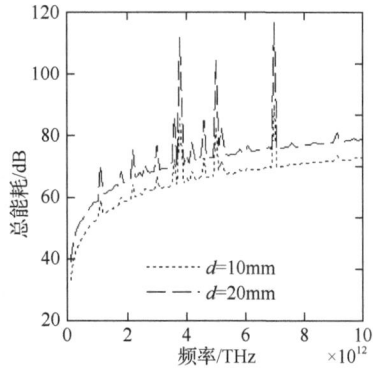

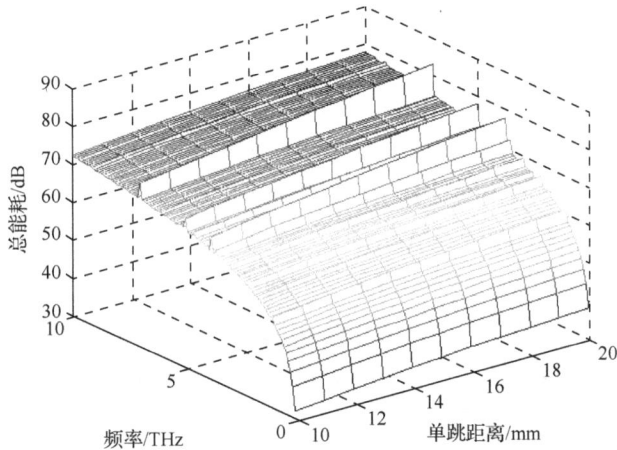

（c）1%水分子含量下总能耗E_{total}三维图

图 3-15　自由空间传输下单跳总能耗分析

对比图 3-15（a）与图 3-15（b），两种不同水分子含量的传输介质中，曲线基本走向不变，即自由空间传输损耗不变，自由空间传输的能耗不随介质分子组成成分的改变而变化。在分子吸收作用最强烈的 3.8THz、5.0THz 和 7.0THz 上，能耗有了显著的增强，说明分子吸收能耗受到传输介质分子组成的影响，对于分子吸收作用强烈的极性分子，如水分子、氧分子，含量越高，分子吸收损耗越大。

图 3-7 所示为不考虑分子吸收的情况下，自由空间传输的能耗，图 3-15（c）为同时考虑自由空间传输损耗和分子吸收损耗的单跳距离上的总能耗。对比图 3-7 和图 3-15（c），两张图的趋势大致相同，进一步说明自由空间传输损耗与传输介质中分子组成无关；在某些特殊的太赫兹波频率点上，有相应不规则的突起，是由该频率点的分子吸收损耗所引起的。平滑曲线上增加的突起，很好地证明了大气分子吸收是太赫兹波传输过程中能耗不可忽视的一部分，路径传输损耗和分子吸收损耗共同组成太赫兹波传输过程中的能耗。

2. 反射路径传输下通信信道模型验证

反射路径传输下，单跳总能耗表示如下：

$$E_{\text{total}} = E_{\text{re}}(f,d)E_{\text{abs}}(f,d) = \left(\frac{d^2}{\sqrt{G_1}h_t h_r}\right)^2 e^{\alpha(f)d} \tag{3-41}$$

式中，$E_{\text{re}}(f,d)$ 为反射带来的能耗。图 3-16 所示为反射路径传输情况下能耗分析。图 3-16（a）和图 3-16（b）分别为 1%水分子含量和 5%水分子含量（均为体积分数）下，反射路径传输中单跳传输总能耗随频率变化曲线，总能耗的组成包括水分子的分子吸收损耗。对比图 3-16（a）和图 3-16（b）可知，介质分子组成的不同将影响分子吸收能耗，且随着主要极性分子含量的增加，分子吸收能耗变大。通过图 3-10 和图 3-16（c）的对比，证明了在反射路径传输场景下，太赫兹波传输过程中路径传输损耗和分子吸收损耗共存，且随着距离的增加，总能耗增加。

通过图 3-15 和图 3-16 的对比分析，验证了无论是在没有干扰物的自由空间传输情况下，还是带有反射路径的传输场景下，大气分子吸收损耗都是太赫兹波传输过程中能耗不可忽略的一部分。不同于传统无线通信传输特性，对带有分子吸收损耗的太赫兹波的传输特性进行分析，有助于更好地理解新的通信方式，为基于太赫兹频段的无线通信信道模型建立和能耗分析提供参考。进一步发现，更短的单跳距离将减少路径传输损耗和分子吸收损耗；带有反射路径的传输损耗将大大超过自由空间的传输损耗；具有分子吸收效应的极性分子的含量越高，分子吸收损耗越大；在某些特殊的频率下，如 3.8THz、5.0THz 和 7.0THz，由于分子吸收最旺盛，会出现能耗的最大值。在此基础上，针对这些特性提高传输能量的利用率，可以采取以下措施：①尽量避免障碍物反射干扰；②减少传输介质中水分子的含量；③避开极性分子活跃的频率发送电磁波，减少电磁波传输过程中的能耗，提高能量利用率。

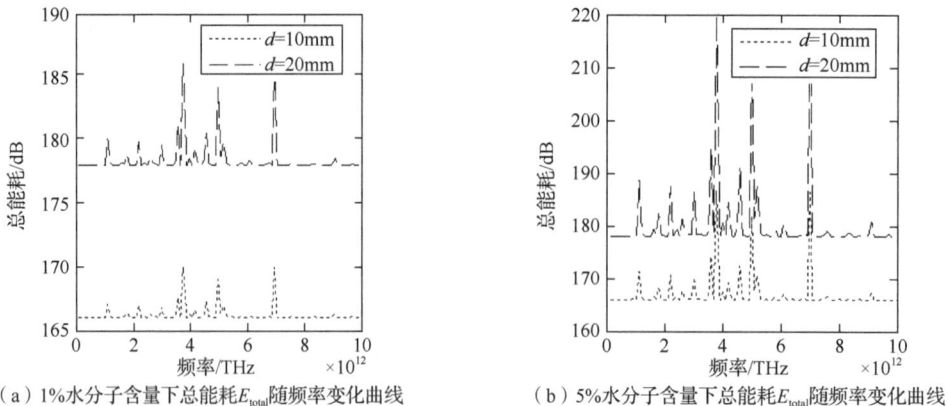

（a）1%水分子含量下总能耗 E_{total} 随频率变化曲线　（b）5%水分子含量下总能耗 E_{total} 随频率变化曲线

图 3-16　反射路径传输下能耗分析

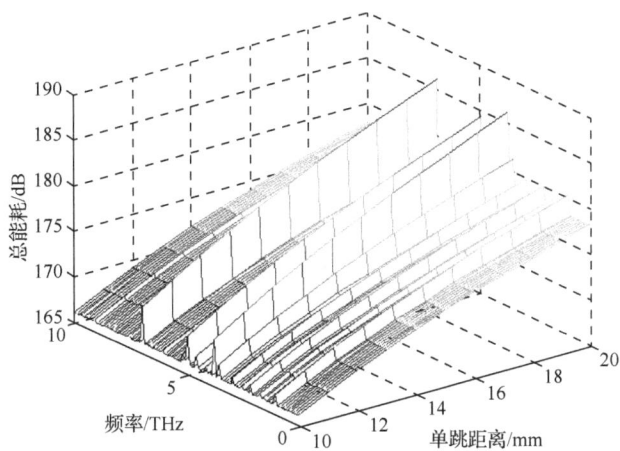

（c）1%水分子含量下总能耗E_{total}三维图曲线

图 3-16（续）

3.4　太赫兹信道干扰模型分析

　　基于太赫兹频段的电磁纳米网络具有分子吸收产生的路径损耗和信道噪声等特性。除上述特性以外，信道干扰的强弱也是决定信号能否正确接收的重要因素之一。为了保证电磁纳米网络性能，必须深入分析电磁纳米网络的信道干扰特性，并对影响信道干扰的各种因素进行分析。目前已经有一些基于太赫兹频段的随机干扰模型[32-33]，但是这些干扰模型没有充分考虑电磁纳米网络的特殊性，如分子吸收损耗、分子吸收噪声、信号调制机制、信道编码等。适用于电磁纳米网络的信道干扰模型应具有以下特点：

　　（1）纳米节点的行为并不是由一个中心节点控制的，而是随机地进行节点间的信息通信；

　　（2）同一网络中发射脉冲信号的概率相同，且不同纳米节点之间是相互独立的；

　　（3）静默信号之间的碰撞不会产生干扰，脉冲信号和静默信号的碰撞只对静默信号的成功接收有影响。

　　本小节分别对基于全向天线和定向天线的两种纳米节点组成的电磁纳米网络的信道干扰进行建模分析。

3.4.1　基于全向天线的信道干扰模型

　　电磁纳米网络采用的是 TS-OOK 调制方案，发射时长为T_p的高斯脉冲信号代表发送信号 "1"，不发送任何能量信号（保持静默状态）代表发送信号 "0"，发送两个信号之间的固定时间间隔T_s（$T_s \gg T_p$）。当在较小的面积内分布大量纳米节点且能够在任一时刻发送脉冲信号时，不同信号之间有发生碰撞的概率。不同信号之间的碰撞将会产生信道干扰，信道干扰的产生不仅严重影响接收端对信号的正确接收，同时也限制电磁纳米网络的信息传输速率。

1. 发射和接收信号

为了准确分析信道干扰对电磁纳米网络性能的影响，首先需要建立发射和接收脉冲信号的模型。用于电磁纳米网络的脉冲信号是长度为 100fs 的高斯脉冲信号[31]，表示如下：

$$p_1(t) = \frac{a_0}{\sqrt{2\pi}\sigma} e^{-(t-\mu)^2/(2\sigma^2)} \tag{3-42}$$

式中，a_0 是与脉冲能量有关的标准常量，一般为 6400imp/（kW·h）；μ 是脉冲的均值；σ 是高斯脉冲的标准方差。由此得到高斯脉冲的功率谱密度函数表示如下：

$$S_p(f) = a_0^2 e^{-(2\pi\sigma f)^2} \tag{3-43}$$

由式（3-43）可知，高斯脉冲信号的功率谱密度依然是高斯的，但是其主要组成的频率大小随着功率谱密度阶数的增加而增加。因此，高斯脉冲信号的高阶功率谱密度函数[32]表示如下：

$$S_p^n(f) = (2\pi f j)^{2n} \cdot a_0^2 e^{-(2\pi\sigma f)^2} \tag{3-44}$$

式中，n 为阶数；f 为传输信号频率；j 是虚数单位。脉冲信号在太赫兹信道中传输时的能耗主要有传输路径损耗和分子吸收损耗两部分，因此太赫兹信道的频率响应[33]表示如下：

$$H_c(f,r) = H_{spread}(f,r) \cdot H_{abs}(f,r) = \frac{c}{4\pi f r} \cdot e^{-\frac{1}{2}k(f)r} \tag{3-45}$$

式中，c 为真空中的光速；r 为传输距离；$k(f)$ 为传输介质中极性分子的吸收系数函数。接收端接收到的脉冲信号强度表示如下：

$$a_r(r) = \int_B S_p^1(f) \cdot |H_c(f,r)|^2 \, df \tag{3-46}$$

式中，B 为太赫兹频段（0.1～10THz）。后续分析中，信号传输距离为几毫米到一米。

图 3-17 所示为基于全向天线的纳米节点发射时间长度为 100fs、总能量为 1pJ 的脉冲信号，经过水分子（体积分数为 1%）的传输信道后，接收端接收到的脉冲信号强度情况。随着传输距离从 0.1mm 增加到 1m，接收端的信号功率从-65dBW 迅速下降到-152.9dBW。随着水分子等极性分子浓度的增加，接收端信号功率急剧减小。因此，电磁纳米网络的传输距离应该严格控制，并且需要随着极性分子浓度的增加而相应减小。

2. 基于全向天线的信道干扰分析

纳米节点发射的信号强度在短距离传输范围内急剧下降，接收端接收到的信号易受到其他信号的干扰。因此，需要考虑以信号接收节点为中心，以最大可传输范围（即以 M 为半径的面积）内的所有纳米节点发射信号的干扰，结合式（3-46）可得接收节点在传输范围内的总干扰功率的数学期望表达式如下：

$$E[I_M] = \sum_{r \leq M} a_{r1}(r) \tag{3-47}$$

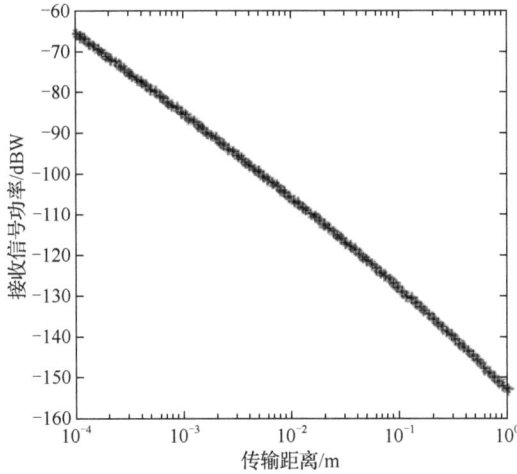

图 3-17　基于全向天线的脉冲信号功率随传输距离变化示意图

式中，I_M 表示传输范围内的干扰信号强度，即干扰功率。为了计算接收节点在传输范围内的总干扰强度，需要确定节点的空间分布情况。设定纳米节点在空间的分布服从空间泊松分布。因此，面积为 $A(M)$、半径为 M 的区域内有 k 个节点的概率[34]表示如下：

$$p(k) = \frac{(\lambda A(M))^k}{k!} \mathrm{e}^{-\lambda A(M)} \tag{3-48}$$

式中，λ 为泊松分布的特征参数。在 **TS-OOK** 调制方案中，信号到达接收节点的时间同样服从泊松分布。高斯脉冲在两个信号之间的时间间隔 T_s 内到达接收节点的概率服从均匀分布，即其概率为 $1/T_s$，而信号碰撞是发生在高斯脉冲到达接收节点的 T_p 时间内，因此，发生信号碰撞的概率为 $2T_p/T_s$。由于只有接收节点接收到脉冲信号时才会发生信号碰撞产生信道干扰，因此特征参数 λ 可以表示如下：

$$\lambda = \lambda_{\mathrm{T}} p_1 \frac{2T_p}{T_s} = \lambda_{\mathrm{T}} p_1 \frac{2}{\beta} \tag{3-49}$$

式中，λ_{T} 为单位面积内的纳米节点数；T_p 是高斯脉冲时间长度；T_s 为两个信号之间固定的间隔时间；$\beta = T_s/T_p$ 为脉冲的时间扩散系数；p_1 是一个发送节点发送的高斯脉冲信号的概率（即信号 "1" 出现的概率），在没有采用低码重编码的情况下，$p_1 = 0.5$。为了计算信道干扰功率，首先需要计算信道干扰功率的特征函数。基于纳米节点服从空间泊松分布，利用条件期望函数并结合式（3-47）、式（3-48）可以得到信道干扰功率的特征函数如下：

$$
\begin{aligned}
\varPhi_{I_a}(\omega) &= E(\mathrm{e}^{\mathrm{j}\omega I_M}) \\
&= E\{E\{\mathrm{e}^{\mathrm{j}\omega I_M} \mid k_i \in A(M), i \in (1,2,\cdots,t)\}\} \\
&= \sum_{k=0}^{\infty} \frac{(\lambda \pi M^2)^k}{k!} \mathrm{e}^{-\lambda \pi M^2} \cdot E\{\mathrm{e}^{\mathrm{j}\omega I_M} \mid k_i \in A(M), i \in (1,2,\cdots,t)\}
\end{aligned} \tag{3-50}
$$

式中，j 是虚数单位；ω 是角频率；I_a 表示信号干扰强度；$k_i \in A(M)$ 表示在半径为 M、面积为 $A(M)$ 范围内有 k_i 个对信道产生干扰的节点。由式（3-50）可知，为了得到信道干扰功率的特征函数，需要计算条件期望 $E\{e^{j\omega I_M}\mid k_i\in A(M),i\in(1,2,\cdots,t)\}$。$k_i$ 个相互独立的节点在半径为 M 的传输范围内是服从泊松分布的，它们在距离接收节点相同半径的情况下是服从均匀分布的，因此发射节点到接收节点的距离 r 的概率密度函数表示如下：

$$f_R(r)=\begin{cases}\dfrac{2\pi r}{\pi M^2}=\dfrac{2r}{M^2}, & r\leqslant M\\[2mm]0,r>M\end{cases} \tag{3-51}$$

由于信道干扰功率的特征函数是每个独立且随机的节点的特征函数的总和，因此，结合式（3-50），可以得到条件期望 $E\{e^{j\omega I_M}\mid k_i\in A(M),i\in(1,2,\cdots,t)\}$ 表示如下：

$$E\{e^{j\omega I_M}\mid k_i\in A(M),i\in(1,2,\cdots,t)\}=\left(\int_0^M\frac{2r}{M^2}\cdot e^{j\omega a_r(r)}dr\right)^t \tag{3-52}$$

当半径 M 趋于无穷远时，将式（3-42）、式（3-52）代入式（3-50）可以计算得到信道干扰功率的特征函数为

$$\Phi_{I_a}(\omega)=\exp\left(j\lambda\pi\omega\left(\int_0^\infty\frac{1}{a_r^2(r)}e^{j\omega r}dr\right)\right) \tag{3-53}$$

式中，$a_r(r)$ 为接收节点接收到的距离为 r 时发射节点发射的脉冲信号强度，由式（3-46）计算可得。在进行短距离信号传输时，$a_r(r)$ 可以近似为与距离有关的多项式 $\eta(r)^{-\varphi}$，其中 η、φ 与极性分子浓度、脉冲功率有关，则式（3-53）可以转换为

$$\Phi_{I_a}(\omega)=\exp\left(-\lambda\pi\eta\cdot\Gamma(1-\gamma)\cdot e^{-\frac{1}{2}\pi\gamma}\omega^\gamma\right) \tag{3-54}$$

式中，$0<(\gamma=2/\varphi)<1$ [29]。通过对信道干扰功率的特征函数进行反傅里叶变换可以得到信道干扰功率的概率密度函数 $f_I(i)$ [32]为

$$f_I(i)=\frac{1}{\pi i}\sum_{k=1}^\infty\frac{\Gamma(\gamma k+1)}{k!}\left(\frac{\pi\lambda\eta\Gamma(1-\gamma)}{i^\gamma}\right)^k\cdot\sin(k\pi(1-\gamma)) \tag{3-55}$$

式中，i 是信道干扰信号功率的瞬时幅值。

因此，传输半径为 M 的平均信道干扰功率的数学期望为

$$E[\overline{I_M}]=\int if_I(i)di \tag{3-56}$$

结合式（3-55）、式（3-56）可知，信道干扰功率的大小决定于特征参数 λ 的大小。由式（3-49）可知，纳米节点密度 λ_T、发送脉冲信号概率 p_1，以及脉冲的时间扩散系数 β 共同决定了太赫兹频段传输信道中信号干扰强度。因此，为最大程度上减弱信道干扰，保证信号的成功接收，提高电磁纳米网络的信息传输性能，需要分别对 λ_T、p_1 和 β 对信道干扰功率的影响进行特性分析。

图 3-18 所示为 $\beta=1000$、$p_1=0.5$ 时，不同的 λ_T 下的信道干扰情况。每平方毫米拥有 0.05 个节点时，平均信道干扰功率为 -156dBW。与图 3-17 中接收信号强度相比，信号干扰功率大于 -100dBW 时会严重影响纳米网络的网络性能。因此，为了保证脉冲信号在 1m 范围内正确接收，纳米节点密度 λ_T 不应大于 0.1。

图3-19所示为 $\beta = 1000$ 、 $\lambda_T = 0.1\text{mm}^2$ 时，不同 p_1 下信道干扰功率的情况。当 $p_1 = 0.5$ 时，信道干扰的平均功率为-153.5dBW。随着 p_1 不断增大，信道干扰功率在 $p_1 = 0.9$ 时增大到-150.5dBW。随着 p_1 减小到 0.1，信道干扰功率快速下降到-160.5dBW。 p_1 的增大，即发射脉冲数量的增加，不仅损耗了更多的能量、增加了分子吸收噪声，也增强了信道干扰。因此，为了达到降低信道干扰功率、提高电磁纳米网络信息传输性能的目的，需要采用能够有效降低 p_1 的信道编码方式。

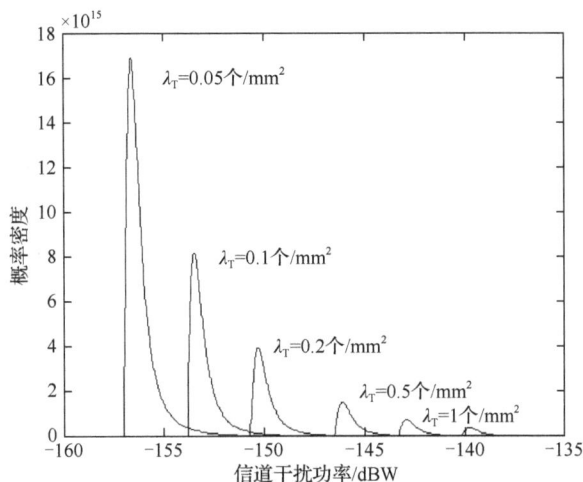

图 3-18　 $\beta = 1000$ 、 $p_1 = 0.5$ 时，不同 λ_T 情况下的信道干扰的概率密度随信道干扰功率的变化情况

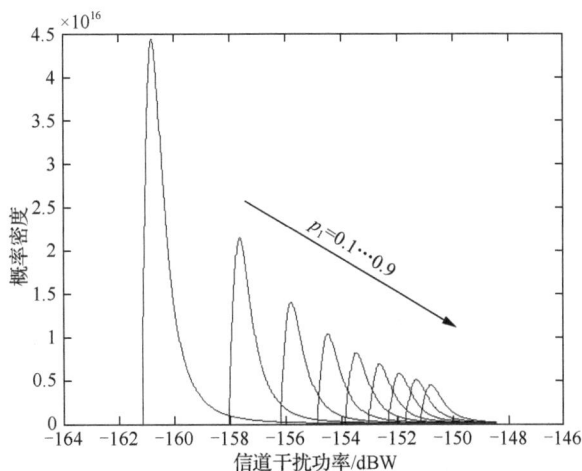

图 3-19　 $\beta = 1000$ 、 $\lambda_T = 0.1\text{mm}^2$ 时，不同 p_1 情况下的信道干扰的概率密度随信道干扰功率的变化情况

结合式（3-56），综合考虑不同节点密度 λ_T 和发送脉冲信号概率 p_1 情况下的信道干扰功率，如图 3-20 所示。发送脉冲信号概率、节点密度的增大，都会导致信号间发生碰撞的概率大幅增加，影响信号正常传输的信道干扰功率增大，因此，针对电磁纳米网络的特定应用场景，在尽量减少发射脉冲概率的情况下，选择较小的节点密度分布有助

于减小信道干扰，提高网络信息传输的性能。

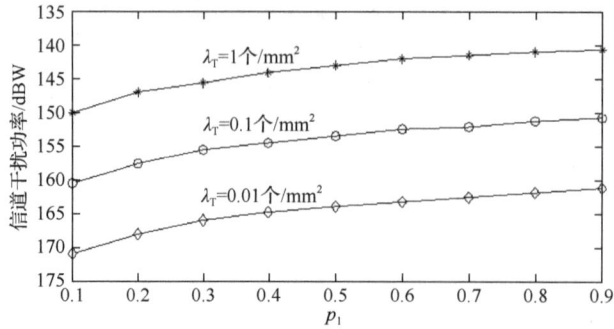

图 3-20　$\beta = 1000$ 时，不同的 p_1、λ_T 下的信道干扰功率

影响信道干扰功率的第三个因素为时间扩散系数 β（$\beta = T_s / T_p$），表征信号传输时延的大小。图 3-21 展示了在 $p_1 = 0.5$、$\lambda_T = 0.1\text{mm}^2$ 及不同时间扩散系数 β 下的信道干扰功率情况。β 在从 200 增大到 1000 的过程中，平均信道干扰功率从-146dBW 骤降到-153.5dBW。由于 β 越大，不同信号（"0"或者"1"）之间的时间间隔越大，发生信号碰撞的可能性越低，因此产生的信道干扰功率会随之下降。但是极大的 β 意味着相同的信息量需要更长的传输时间，导致信道容量的降低。因此，为了保证电磁纳米网络的网络性能，需要对基于该信道干扰模型的有效信道容量进行基于时间扩散系数 β 的分析。

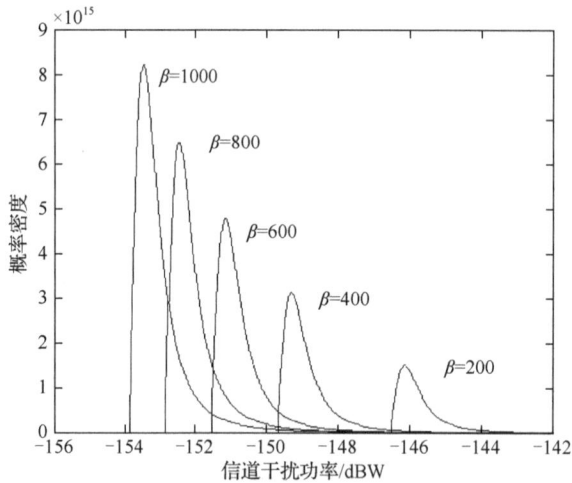

图 3-21　$p_1 = 0.5$、$\lambda_T = 0.1\text{mm}^2$ 时，不同 β 情况下信道概率密度随信道干扰功率变化情况

3.4.2　基于定向天线的信道干扰模型

定向天线具有增大信号传输范围、减少节点间信息传输跳数的特点。在相同传输范围内，定向天线不仅增强了信号强度，还有利于减小发送功率，延长节点的生存时间[35]。在接收节点端，通过调整天线阵列，对每个准备接收的信号进行估计，使天线阵列对准接收信号的主波瓣，可减小其他节点信号对接收信号的干扰，提高网络信息传输的可靠性。

1. 定向天线增益

由于定向天线的主瓣拥有特定的方向，旁瓣不发射信号或者发射极小的信号，因此具有波束成形特征的天线在发射信号方向具有很高的信号增益。同时，由于 TS-OOK 调制方案中，接收节点在 T_s 可以接收来自其他发射节点的信号，即在接收信号的同时也需要保证对信道的监听。因此，电磁纳米网络中定向天线的旁瓣增益不应为零。综合上述原因，纳米节点的定向天线增益表示如下：

$$G_{m,\theta} = \begin{cases} G_0 - 3.01\left(\dfrac{2\theta}{\theta_{-3\mathrm{dB}}}\right)^2, & 0 \leqslant \theta \leqslant \theta_{\mathrm{t}} \\ m, & \theta_{\mathrm{t}} < \theta \leqslant \pi \end{cases} \tag{3-57}$$

式中，θ 为天线的方位角；$\theta_{\mathrm{t}} = 1.3\theta_{-3\mathrm{dB}}$ 为天线主瓣的角度；$\theta_{-3\mathrm{dB}}$ 为发射功率为最大增益一半时的角度，$\theta_{-3\mathrm{dB}} = \dfrac{\pi}{3}$；$m = -0.4111 \cdot \ln \theta_{-3\mathrm{dB}} - 10.597$，为旁瓣的增益；$G_0 = 20\log_2\left(1.6162 / \sin\dfrac{\theta_{-3\mathrm{dB}}}{2}\right)$ 为最大天线增益。方位角 θ 服从泊松分布，因此，$\theta < \theta_{\mathrm{t}}$ 时的概率分布函数表示如下：

$$P(\theta < \theta_{\mathrm{t}}) = 1 - P(\theta > \theta_{\mathrm{t}}) = 1 - \mathrm{e}^{-\lambda\theta_{\mathrm{t}}} P(\theta < \theta_{\mathrm{t}}) = 1 - P(\theta > \theta_{\mathrm{t}}) = 1 - \mathrm{e}^{-\lambda\theta_{\mathrm{t}}} \tag{3-58}$$

式中，λ 为平均增益系数。由式（3-58）可以得到方位角 θ 的概率密度函数表示如下：

$$f(\theta) = \frac{\mathrm{d}P(\theta < \theta_{\mathrm{t}})}{\mathrm{d}\theta} = \lambda\mathrm{e}^{-\lambda\theta} \tag{3-59}$$

因此，定向天线的主瓣平均信号增益的数学期望和全角度情况下的平均信号增益的数学期望分别表示如下：

$$E[\overline{G_{\mathrm{main}}}] = \int_0^{\theta_{\mathrm{t}}} \left(G_0 - 3.01\left(\frac{2\theta}{\theta_{-3\mathrm{dB}}}\right)^2\right) \frac{\lambda\mathrm{e}^{-\lambda\theta}}{P(\theta < \theta_{\mathrm{t}})} \mathrm{d}\theta \tag{3-60}$$

$$E[\overline{G_{\mathrm{total}}}] = \int_0^{\theta_{\mathrm{t}}} \left(G_0 - 3.01\left(\frac{2\theta}{\theta_{-3\mathrm{dB}}}\right)^2\right) \lambda\mathrm{e}^{-\lambda\theta}\mathrm{d}\theta + m\mathrm{e}^{-\lambda\theta_{\mathrm{t}}} \tag{3-61}$$

结合式（3-44）、式（3-45）、式（3-60）可计算得到接收端接收到的脉冲信号强度表示如下：

$$\begin{aligned} a_r(r) &= \int_B S_{\mathrm{p}}^1(f) \cdot |E[\overline{G_{\mathrm{main}}}]|^2 \cdot |H_c(f,r)|^2 \, \mathrm{d}f a_r(r) \\ &= \int_B S_{\mathrm{p}}^1(f) \cdot |E[\overline{G_{\mathrm{main}}}]|^2 \cdot |H_c(f,r)|^2 \, \mathrm{d}f \end{aligned} \tag{3-62}$$

图 3-22 所示为基于定向天线的纳米节点发射时间长度为 100fs、总能量为 1pJ 的脉冲信号，经过水分子（体积分数为 1%）的传输信道后，接收端接收到的脉冲信号强度情况。相同发射功率情况下，与全向天线的接收信号强度相比，定向天线的使用大幅度增强了接收端的信号强度。但是由于极性分子对能量的吸收，接收信号的功率随着传输距离的增加从 -50.1dBW 迅速下降到了 -138dBW。

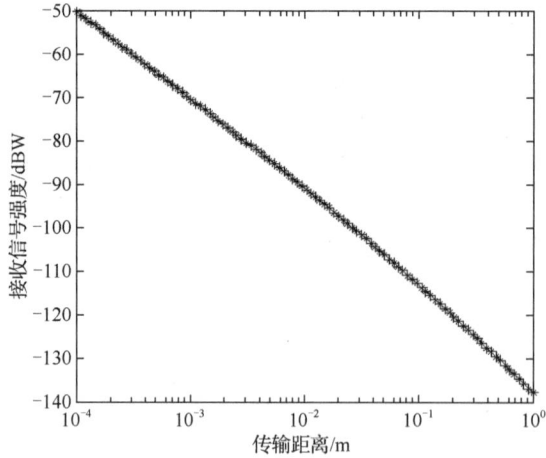

图 3-22　基于定向天线的脉冲接收信号强度随传输距离变化情况

2. 干扰信号特征

由于定向天线的波束性对定向信号的加强作用，因此定向天线的信道干扰模型不仅需要考虑直线传播的信号，即视距（LOS）干扰信号，也需要考虑反射、散射等非视距（non line of sight，NLOS）途径传播的干扰信号。

在无线纳米传感器网络（wireless nano sensor networks，WNSN）中 LOS 干扰信号对接收节点的影响如图 3-23 所示，由于发射天线和接收天线具有相同的天线增益，因此结合式（3-44）、式（3-45）、式（3-61）可以得到接收节点接收到的 LOS 干扰信号强度为

$$a_{r\_LoS}(r) = \int_B S_p^1(f) \cdot |E[\overline{G_{\mathrm{main}}}]|^2 \cdot |H_c(f,r)|^2 \, \mathrm{d}f \tag{3-63}$$

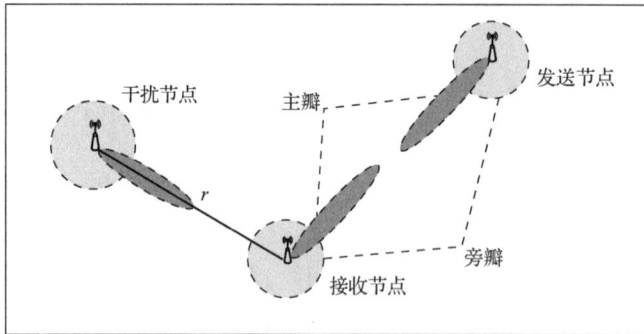

图 3-23　无线纳米传感器网络中的 LOS 干扰信号对接收节点的影响

由于定向天线具有较强的定向增益，因此不能忽视反射干扰信号对接收信号的影响，信号在遇到较为光滑的表面时会发射反射信号，如图 3-24 所示。反射信号的能耗不仅包括传输损耗、分子吸收损耗，也包括表面反射损耗。影响反射信号损耗的因素主要有：反射表面的反射系数和表征粗糙程度的瑞利粗糙系数。其中，反射表面的反射系数函数[36]表示如下：

$$\chi(f) = \frac{\cos\theta_i - n_t\sqrt{1 - \left(\dfrac{\sin\theta_i}{n_t}\right)^2}}{\cos\theta_i + n_t\sqrt{1 - \left(\dfrac{\sin\theta_i}{n_t}\right)^2}} \approx -e^{-\frac{2\cos\theta_i}{\sqrt{n_t^2-1}}} \tag{3-64}$$

式中，n_t 为反射率，与传输频率和传输介质有关；θ_i 为信号经过反射表面时的入射角，表示如下：

$$\theta_i = \frac{1}{2}\cos^{-1}\left(\frac{r_{r1}^2 + r_{r2}^2 - r_r^2}{2r_{r1}r_{r2}}\right) \tag{3-65}$$

式中，r_{r1} 为发射节点到反射节点的距离；r_{r2} 为反射节点到接收节点的距离；r_r 为发射节点到接收节点的直线距离。图 3-24 中，角度 p、q 分别为入射波与水平线的夹角、干扰节点与接收节点连线与水平线的夹角。发射表面的瑞利粗糙系数主要与信号频率 f、入射角 θ_i 和发射表面的高度差 σ 有关，函数[28]表示如下：

$$\rho(f) = e^{-\frac{1}{2}\left(\frac{4\pi f\sigma\cdot\cos\theta_i}{c}\right)^2} \tag{3-66}$$

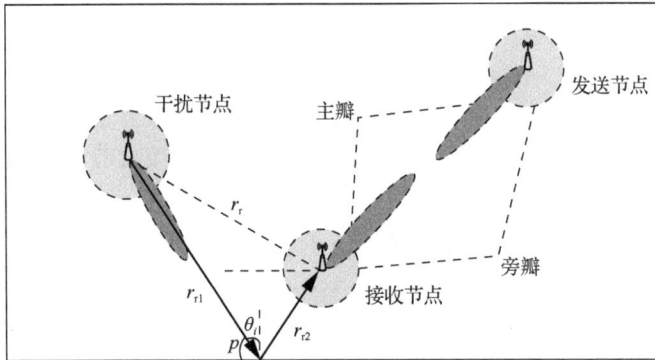

图 3-24　无线纳米传感器网络中的反射干扰信号对接收节点的影响

基于基尔霍夫（Kirchhoff）散射理论[39]，由式（3-64）、式（3-66）可得到光滑表面的反射系数为

$$R(f) = \chi(f)\cdot\rho(f) = -e^{-\frac{2\cos\theta_i}{\sqrt{n_t^2-1}} - \frac{1}{2}\left(\frac{4\pi f\sigma\cdot\cos\theta_i}{c}\right)^2} \tag{3-67}$$

因此，结合太赫兹信道的路径传输损耗和分子吸收损耗，可以得到反射信号的信道频率响应为

$$
\begin{aligned}
H_{\text{ref}}(f, r_R) &= H_{\text{spread}}(f, r_R)\cdot H_{\text{abs}}(f, r_R)\cdot R(f) \\
&= -\frac{c}{4\pi f r_R}\cdot e^{-\frac{1}{2}\left(k(f)r_R + \left(\frac{4\pi f\sigma\cdot\cos\theta_i}{c}\right)^2\right)\frac{2\cos\theta_i}{\sqrt{n_t^2-1}}}
\end{aligned}
\tag{3-68}
$$

式中，$r_R = r_{r1} + r_{r2}$ 为反射信号从发送端到接收端经过的总距离。由式（3-68）可以得到反射信号强度为

$$a(r_R)\int_B S_p^1(f)\,|\,E(\overline{G_{\text{main}}})\,|^2\,|\,H_{\text{ref}}(f,r_R)\,|^2_{r\_\text{ref}} \tag{3-69}$$

信号在遇到较为粗糙的表面时会发生信号的散射，如图 3-25 所示。图中，θ_{sac} 为散射情况下的出射角。与反射信号相类似，散射信号的能耗包括传输损耗、分子吸收损耗和散射损耗。基于小反射角度的经典基尔霍夫理论不能直接应用于大反射角度。由于散射是反射的一种特殊情况，因此基于信号反射特性，运用经过修改后的贝克曼-基尔霍夫（Beckmann-Kirchhoff）理论，可以得到粗糙表面的散射系数为

$$S(f) = -\exp\left(\frac{-2\cos\theta_i}{\sqrt{n_t^2-1}}\right)\cdot\sqrt{\frac{1}{1+g+\dfrac{g^2}{2}+\dfrac{g^3}{6}}}$$

$$\cdot\sqrt{\rho_0^2+\frac{\pi\cos\theta_i}{100}\left(g e^{-v_s}+\frac{g^2}{4}e^{-\frac{v_s}{2}}\right)} \tag{3-70}$$

式中，$g=\left(\dfrac{4\pi f\sigma\cdot\cos\theta_i}{c}\right)^2$；$v_s$ 为散射信号的方向表示；镜面反射率的幅值表示为 ρ_0。

同时，结合太赫兹信道中的路径损耗和分子吸收损耗，可以得到散射信号的频率响应为

$$H_{\text{sac}}(f,r_s)=H_{\text{spread}}(f,r_s)\cdot H_{\text{abs}}(f,r_s)\cdot S(f)$$

$$=\frac{c}{4\pi f r_s}\cdot e^{-\frac{1}{2}k(f)r_s}\cdot S(f) \tag{3-71}$$

式中，$r_s=r_{s1}+r_{s2}$ 为散射信号从发送端经过散射平面到达接收节点的总传输距离。可得接收端接收到的散射信号强度为

$$a(r_s)\int_B S_p^1(f)\,|\,E(\overline{G_{\text{main}}})\,|^2\,|\,H_{\text{sac}}(f,r_s)\,|^2_{r\_\text{sac}} \tag{3-72}$$

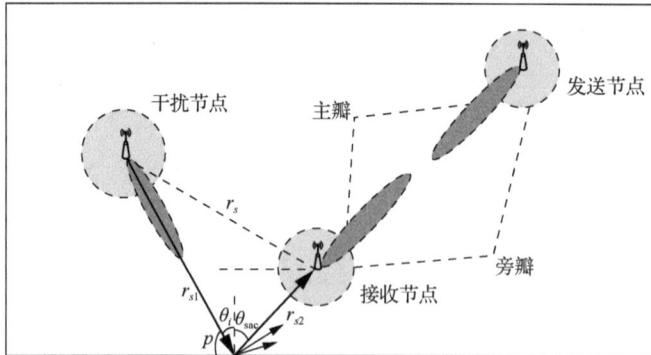

图 3-25　无线纳米传感器网络中的散射干扰信号对接收节点的影响

3. 基于定向天线的信道干扰分析

由干扰信号特征可知，由具备定向天线的纳米节点组成的电磁纳米网络的信道干扰主要由三部分组成：视距信号干扰、反射信号干扰和散射信号干扰。由于纳米节点在传输范围内服从泊松分布，且信号干扰均源自脉冲信号的碰撞，因此结合 TS-OOK 调制方案特性，由式（3-55）和式（3-56）同理推导可得，接收节点在传输范围内接收到的平

均 LOS 信道干扰信号平均功率的数学期望为

$$E[\overline{I_{\mathrm{LOS}}}] = \int \frac{i}{\pi i} \sum_{k=1}^{\infty} \frac{\Gamma(\gamma_{\mathrm{LOS}}k+1)}{k!} \left(\frac{\pi\lambda\eta_{\mathrm{LOS}}\Gamma(1-\gamma_{\mathrm{LOS}})}{i^{\gamma_{\mathrm{LOS}}}} \right)^k \cdot \sin(k\pi(1-\gamma_{\mathrm{LOS}}))\varepsilon_{\mathrm{LOS}}\mathrm{d}i \quad （3\text{-}73）$$

式中，$\varepsilon_{\mathrm{LOS}}$（$0 \leqslant \varepsilon_{\mathrm{LOS}} \leqslant 1$）为干扰节点率；LOS 干扰信号功率 $a_{r\_\mathrm{LOS}}(r)$ 可近似为多项式 $\eta_{\mathrm{LOS}}(r)^{-\varphi_{\mathrm{LOS}}}$；$\eta_{\mathrm{LOS}}$ 和 φ_{LOS} 是与极性分子浓度、脉冲功率、天线增益有关的参数，$0 < \gamma_{\mathrm{LOS}} = 2 / \varphi_{\mathrm{LOS}}$。

与 LOS 干扰信号相比，反射信号干扰不仅包括路径损耗，在反射表面也会产生反射损耗。由图 3-24 中角度关系推导可知，干扰节点、接收节点及反射节点三者之间的距离关系可以表示为

$$\frac{r_{r1}}{|\sin(p+q)|} = \frac{r_{r2}}{|\sin(p-q)|} = \frac{r_r}{|\sin(2p)|} \quad （3\text{-}74）$$

由式（3-74）可得，反射干扰信号的总传输距离为

$$r_R = r_{r1} + r_{r2} = \frac{|\sin|p+q| + \sin(p-q)|}{|\sin(2p)|} r_r \quad （3\text{-}75）$$

同理可知，散射信号干扰在粗糙表面会产生散射损耗。当发射节点到接收节点的直线距离为 r_s 时，根据图 3-25 中各角度关系推导可知，散射信号干扰的总传输距离可表示为

$$r_s = (r_{s1} + r_{s2}) = \frac{|\cos(\theta_{\mathrm{sac}}+p)| + |\sin(p-q)|}{|\cos(\theta_{\mathrm{sac}}-p)|} r_s \quad （3\text{-}76）$$

因此，接收节点在传输范围内收到的反射信号干扰功率、散射信号干扰功率的数学期望分别表示如下：

$$E[I_{\mathrm{ref}}] = \sum_{r \leqslant M} a_{r\_\mathrm{ref}}(\mu r) \approx \sum_{r \leqslant M} \eta_{\mathrm{ref}}(\mu r)^{-\varphi_{\mathrm{ref}}} \quad （3\text{-}77）$$

$$E[I_{\mathrm{sac}}] = \sum_{r \leqslant M}^{\sum_{r \leqslant M} \eta_{\mathrm{sac}}(\nu r)^{-\varphi_{\mathrm{sac}}}} a(\nu r)_{r\_\mathrm{sac}} \quad （3\text{-}78）$$

式中，r 为干扰节点到接收节点的直线距离；η_{ref}、φ_{ref} 是与极性分子浓度、脉冲功率、天线增益及反射系数有关的参数；η_{sac}、φ_{sac} 是与极性分子浓度、脉冲功率、天线增益及散射系数有关的参数；μ、ν 分别为反射距离系数、散射距离系数，由式（3-75）和式（3-76）可得

$$\mu = \frac{|\sin(p+q)| + |\sin(p-q)|}{|\sin 2p|} \quad （3\text{-}79）$$

$$\nu = \frac{|\cos(\theta_{\mathrm{sac}}+p)| + |\sin(p-q)|}{|\cos(\theta_{\mathrm{sac}}-p)|} \quad （3\text{-}80）$$

结合采用的 TS-OOK 调制方案，接收节点在传输范围内收到的反射信号干扰的平均功率、散射信号干扰的平均功率的数学期望为

$$E[\overline{I_{\mathrm{ref}}}] = \int \frac{i}{\pi i} \sum_{k=1}^{\infty} \frac{\Gamma(\gamma_{\mathrm{ref}}k+1)}{k!} \left(\frac{\pi\lambda\eta_{\mathrm{ref}}\Gamma(1-\gamma_{\mathrm{ref}})}{i^{\gamma_{\mathrm{ref}}}} \right)^k \cdot \sin(k\pi(1-\gamma_{\mathrm{ref}}))\varepsilon_{\mathrm{ref}}\mathrm{d}i \quad （3\text{-}81）$$

$$E[\overline{I_{sac}}] = \int \frac{i}{\pi i} \sum_{k=1}^{\infty} \frac{\Gamma(\gamma_{sac}k+1)}{k!} \left(\frac{\pi\lambda\eta_{sac}\Gamma(1-\gamma_{sac})}{i^{\gamma_{sac}}} \right)^k \cdot \sin(k\pi(1-\gamma_{sac}))\varepsilon_{sac}di \qquad (3-82)$$

式中，干扰节点率 $0 \leqslant \varepsilon_{LOS} + \varepsilon_{ref} + \varepsilon_{sac} \leqslant 1$，$0 \leqslant \varepsilon_{LOS} + \varepsilon_{ref} + \varepsilon_{sac} \leqslant 1$，并且 $0 \leqslant (\varepsilon_{LOS}, \varepsilon_{ref}, \varepsilon_{sac}) \leqslant 1$，$0 < \gamma_{ref} = 2/\varphi_{ref}$，$0 < \gamma_{sac} = 2/\varphi_{sac}$，$\varepsilon_{LOS}$ 为 LOS 干扰节点率，ε_{ref} 为反射干扰节点率，ε_{sac} 为散射干扰节点率。

综合上述三种干扰信号：视距干扰信号、反射干扰信号及散射干扰信号的特征，接收节点收到的总信号干扰的平均功率的数学期望为

$$E[\overline{I_B}] = E[\overline{I_{LOS}}] + E[\overline{I_{ref}}] + E[\overline{I_{sac}}] \qquad (3-83)$$

图 3-26 所示分别为时间扩散系数 $\beta = 1000$ 情况下，基于定向天线的 LOS 信道干扰功率、反射信道干扰功率及散射信道干扰功率随脉冲发射频率的变化情况。从图中可以发现，节点密度、发射脉冲频率与信道干扰功率成正比。结合图 3-22 接收端的脉冲信号功率进行分析可以得到，定向天线虽然具有较强的信道增益，较强的信号强度在传输距离较近时不易受到信道干扰的影响，但是随着传输距离的增加，极性分子对能量吸收加剧，接收信号强度快速衰减到-130dBW 以下时，信道干扰严重影响接收节点对信号的正确接收。同时，时间扩散系数 β 越大，信道干扰功率越小，但是随着 β 的增大，信息传输时延的增大影响了信息传输速率。

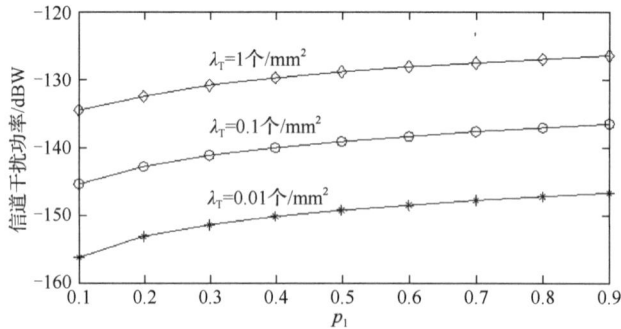

（a）在不同节点密度 λ_T 下，视距信道干扰功率随发射脉冲频率 p_1 的变化情况

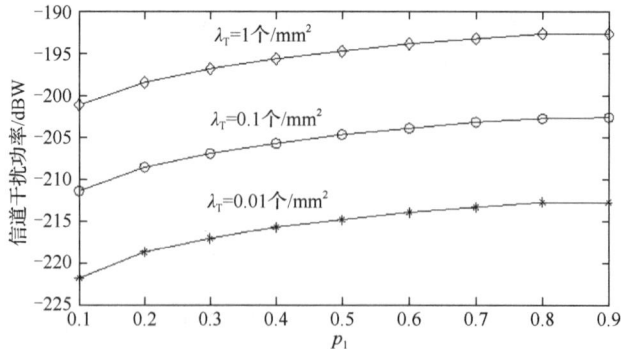

（b）在不同节点密度 λ_T 下，反射信道干扰功率随发射脉冲频率 p_1 的变化情况

图 3-26 定向天线的信道干扰功率

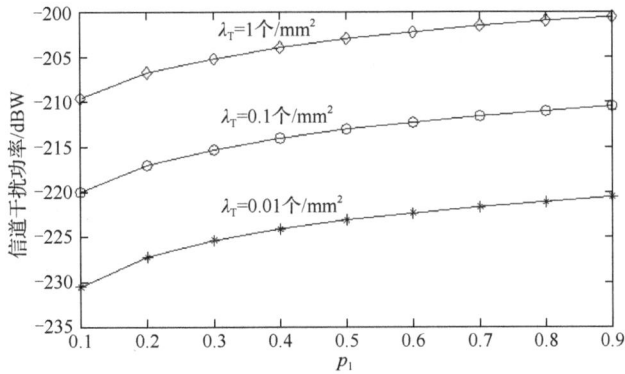

（c）在不同节点密度λ_T下，散射信道干扰功率随发射脉冲频率p_1的变化情况

图 3-26（续）

3.5　小　结

针对电磁纳米网络节点尺寸和能量的限制，如何提高节点的能量利用率，同时保证节点之间通信的可靠性是研究的难点。本章在对电磁纳米网络太赫兹波通信的传输特性进行研究的基础上，从能耗的角度建立电磁纳米网络太赫兹波通信模型。主要工作如下：对电磁纳米网络和太赫兹波通信的国内外研究现状、电磁纳米网络概念进行介绍，阐述了电磁纳米网络研究和应用中的难点和挑战。其中，在纳米节点之间建立稳定的连接是目前面临的最大挑战，亟须建立纳米网络中太赫兹波通信模型，为节点之间的通信研究提供参考。分别针对电磁纳米网络硬件特性和太赫兹频段电磁波传输特性进行研究。简单介绍了纳米节点的组成，进一步说明纳米处理器的工作内容和处理能力，重点分析了作为通信模块的纳米收发器和纳米天线特性，为收发器能耗模型建立提供基础。同时，根据太赫兹波在传输介质中的分子吸收特性，确定分子吸收损耗是太赫兹波传输过程中能耗不可忽略的一部分。针对太赫兹波传输过程中的路径传输损耗和分子吸收损耗分别进行建模。分别对大气传输介质中含量最多的三种极性分子建立分子吸收损耗模型，并分别在不同的传输场景下，结合路径传输损耗和分子吸收损耗，从能量的角度建立电磁纳米网络太赫兹波通信模型。最后对建立的模型进行验证，用实验结果表明模型的可靠性和有效性。基于收发器的材料特性和硬件电路特性，建立节点收发器的能耗模型。在考虑重传机制的情况下，以单位比特数据传输能量最小化为目标，以最佳通信距离和最佳数据包结构为优化指标，建立能耗优化模型，并在不同的调制机制下对建立的模型以及优化模型进行验证。

参 考 文 献

[1] Goldsmith A .Wireless communications: overview of wireless communications[J]. Wireless Communications, 2005, 1-26.

[2] Elayan H, Amin O, Shihada B, et al. Terahertz bánd: the last piece of RF spectrum puzzle for communication systems[J]. IEEE Open Journal of the Communications Society, 2019, 1: 1-32.

[3] 洪伟, 余超, 陈继新, 等. 毫米波与太赫兹技术[J]. 中国科学: 信息科学, 2016, 46 (8): 1086-1107.

[4] Fujita K, Jung S, Jiang Y F, et al. Recent progress in terahertz difference-frequency quantum cascade laser sources[J]. Nanophotonics, 2018, 7(11): 1795-1817.

[5] Akyildiz I F, Jornet J M, Han C. Terahertz band: next frontier for wireless communications[J]. Physical Communication, 2014, 12: 16-32.

[6] 孙红起. 太赫兹时域光谱系统的性能研究[D]. 北京: 首都师范大学, 2007.

[7] 凌伟. 太赫兹段多谐振 Metamaterial 器件的研究与设计[D]. 成都: 电子科技大学, 2011.

[8] 左志高. 太赫兹相干层析成像及相关功能器件研究[D]. 武汉: 华中科技大学, 2013.

[9] Sheikh F, Zarifeh N, Kaiser T. Terahertz band: channel modelling for short-range wireless communications in the spectral windows[J]. IET Microwaves, Antennas & Propagation, 2016, 10(13): 1435-1444.

[10] Petrov V, Moltchanov D, Jornet J M, et al. Exploiting multipath terahertz communications for physical layer security in beyond 5G networks[C]//IEEE INFOCOM 2019-IEEE Conference on Computer Communications Workshops (INFOCOM WKSHPS). Paris, IEEE, 2019: 865-872.

[11] Deng W T, Chen L, Zhang H Q, et al. On chip polarization and frequency division demultiplexing for multidimensional terahertz communication[J]. Laser & Photonics Reviews, 2022, 16(10): 2200136.

[12] Feng L, Yang Q H, Park D, et al. Energy efficient nano-node association and resource allocation for hierarchical nano-communication networks[J]. IEEE Transactions on Molecular, Biological and Multi-Scale Communications, 2018, 4(4): 208-220.

[13] Kulakowski P, Solarczyk K, Wojcik K. Routing in fret-based nanonetworks[J]. IEEE Communications Magazine, 2017, 55(9): 218-224.

[14] McGuiness D T, Selis V, Marshall A. Molecular-based nano-communication network: a ring topology nano-bots for in-vivo drug delivery systems[J]. IEEE Access, 2019, 7: 12901-12913.

[15] Akkaş M A. Nano-sensor modelling for intra-body nano-networks[J]. Wireless Personal Communications, 2021, 118(4): 3129-3143.

[16] Jornet J M, Akyildiz I F. Graphene-based nano-antennas for electromagnetic nanocommunications in the terahertz band[C]//Proceedings of the Fourth European Conference on Antennas and Propagation. Barcelona, IEEE, 2010: 1-5.

[17] Elbir A M, Mishra K V, Chatzinotas S, et al. Terahertz-band integrated sensing and communications: challenges and opportunities[J]. arXiv preprint arXiv:2208.01235, 2022.

[18] Sarieddeen H, Alouini M S, Al-Naffouri T Y. An overview of signal processing techniques for terahertz communications[J]. Proceedings of the IEEE, 2021, 109(10): 1628-1665.

[19] 姚信威, 王万良, 吴腾超, 等. 不同调制机制下无线传感网收发器能耗优化模型[J]. 传感技术学报, 2013, 26(8): 1140-1146.

[20] 石广玉. 大气辐射学[M]. 北京: 科学出版社, 2007.

[21] Gordon I E, Rothman L S, Hargreaves R J, et al. The HITRAN2020 molecular spectroscopic database[J]. Journal of Quantitative Spectroscopy and Radiative Transfer, 2022, 277: 107949.

[22] Jornet J M, Akyildiz I F. Femtosecond-long pulse-based modulation for terahertz band communication in nanonetworks[J]. IEEE Transactions on Communications, 2014, 62(5): 1742-1754.

[23] Boronin P, Petrov V, Moltchanov D, et al. Capacity and throughput analysis of nanoscale machine communication through transparency windows in the terahertz band[J]. Nano Communication Networks, 2014, 5(3): 72-82.

[24] Jornet J M, Akyildiz I F. Channel capacity of electromagnetic nanonetworks in the terahertz band[C]//2010 IEEE International Conference on Communications. Cape Town IEEE, 2010: 1-6.

[25] Zhao D L, Aili A, Zhai Y, et al. Radiative sky cooling: fundamental principles, materials, and applications[J]. Applied Physics Reviews, 2019, 6(2): 021306.

[26] Afsana F, Asif-Ur-Rahman M, Ahmed M R, et al. An energy conserving routing scheme for wireless body sensor nanonetwork communication[J]. IEEE Access, 2018, 6: 9186-9200.

[27] Chowdhury M Z, Shahjalal M, Ahmed S, et al. 6G wireless communication systems: applications, requirements, technologies, challenges, and research directions[J]. IEEE Open Journal of the Communications Society, 2020, 1: 957-975.

[28] Chen Z, Ma X Y, Zhang B, et al. A survey on terahertz communications[J]. China Communications, 2019, 16(2): 1-35.

[29] 王承祥，黄杰，王海明，等. 面向 6G 的无线通信信道特性分析与建模[J]. 物联网学报，2020，4（1）：19-32.

[30] Kantelis K, Amanatiadis S A, Liaskos C K, et al. On the use of fdtd and ray-tracing schemes in the nanonetwork environment[J]. IEEE Communications Letters, 2014, 18(10): 1823-1826.

[31] Jornet J M, Akyildiz I F. Channel modeling and capacity analysis for electromagnetic wireless nanonetworks in the terahertz band[J]. IEEE Transactions on Wireless Communications, 2011, 10(10): 3211-3221.

[32] Tekbıyık K, Ekti A R, Kurt G K, et al. Terahertz band communication systems: challenges, novelties and standardization efforts[J]. Physical Communication, 2019, 35: 100700.

[33] Rappaport T S, Xing Y C, Kanhere O, et al. Wireless communications and applications above 100 GHz: Opportunities and challenges for 6G and beyond[J]. IEEE Access, 2019, 7: 78729-78757.

[34] Ragheb H, Hancock E R. The modified Beckmann–Kirchhoff scattering theory for rough surface analysis[J]. Pattern Recognition, 2007, 40(7): 2004-2020.

[35] Jornet J M. Low-weight channel codes for error prevention in electromagnetic nanonetworks in the terahertz band[C]// Proceedings of ACM The First Annual International Conference on Nanoscale Computing and Communication.Atlanta, 2014: 1-9.

[36] Jornet J M, Akyildiz I F. Fundamentals of electromagnetic nanonetworks in the terahertz band[J]. Foundations and Trends in Networking, 2013, 7(2-3): 2-A6.

第 4 章

基于 TS-OOK 调制机制的电磁纳米网络能量捕获无线通信系统

为了适应纳米处理器的处理能力，电磁纳米网络通信协议的分层协议应运而生，包括物理层调制模式的设计、数据链路层的多址介入方法的设计等，这些都需要考虑计算复杂度的问题。对于物理层调制模式的设计而言，通断键控（OOK）调制具有较低的复杂度，是电磁纳米网络较有应用前景的调制方式之一。

对于采用 OOK 调制的纳米节点，每发送一个脉冲信号后空闲一较长的固定时间间隔再发送下一个脉冲信号，这种基于 OOK 调制的较长的周期内只发送一个脉冲信号的发送方式，称为 TS-OOK 调制。近年来出现了一些面向电磁纳米网络的 OOK 调制方案研究，如 Lina Aliouat 等[1]设计了空分多址 OOK（space division multiple access time spread on-off keying，SDMA-OOK）调制，并将其与现有方法进行了比较，包括通道访问平衡、碰撞和成功率，确保了纳米设备之间的公平性在保持成功率的同时显著减少了碰撞。

4.1　TS-OOK 调制机制

当电磁纳米网络采用 TS-OOK 调制方案时，即使不采用专门的 MAC 协议（即一个节点不管当前是否有其他邻居节点正在发送数据，直接发送数据），两个接入节点的发送发生冲突的概率也很小，只有两个邻近节点刚好在同一时刻发送数据才发生冲突。TS-OOK 工作方式如图 4-1 所示，以 T 为周期， T_{delay} 为传输时延，每个周期内发送 1bit 信号，发送一个脉冲信号表示发送一脉冲信号"1"（高位），而保持无线静默即天线上不发送任何电压信号表示发送一脉冲信号"0"（低位）。

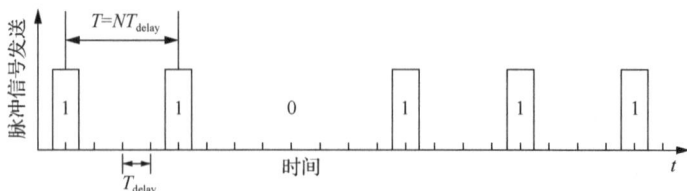

图 4-1　TS-OOK 工作方式

TS-OOK 实现低发送冲突的原理图如图 4-2 所示。考虑一个中继节点 R 为多个接入节点（邻居节点）中继数据的情形，如图 4-2（a）所示。当 R 的某个邻居节点有数据发送时，直接以固定周期 T 开始发送脉冲信号，如图 4-2（b）所示。由于相邻的两个脉冲信号发送之间有较长的时间间隔，即使有多个接入节点并发地往中继节点发送数据，它们之间发生冲突的可能性也很低，除非两个接入节点的脉冲信号发送恰好重叠。这种情况发生的概率为 T_{delay}/T，并且重叠概率随着 T 的增加而下降，TS-OOK 通过使用较大的 T 来实现较小的冲突概率。

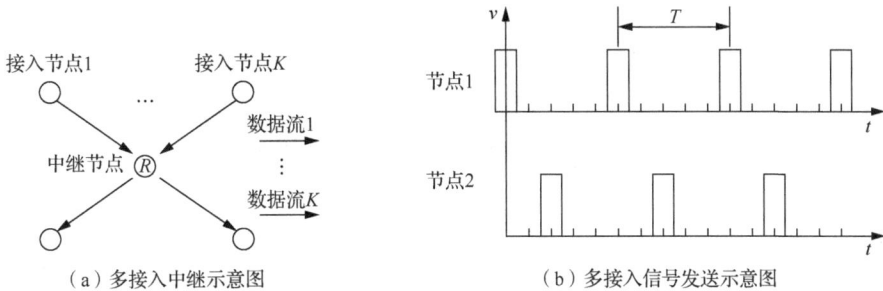

（a）多接入中继示意图　　　　（b）多接入信号发送示意图

图 4-2　TS-OOK 实现低发送冲突原理图

目前，一些研究工作已经提出采用 TS-OOK 调制方式和发送方式来有效减少发送冲突的发生，但是存在以下问题：

（1）信号发送的时间间隔都是一样的，当两个信号正好重叠时就会发生连续的符号冲突，使得一连串接收符号的解调出错。如图 4-3 所示，相邻的节点 S_1 和 S_2 在同一时刻发起通信，因为两个节点通信过程中脉冲持续时间 $T_{duration}$ 和发送周期 T 相同，所以在这种情况下，如果 1bit 信号发生冲突，则后续的脉冲信号都发生冲突，称为连续冲突。因此 S_1 和 S_2 两个相互冲突的节点将无法准确地传达信息。一旦这种情况发生，由于解调后错误的比特数太多，即使采用了信道纠错码也无法加以纠正，导致中继节点没有从相互冲突的信息流中接收任何有用的信息。

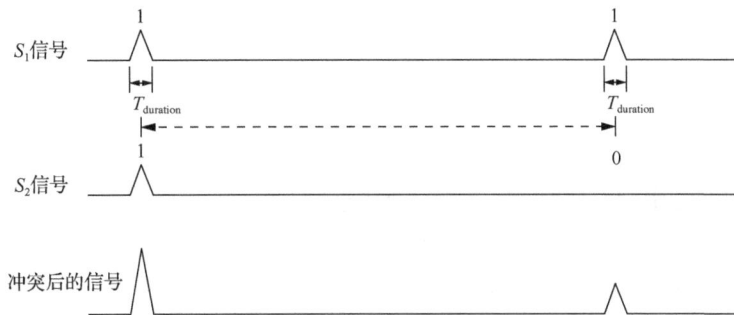

图 4-3　连续冲突示意图

（2）如果采用不同传输间隔发送信号，即使有两个节点所传送的信息在某一时刻冲突，由于两个节点每个脉冲间的时间间隔不同，下一个脉冲信息不会冲突，可以大幅减少接收端无法使用的数据包数量，提升整个网络的性能。然而每个节点如何选择发送间隔使网络发生的冲突最少，目前缺乏研究。

针对上述问题，拟开展以下两方面的研究工作：

（1）研究无须时钟同步的变周期低冲突数据通信机制。该方法无须节点间保持时钟同步，不协调各个接入节点的发送时刻，但不同的接入节点采用不同的发送周期，通过最优化不同节点的发送周期来达到较低的冲突概率。

（2）研究时钟同步下的等周期无冲突数据通信机制。该方法适用于节点间保持时钟同步的场景，各个接入节点采用相同的发送周期，并通过接入节点与中继节点之间的简单控制包交互来协调各个接入节点的脉冲信号发送时刻，实现零冲突。

4.2 能量捕获无线通信系统

尽管纳米网络和物联网得到了快速发展和广泛应用，但是网络节点能量的局限性依然是学术界和工业界面临的主要难题[2]。由于能量捕获（EH）技术具有部署灵活、能提供绿色无污染的能量等特点，在未来解决无线通信系统中的能耗问题具有非常大的潜力，也因此吸引了广大研究者的兴趣。特定的能量捕获设备可以获取自然界中的太阳能、风能、机械能、地热能等不同形式的能量，也可以通过获取其他设备通过无线方式发送的能量来维持自身的正常工作[3-4]。因此，将无线能量捕获技术应用到无线网络中，将极大地延长网络的使用寿命，同时也免去布线的约束，大幅提高无线节点部署的便利性。

现有能量捕获系统大部分采用电池作为单一的能量储存单元，其储存电荷的能力很强，但是其存在能量储存效率低下及能量泄漏等问题。同时，由于能量捕获技术上的缺陷，捕获并储存的能量相对较少。因此能否对捕获的能量进行高效的储存和管理是影响能量捕获系统性能的重要因素。超级电容器近乎理想的储存性能和高功率密度特性，使其成为能量储存单元的理想选择[5-6]，然而超级电容器储存能量较小。因此采用电池和超级电容器的混合结构作为储能模块，能够加快充放电速率，同时提高能量的利用率。

能量捕获无线通信系统不同于传统的通信系统。对传统通信系统的发射节点来说，由电池供给的能量是相对确定和连续的，通信受平均传输功率的约束。在能量捕获通信系统中，捕获能量的间歇性、随机性使能量产生的速度随着时间显著波动，是不可预测的。目前，国内外研究者针对能量捕获无线通信系统的研究主要集中在基于能量利用优化的数据传输调度问题[7-11]。例如，文献[7]～[9]研究了假设捕获能量为可预测情形下基于最大化系统吞吐量的最优功率控制策略，文献[10]、[11]研究了基于混合能量储存结构模型的吞吐量最大化问题。

近年来，研究者开始对能量捕获无线通信系统的根本性限制因素进行研究，如信道能量。目前，针对单一电池储存结构且具备能量捕获能力的点到点通信的信道能量分析已经有了部分研究成果[12-19]，这些成果表明，能量捕获无线通信系统的信道能量主要与节点电池的储存能量和捕获能量两个因素有关。针对节点电池储存能量无限大的情形，在文献[12]、[13]中已证明系统信道能量与平均能量捕获速率的限制关系等价于传统加性高斯白噪声（AWGN）信道能量与平均功率的限制关系。针对节点电池储存能量有限的情形，求解信道能量仍然是个开放性的问题。文献[14]提供了一个信道能量的计算公式，并基于一个最优能量管理策略的猜想推导出了信道能量的下限。在文献[15]中针对电池储存能量有限、捕获的能量为定值时的特殊情形，给出了信道能量的界限。在文献[16]中给出了一种最优在线功率控制策略并提出一种编码策略，将功率控制问题和信道能量问题联系起来并得出了能量的近似值。在文献[17]中针对电池储存能量有限的情形，给出了基于能量捕获信道能量的表达式，并推导出了信道能量的上限和下限。

综上，现有对基于能量捕获通信系统信道能量的研究都是针对发射节点采用电池作为单一的能量储存单元进行的讨论。针对实际场景中捕获能量的动态特性及电池的低储存效率问题，可以使用基于节点混合能量储存结构（由电池和超级电容器组成）的能量捕获通信系统，并对其信道进行建模分析。本节提出混合储能结构的能量捕获节点，如图 4-4 所示。针对点对点的无线通信系统，建立采用混合储能结构下的系统信道模型。在全面分析该模型特性的基础上，提出一种近似最优的能量分配策略，并推导出该策略下的系统平均吞吐量上、下限及常数差值，进一步求得系统信道能量。该结论为基于能量捕获的无线网络系统设计和优化提供了重要的理论基础和依据。

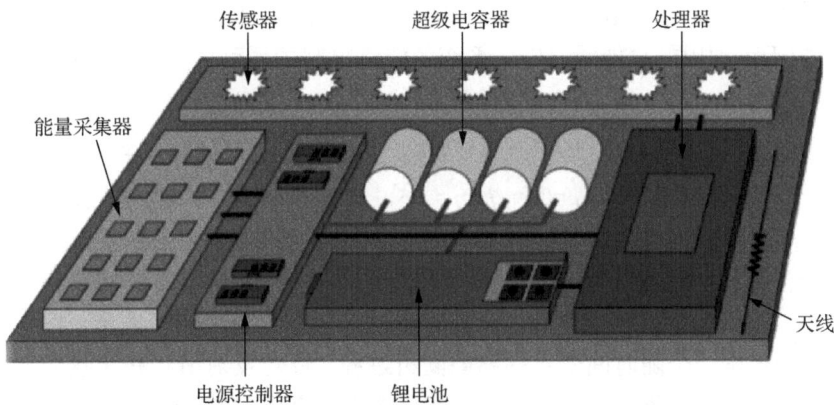

图 4-4 能量捕获节点结构

4.2.1 能量捕获通信模型

建立发射节点与接收节点的能量关系图，如图 4-5 所示。考虑单用户信道中的加性高斯白噪声，发射节点采用电池和电容器的混合储能结构并具备能量捕获能力。

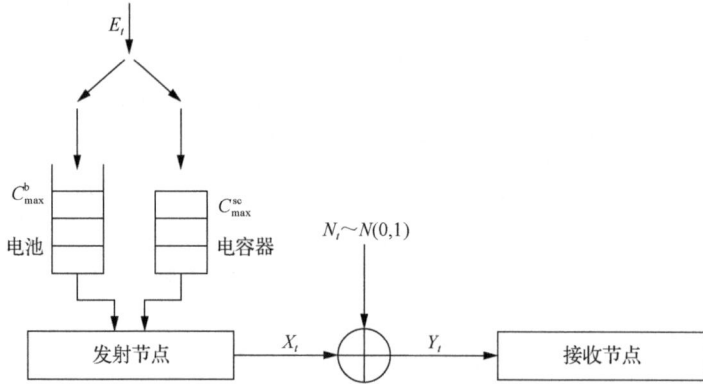

图 4-5 发射节点与接收节点的能量关系图

在每个时刻 t，发射节点捕获的能量为 E_t，电池最大储存能量为 C_{max}^b，能量储存有损耗，假设储存效率为 η（$0 \leqslant \eta < 1$），超级电容器（SC）储存的能量较小，最大储存能量为 C_{max}^{sc}。由于电池储存能量过程中会有损耗，因此每次捕获能量后优先储存到超级电容器中，当超级电容器储存的能量达到最大时，再将捕获到的剩余能量储存到电池中，发射节点需要传输数据时可以同时从电池和电容器中损耗能量。假设 E_t^{sc} 表示发射节点在时刻 t 将捕获能量储存到超级电容器中的能量，E_t^b 表示发射节点在时刻 t 将捕获能量储存到电池中的能量，X_t 表示信道在时刻 t 的标准输入信号，Y_t 表示信道在时刻 t 的输出信号，N_t 表示符合标准正态分布 $N(0,1)$ 的高斯噪声，则输入、输出关系表示为 $Y_t = X_t + N_t$。设 AE_t 表示发射节点在时刻 t 超级电容器和电池中可利用的总能量，其中超级电容器中可用能量为 AE_t^{sc}，电池中可用能量为 AE_t^b，即有 $AE_t = AE_t^{sc} + AE_t^b$，输入信号 X_t 受限于可利用的总能量 AE_t。系统的能量限制关系可以概括如下：

$$| X_t |^2 \leqslant AE_t \tag{4-1}$$

$$AE_{t+1} = \begin{cases} \min(AE_t + E_{t+1} - (1-\eta)E_t^2 - | X_t |^2, C_{max}^b + C_{max}^{sc}), E_t \geqslant C_{max}^{sc} \\ AE_t + E_{t+1} - (1-\eta)E_t^2 - | X_t |^2 \qquad\qquad\qquad , E_t < C_{max}^{sc} \end{cases} \tag{4-2}$$

式中，$(1-\eta)E_t^2$ 表示电池中损耗的能量。式（4-2）表明当前时刻的总能量为上一时刻总能量减去电池损耗的能量和输入输出信号的能量 $|X_t|^2$ 再加上当前时刻捕获的能量。当捕获能量超过节点最大储存能量时，当前时刻总能量即为最大储存能量。根据能量捕获机制，捕获能量是一个随时间变化的离散随机过程，针对发射节点和接收节点同时知晓能量捕获过程的情形，即在时刻 t 发射节点和接收节点已知 $\{E_t, E_{t-1}, \cdots\}$。考虑能量捕获过程为特定的伯努利随机过程，即 $\{E_t\}$ 为独立同分布伯努利随机变量：

$$E_t = \begin{cases} E, & p \\ 0, & 1-p \end{cases} \tag{4-3}$$

式中，p 为成功捕获能量的概率（$0 \leqslant p \leqslant 1$），即在每个时刻节点捕获的能量 E_t 或者为 E（单位能量）或者为 0，且每个时刻捕获的能量互相不影响。

4.2.2　系统的平均吞吐量

近年来，超级电容器在能量储存领域崭露头角，其显著优势引发了人们对传统电池的重新思考。超级电容器储存效率远超电池，为了最大程度地发挥其优势，一种智慧的能量分配策略应运而生。通过在每个非零能量到达时刻，智能地将能量分配给超级电容器和电池，可以最大限度地提高整个系统的能量利用效率。这一策略确保了在能量充足时，超级电容器和电池都得到有效充电，而在能量受限时，仍然能够最大化地利用可用能源。

1. $C_{\max}^{\mathrm{sc}} \leqslant E_t < C_{\max}^{\mathrm{b}} + C_{\max}^{\mathrm{sc}}$

由于超级电容器的能量储存效率远远大于电池的能量储存效率，因此将每次捕获的能量优先储存在超级电容器中，只有在能量超过超级电容器最大储存能量时，才将剩余能量储存在电池中。根据能量的受限关系，在每个非零能量到达的时刻，超级电容器和电池中的能耗不超过当前捕获到的总能量，并且当相邻两个非零能量到达时刻之间的时间间隔趋于无穷大时，损耗的能量接近于捕获的能量。因此，依据式（4-3）可以得到每个时刻分别储存在超级电容器和电池的能量 E_t^{sc} 和 E_t^{b} 满足如下关系：

$$E_t^{\mathrm{sc}} = \begin{cases} C_{\max}^{\mathrm{sc}}, & p \\ 0, & 1-p \end{cases} \tag{4-4}$$

$$E_t^{\mathrm{b}} = \begin{cases} E - C_{\max}^{\mathrm{sc}}, & p \\ 0, & 1-p \end{cases} \tag{4-5}$$

根据平均吞吐量的定义[16]，系统平均吞吐量 $\mathrm{TH}_{\mathrm{average}}$ 表示如下：

$$\mathrm{TH}_{\mathrm{average}} = \lim_{n \to \infty} \frac{1}{n} \overline{E} \left[\sum_{t=1}^{n} \frac{1}{2} \log_2 (1 + g(t)) \right] \tag{4-6}$$

式中，$\overline{E}$ 表示数学期望；$g(t)$ 表示时刻 t 发射节点传输数据的损耗能量。考虑发射节点采用超级电容器与电池混合储能结构，超级电容器和电池都可以给发射节点传输数据提供能量，设时刻 t 超级电容器用于发射节点传输数据的损耗能量为 $g_{\mathrm{sc}}(t)$，电池用于发射节点传输数据的损耗能量为 $g_{\mathrm{b}}(t)$，由于每个时刻 t 超级电容器和电池中损耗的能量都不能超过各自储存的总能量，即有

$$g_{\mathrm{sc}}(t) \leqslant A E_t^{\mathrm{sc}} \tag{4-7}$$

$$g_{\mathrm{b}}(t) \leqslant A E_t^{\mathrm{b}} \tag{4-8}$$

因此，系统的平均吞吐量 $\mathrm{TH}_{\mathrm{average}}$ 表示如下：

$$\mathrm{TH}_{\mathrm{average}} = \lim_{n \to \infty} \frac{1}{n} \overline{E} \left\{ \sum_{t=1}^{n} \left[\frac{1}{2} \log_2 (1 + g_{\mathrm{sc}}(t)) + \frac{1}{2} \log_2 (1 + g_{\mathrm{b}}(t)) \right] \right\} \tag{4-9}$$

假设发射节点在第一次捕获能量到达之前的初始能量为零，则根据损耗的能量不大于捕获到的总能量有如下关系：

$$\sum_{t=1}^{n} g_{\mathrm{sc}}(t) \leqslant \sum_{t=1}^{n} E_t^{\mathrm{sc}} \tag{4-10}$$

$$\sum_{t=1}^{n} g_{\mathrm{b}}(t) \leqslant \sum_{t=1}^{n} \eta E_{t}^{\mathrm{b}} \tag{4-11}$$

利用式（4-4）、式（4-5）、式（4-10）和式（4-11）对式（4-9）进行变换，得到

$$
\begin{aligned}
\mathrm{TH}_{\mathrm{average}} &= \lim_{n \to \infty} \frac{1}{n} \sum_{t=1}^{n} \overline{E} \left\{ \frac{1}{2} \log_2(1 + g_{\mathrm{sc}}(t)) + \frac{1}{2} \log_2(1 + g_{\mathrm{b}}(t)) \right\} \\
&= \lim_{n \to \infty} \frac{1}{n} \sum_{t=1}^{n} \overline{E} \left[\frac{1}{2} \log_2(1 + g_{\mathrm{sc}}(t)) \right] + \lim_{n \to \infty} \frac{1}{n} \sum_{t=1}^{n} \overline{E} \left[\frac{1}{2} \log_2(1 + g_{\mathrm{b}}(t)) \right] \\
(a) &\leqslant \lim_{n \to \infty} \frac{1}{2} \log_2 \left(1 + \frac{1}{n} \overline{E} \left[\sum_{t=1}^{n} g_{\mathrm{sc}}(t) \right] \right) + \lim_{n \to \infty} \frac{1}{2} \log_2 \left(1 + \frac{1}{n} \overline{E} \left[\sum_{t=1}^{n} g_{\mathrm{b}}(t) \right] \right) \\
(b) &\leqslant \lim_{n \to \infty} \frac{1}{2} \log_2 \left(1 + \frac{1}{n} \overline{E} \left[\sum_{t=1}^{n} E_t^{\mathrm{sc}} \right] \right) + \frac{1}{2} \log_2 \left(1 + \frac{1}{n} \overline{E} \left[\sum_{t=1}^{n} \eta E_t^{\mathrm{b}} \right] \right) \\
(c) &= \frac{1}{2} \log_2(1 + p C_{\max}^{\mathrm{sc}}) + \frac{1}{2} \log_2(1 + p \eta(E - C_{\max}^{\mathrm{sc}}))
\end{aligned} \tag{4-12}
$$

式中，（a）根据对数函数的凹凸性质得到；（b）由能量限制不等式（4-10）和式（4-11）得到；（c）根据式（4-4）和式（4-5）求得 $\overline{E}[E_t^{\mathrm{sc}}] = p C_{\max}^{\mathrm{sc}}$ 和 $\overline{E}[E_t^{\mathrm{b}}] = p(E - C_{\max}^{\mathrm{sc}})$ 后得到，由此求得系统平均吞吐量的一个上界。

根据能量到达 E_t 是一个伯努利随机过程，即每个时刻捕获的单位能量 E 的概率是 p，为零的概率是 $1 - p$，发射节点能量捕获模型如图 4-6 所示。

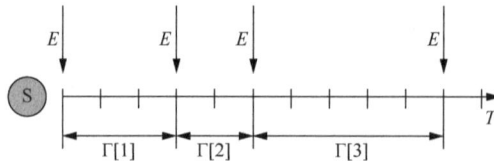

图 4-6　发射节点能量捕获模型

变量 $\Gamma[i]$ 表示第 i 次非零能量到达和第 $i+1$ 次非零能量到达之间的时间间隔，用 L 表示从时刻 $t=1$ 到 $t=n$ 发射节点捕获的非零能量的总次数，即 $\sum_{i=1}^{L} \Gamma[i] \leqslant T < \sum_{i=1}^{L+1} \Gamma[i]$，显然 $\Gamma[i]$ 是独立同分布的随机几何变量。分别定义超级电容器和电池中能量分配策略为 $\mathrm{EDC}_{\mathrm{sc}}(j)$ 和 $\mathrm{EDC}_{\mathrm{b}}(j)$，其中 $j = t - \max\{t' \leqslant t; E_{t'} = E\}$，表示当前时刻与最近一次非零能量到达相隔的时间，因此每相邻两次非零能量到达时刻相隔的时间段内的能量分配方式是相同的，且与相隔时间段中的时隙（time-slot）个数相关，定义的能量分配策略 $\mathrm{EDC}_{\mathrm{sc}}(j)$ 和 $\mathrm{EDC}_{\mathrm{b}}(j)$ 如下：

$$\mathrm{EDC}_{\mathrm{sc}}(j) = p(1-p)^{j-1} C_{\max}^{\mathrm{sc}} \tag{4-13}$$

$$\mathrm{EDC}_{\mathrm{b}}(j) = (1 - \mathrm{e}^{-p}) \mathrm{e}^{-p(j-1)} \eta(E - C_{\max}^{\mathrm{sc}}) \tag{4-14}$$

从式（4-13）和式（4-14）可以看出，每一次非零能量到达后，节点以指数下降的方式损耗能量，直到下一次非零能量到达，显然，它可以作为一个可行的策略，因此

$$\sum_{j=1}^{\infty} \text{EDC}_{\text{sc}}(j) = \sum_{j=1}^{\infty} p(1-p)^{j-1} C_{\text{max}}^{\text{sc}} \tag{4-15}$$

$$\sum_{j=1}^{\infty} \text{EDC}_{\text{b}}(j) = \sum_{j=1}^{\infty} (1-\text{e}^{-p})\text{e}^{-p(j-1)} \eta(E - C_{\text{max}}^{\text{sc}})$$

$$= \eta(E - C_{\text{max}}^{\text{sc}}) \tag{4-16}$$

式（4-15）和式（4-16）表明，节点总的损耗能量不超过总的捕获能量，并随着时间间隔的增大而增大，用于数据传输损耗的能量接近于总的捕获能量。这不仅避免了在下一个能量到达时刻到来之前过早地把所有能量损耗完，也实现了能量的充分利用。图 4-7 描述了发射节点中电池和超级电容器内储存能量的变化及相应的能量分配策略，这里采用能量分配策略式（4-13）和式（4-14）的原因是：捕获的能量 E_t 是一个伯努利随机过程，相邻两个非零能量到达时刻的时间间隔 $\Gamma[i]$ 是一个与概率 p 相关的几何随机变量，而几何随机变量的特点是无记忆性，并且均值为恒定值 $1/p$。因此，对于每个时刻来说，预期下一个非零能量到达时刻的时间间隔为 $1/p$。另外，根据讨论最优能量分配的文献[6]、[7]中的结论可以知道，为了获得更高的传输速率，应该尽可能地在每两次能量到达的时间段里均匀地分配能量。在真实的应用场景中，能量到达的时刻不能提前知晓，只能以概率 p 预测，因此采用能量呈指数下降形式消耗的策略，并且指数下降的步长与概率 p 相关。文献[18]针对发射节点采用单一电池储能结构的系统模型提出了式（4-14）所示的能量分配策略，考虑电池与超级电容器特性的不同，分别对其采用不同的能量分配策略。采用式（4-13）和式（4-14）的能量分配策略求得平均吞吐量的上限和下限，求得上、下限的差值为一个常数，且这个差值与系统其他参数无关。

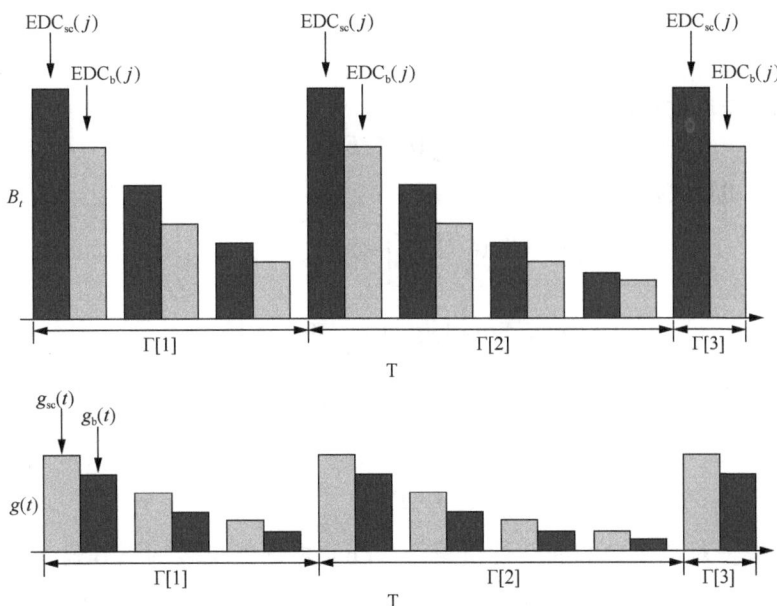

图 4-7　能量分配策略

由于 $g_{\text{sc}}(t)$、$g_{\text{b}}(t)$ 是超级电容器和电池在时刻 t 用于发射节点传输数据的损耗能量，

而 $\mathrm{EDC}_{\mathrm{sc}}(j)$ 和 $\mathrm{EDC}_{\mathrm{b}}(j)$ 表示每两个相邻非零能量到达时刻之间的时间段的能量分配策略，根据大数定理可以得到如下关系式：

$$\lim_{n\to\infty}\frac{1}{n}\overline{E}\left\{\sum_{t=1}^{n}\frac{1}{2}\log_2(1+g(t))\right\}=\frac{1}{\overline{E}[\Gamma[i]]}\overline{E}\left[\sum_{j=1}^{\Gamma[i]}\frac{1}{2}\log_2(1+\mathrm{EDC}(j))\right] \tag{4-17}$$

$$\mathrm{TH}_{\mathrm{average}}=\lim_{n\to\infty}\frac{1}{n}\overline{E}\left\{\sum_{t=1}^{n}\left[\frac{1}{2}\log_2(1+g_{\mathrm{sc}}(t))+\frac{1}{2}\log_2(1+g_{\mathrm{b}}(t))\right]\right\}$$

$$=\frac{1}{\overline{E}[\Gamma[j]]}\overline{E}\left\{\sum_{j=1}^{\Gamma[j]}\left[\frac{1}{2}\log_2(1+\mathrm{EDC}_{\mathrm{sc}}(j))+\frac{1}{2}\log_2(1+\mathrm{EDC}_{\mathrm{b}}(j))\right]\right\} \tag{4-18}$$

根据能量分配策略 $\mathrm{EDC}_{\mathrm{sc}}(j)$ 和 $\mathrm{EDC}_{\mathrm{b}}(j)$ 可以得到系统平均吞吐量的上界和下界的差值小于一个恒定常数 1.442，即系统总平均吞吐量的下界在上界减去常数 1.442 与平均吞吐量 $\mathrm{TH}_{\mathrm{average}}$ 之间，关系式如下所示：

$$\frac{1}{2}\log_2(1+pC_{\mathrm{max}}^{\mathrm{sc}})+\frac{1}{2}\log_2(1+p\eta(E-C_{\mathrm{max}}^{\mathrm{sc}}))-1.442\leqslant\mathrm{TH}_{\mathrm{average}}$$

$$\leqslant\frac{1}{2}\log_2(1+pC_{\mathrm{max}}^{\mathrm{sc}})+\frac{1}{2}\log_2(1+p\eta(E-C_{\mathrm{max}}^{\mathrm{sc}})) \tag{4-19}$$

2. $E_t<C_{\mathrm{max}}^{\mathrm{sc}}$

当捕获能量小于超级电容器的储存能量时，每次均将捕获的能量全部储存到超级电容器中。这种情况等价于发射节点将超级电容器作为唯一的能量储存单元，根据平均吞吐量的定义［式（4-6）］，系统总平均吞吐量为

$$\mathrm{TH}_{\mathrm{total}}=\lim_{n\to\infty}\frac{1}{n}\overline{E}\left\{\sum_{t=1}^{n}\left[\frac{1}{2}\log_2(1+g_{\mathrm{sc}}(t))\right]\right\} \tag{4-20}$$

系统须满足的能量限制关系为

$$g_{\mathrm{sc}}(t)\leqslant E_t^{\mathrm{sc}} \tag{4-21}$$

对式（4-20）做如下变换：

$$\mathrm{TH}_{\mathrm{total}}=\lim_{n\to\infty}\frac{1}{n}\overline{E}\left\{\sum_{t=1}^{n}\left[\frac{1}{2}\log_2(1+g_{\mathrm{sc}}(t))\right]\right\}$$

$$(a)\leqslant\lim_{n\to\infty}\frac{1}{2}\log_2\left(1+\frac{1}{n}\overline{E}[g_{\mathrm{sc}}(t)]\right)$$

$$(b)\leqslant\lim_{n\to\infty}\frac{1}{2}\log_2\left(1+\frac{1}{n}\overline{E}[E_t^{\mathrm{sc}}]\right)$$

$$(c)=\frac{1}{2}\log_2(1+pE) \tag{4-22}$$

式中，（a）根据对数函数的凹凸性质得到；（b）根据能量限制不等式（4-21）得到；（c）根据不等式（4-22）可以求得 $\overline{E}[E_t]=pE$，进而得到最后结果。因此得到了系统平均吞吐量的一个上界。下面通过类似步骤求得系统平均吞吐量的下界。

采用与本节中同样的能量分配策略，即 $\mathrm{EDC}_{\mathrm{sc}}(j)=p(1-p)^{j-1}E$，其中 j 表示当前时

刻与最近一次非零能量到达时刻相隔的时间间隔，根据式（4-19）可以得到如下结果：

$$\mathrm{TH_{average}} \geqslant \frac{1}{2}\log_2(1+pE) - \frac{1-p}{2p}\log_2\left(\frac{1}{1-p}\right) \tag{4-23}$$

针对式（4.23）的后半部分 $\dfrac{1-p}{2p}\log_2\left(\dfrac{1}{1-p}\right)$，当 $p \to 0$ 时取得最大值，该部分值约等于 0.72。因此在 $E < C_{\max}^{\mathrm{sc}}$ 的情况下，系统平均吞吐量 $\mathrm{TH_{average}}$ 的上下界为

$$\frac{1}{2}\log_2(1+pE) - 0.72 \leqslant \mathrm{TH_{average}} \leqslant \frac{1}{2}\log_2(1+pE) \tag{4-24}$$

这与文献[17]中考虑单一电池储能单元得到的结论是一致的。由于超级电容器近乎理想的能量储存效率，几乎不存在能量的储存损耗，相比于电池具有很大的优势。

3. $E_t \geqslant C_{\max}^{\mathrm{sc}} + C_{\max}^{\mathrm{b}}$

当捕获能量大于超级电容器和电池的总能量时，每一次捕获的能量都能将超级电容器和电池充满，根据本节中的讨论，采取同样的能量分配策略，由于每一次非零能量到达时超级电容器和电池的能量都被充满，因此超级电容器中能量分配策略不变而电池中的能量分配策略从式（4-14）转换为

$$\mathrm{EDC_b}(j) = (1-\mathrm{e}^{-p})\mathrm{e}^{-p(j-1)}\eta C_{\max}^{\mathrm{b}} \tag{4-25}$$

分别采用式（4-13）和式（4-25）的能量分配策略，在每个非零能量时刻到达之前超级电容器中的能耗和电池中的能耗的总和趋近于捕获到的总能量。将式（4-13）和式（4-25）代入式（4-18），可以得知系统平均吞吐量的上界和下界的差值小于一个恒定常数 1.442。因此，在 $E \geqslant C_{\max}^{\mathrm{sc}} + C_{\max}^{\mathrm{b}}$ 条件下，系统平均吞吐量的上下界关系如下：

$$\frac{1}{2}\log_2(1+pC_{\max}^{\mathrm{sc}}) + \frac{1}{2}\log_2(1+p\eta C_{\max}^{\mathrm{b}}) - 1.442 \leqslant \mathrm{TH_{average}}$$

$$\leqslant \frac{1}{2}\log_2(1+pC_{\max}^{\mathrm{sc}}) + \frac{1}{2}\log_2(1+p\eta C_{\max}^{\mathrm{b}}) \tag{4-26}$$

4.2.3　系统的信道容量

4.2.2 节求得了基于混合储能结构和能量捕获的无线通信系统的平均吞吐量的上下界，本节根据文献[17]中得出的系统平均吞吐量与系统信道能量的关系进一步得到信道容量。

能量捕获无线通信系统中信道容量与平均吞吐量的关系如下：

$$\mathrm{TH_{average}} - \frac{1}{2}\log_2\left(\frac{\pi\mathrm{e}}{2}\right) \leqslant C \leqslant \mathrm{TH_{average}} \tag{4-27}$$

式中，e 为常数，$\mathrm{e} = 2.718\,281\,8284$；$C$ 为信道容量。根据式（4-19）、式（4-24）、式（4-26）和式（4-27），得到基于混合储能结构的能量捕获通信系统信道的近似容量如下：

（1）$E < C_{max}^{sc}$ 情形：

$$\frac{1}{2}\log_2(1+pE) - \frac{1}{2}\log_2\left(\frac{\pi e}{2}\right) - 0.72 \leqslant C \leqslant \frac{1}{2}\log_2(1+pE) \qquad (4\text{-}28)$$

（2）$C_{max}^{sc} \leqslant E \leqslant C_{max}^{b} + C_{max}^{sc}$ 情形：

$$\frac{1}{2}\log_2(1+pC_{max}^{sc}) + \frac{1}{2}\log_2(1+p\eta(E-C_{max}^{sc})) - 1.442 - \frac{1}{2}\log_2\left(\frac{\pi e}{2}\right)$$

$$\leqslant C \leqslant \frac{1}{2}\log_2(1+pC_{max}^{sc}) + \frac{1}{2}\log_2(1+p\eta(E-C_{max}^{sc})) \qquad (4\text{-}29)$$

（3）$E \geqslant C_{max}^{sc} + C_{max}^{b}$ 情形：

$$\frac{1}{2}\log_2(1+pC_{max}^{sc}) + \frac{1}{2}\log_2(1+p\eta C_{max}^{b}) - 1.442 - \frac{1}{2}\log_2\left(\frac{\pi e}{2}\right)$$

$$\leqslant C \leqslant \frac{1}{2}\log_2(1+pC_{max}^{sc}) + \frac{1}{2}\log_2(1+p\eta C_{max}^{b}) \qquad (4\text{-}30)$$

4.2.4 仿真实验与结果分析

本节对混合储能结构能量捕获通信系统的信道容量与捕获能量、储存能量、电池能量储存效率的关系进行仿真实验，并与文献[17]针对单一电池储能结构得到的结论进行比较，在如下实验图的曲线标注中，HES 表示针对混合储能结构（hybrid energy storage）模型得到的结果，BS 表示文献[17]对单一电池储能结构（battery storage）分析得到的结果。下面从三个方面分别进行仿真实验和对比，每组实验的实验参数设置如表 4-1 所示。其中超级电容器的最大能量为 100F。

表 4-1　实验参数表

	能量到达概率 p	电池能量储存效率 η
1 小节第一组实验	0.5	0.9
1 小节第二组实验	0.5	0.9
2 小节第一组实验	0.5	0.9
2 小节第二组实验	0.5	0.9
3 小节第一组实验	0.5	0.9
3 小节第二组实验	0.5	0.7

1. 信道容量与捕获能量的关系

首先针对捕获能量小于超级电容器的最大储存能量的情形。这种情况等价于采用单一超级电容器储能单元进行能量储存，与文献[17]针对单一电池储能单元情况类似，不同点在于电池的能量储存损耗较大，而超级电容器的能量储存效率非常高，可以忽略储存损耗。根据式（4-20）所示的系统总平均吞吐量模型、式（4-24）和式（4-28），建立实验仿真结果如图 4-8（a）所示。在储存能量相等的情况下，HES 上下界之间的信道容量差值与 BS 上下界之间的信道容量差值相等，约为 1.77bit/s。由于能量储存效率的不同，即超级电容器的能量利用率要高于电池，因此 HES 上下界比 BS 上下界大。

针对捕获能量大于超级电容器最大储存能量的情形，为了与文献[17]进行比较，设定文献[17]采用的电池储存能量等于本节中采用的混合储能结构的总能量，实验参数设置如表 4-1 所示。由于采用超级电容器和电池的储能结构提高了能量的利用率，并且节点可以同时利用超级电容器和电池中的能量来传输数据，这样极大地优化了节点的能量分配。根据式（4-9）建立的系统平均吞吐量模型、式（4-19）和式（4-29），建立实验仿真结果如图 4-8（b）所示，两种模型的结果差别较大。当储存能量的值约为 105J 时，HES 的下界信道容量开始超过 BS 的下界信道容量，并且随着捕获能量的增大，HES 下界信道容量与 BS 下界信道容量的差距逐渐增大，当捕获能量的值达到 260J，HES 下界信道容量与 BS 下界信道容量相等，随着捕获能量的继续增大，HES 下界信道容量逐渐超过 BS 上界信道容量。从图中可以观察到 HES 上界信道容量大于 BS 上界信道容量，当捕获能量的值约为 240J 时，HES 上界信道容量相比 BS 上界信道容量之间的差距达到最大临界值，此时 HES 上界信道容量比 BS 上界信道容量高出了 74%，之后随着捕获能量的增大差距开始缓慢缩小，这是由对数函数的性质决定的，同时从实验图中可以得知 HES 上下界之间的恒定差值约为 2.49bit/s，BS 上下界之间的恒定差值约为 1.77bit/s。显然，若超级电容器最大能量增大，系统性能的提升也越大，但是在实际中，超级电容器的储存能量有限。

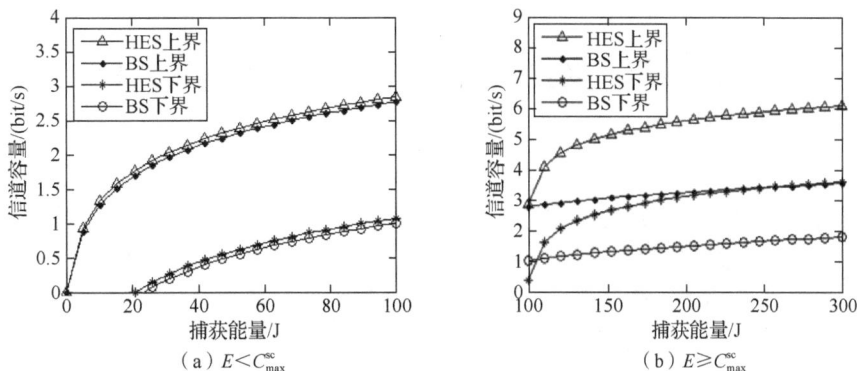

图 4-8　两种模型在两种捕获能量情况下的结果比较

（a）$E < C_{max}^{sc}$　　　　　（b）$E \geqslant C_{max}^{sc}$

2. 信道容量与节点储存能量的关系

同样设定文献[17]中电池储存的能量等于本实验采用的混合储能结构的总能量。为了研究系统信道容量与节点储存能量的关系，实验基于能量捕获充足情况下进行。根据式（4-9）建立的系统平均吞吐量模型、式（4-26）和式（4-30），实验仿真如图 4-9 所示，随着储存能量的增大，由于超级电容器的能量储存效率高，并且采用混合储能结构优化了系统的能量分配，而电池随着捕获能量的增大，储存能量的损耗也随之增大，因此 HES 的上下界信道容量与 BS 的上下界信道容量之间的差距随着储存能量的增大而越加明显。当储存能量的值为 100J 时，HES 上界相比 BS 上界高出了 70%。当储存能量的值为 125J 时，HES 的下界达到 BS 上界的值，并随着储存能量的增加，HES 下界逐渐超过 BS 上界。其中 HES 上下界之间的差值约为 2.49bit/s，BS 上下界之间的差值约为 1.77bit/s，随着捕获能量的增加保持不变。

3. 信道容量与电池能量储存效率的关系

为了研究电池能量储存效率对系统的影响，进行两组实验对比，根据式（4-30），实验仿真结果如图 4-9 和图 4-10 所示。两组实验中系统信道容量上下界的差值保持不变，上下界变化趋势相同的，随着电池能量储存效率的增加，系统信道容量变大。

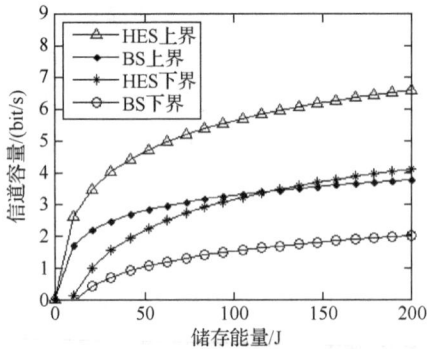

图 4-9　不同电池储存效率情况的实验结果对比　　图 4-10　两种模型在不同储存能量下的结果对比

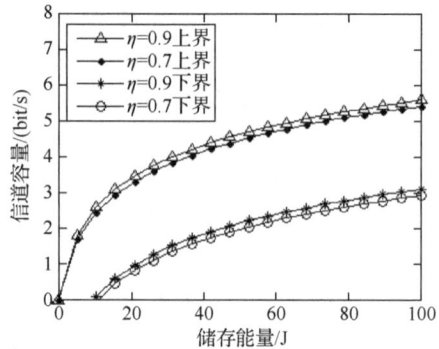

4.3　纳米网络永久化和网络容量最大化

纳米技术促进了大小约几个立方微米的设备性能的进步，可以完成简单的工作[19-20]。在纳米级通信网络中，电磁通信和分子通信是两种主要的应用技术[19]。电磁通信涉及纳米器件之间的电磁辐射传输和接收，分子通信通过对分子信息进行编码来实现信息交互[20]。由于单个纳米器件的能力受到限制，纳米器件之间将通过通信合作，以扩大单个纳米器件的潜在应用。产生的纳米网络在多个领域都有应用，包括生物医学、环境和军事等。具体应用实例涵盖了人体健康监测系统、分布式空气污染控制，以及纳米感知网络的构建与实施。本节主要讨论电磁通信技术在纳米网络中的应用[22-24]。

纳米网络在实际应用中具有巨大的潜力，然而，它仍然面临着一些需要加以处理的挑战，从而使它不受限制地成为人类生活中的重要组成部分。

（1）通信器件尺寸的局限性是纳米网络的一个主要挑战。将金属天线长度缩减到几百个纳米会使工作频率变得很高，这极大地限制了纳米器件的通信范围，而石墨烯及其衍生物[25-26]，如碳纳米管和石墨烯纳米带[27-28]，可使纳米天线在较低的频率中通信。太赫兹频段的频带跨越的频率范围是 0.1～10THz[26]，由于单个器件在尺寸和能源方面严格受限，目前还没有提出过在太赫兹频段下的高功率载波频率集成技术，因此在传统的无线通信机制的基础上，使用连续的传输信号可能不适用有限的硬件纳米网络。受到太赫兹频段[29]可以提供巨大带宽的启发，笔者在飞秒级长脉冲交换的纳米网络中设定新的基于脉冲的通信机制[30-32]，通过分配短脉冲的时间而不是持续性信号来放宽在通信上的能量要求。

（2）能量捕获和储存是纳米网络中的另一个主要挑战。能量收集系统为纳米器件提供能量，但传统的能量收集系统，如太阳能或风力发电，由于纳米器件仅有几个立方微米，尺寸有限而不能被采用，因此基于 4.2 节介绍的能量捕获无线通信系统，有研究者提出了可用压电纳米发电机充电的纳米器件[33-36]。此外，还有一些文献考虑了太赫兹频段的电磁波通信能耗的过程，甚至是在物理层或网络层方面的多跳纳米网络[37-38]。这些都是在不考虑调制参数、通信距离、能量收集率和信号传输损耗的综合优化前提下来保证纳米网络传输的永久性（永久纳米网络）和实现网络能量的最大化。

针对上述大量挑战，笔者在基于脉冲的纳米网络中研究了如何实现网络永久化和网络能量最大化。

4.3.1　基于脉冲的纳米网络

新的信息编码和调制机制的纳米网络需要利用太赫兹频段来提供巨大带宽，与现今复杂的调制机制相比，文献[30]、[31]提出了一种新的通信模式，即 TS-OOK 调制。这种机制遵循通断键控调制瞬时扩展，是基于飞秒长脉冲的传输，如图 4-11 所示。TS-OOK 作为调制机制对于基于脉冲的纳米网络的能耗具有两个优点：①不需要在纳米器件之间一直保持严格同步；②当使用 TS-OOK 调制时，频道被多用户共享，但不会被显著干扰。

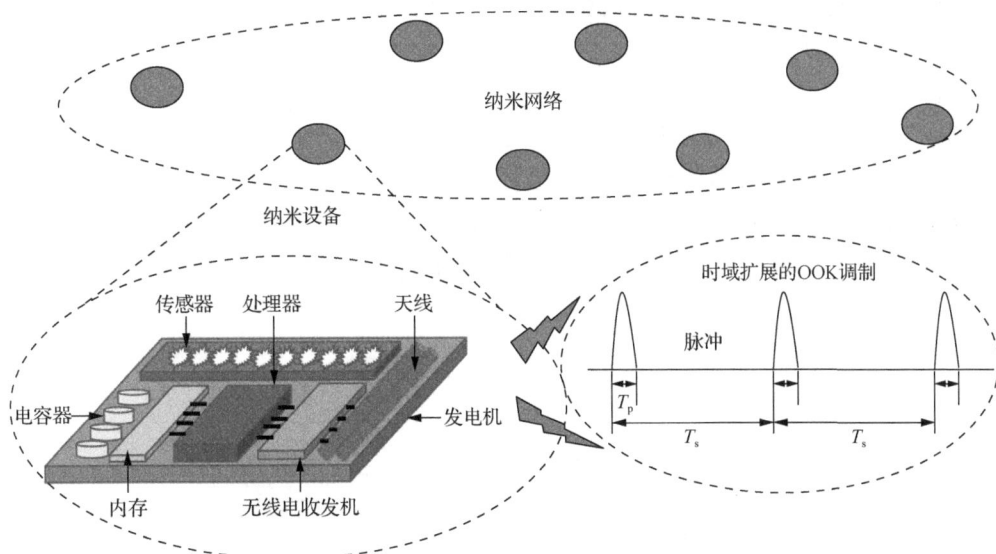

图 4-11　采用 TS-OOK 调制方案的电磁纳米网络

由于纳米器件的能量约束，短脉冲不能立即发射。在 TS-OOK 中，两个连续符号之间的时间 T_{delay} 比连续脉冲时间间隔 $T_{duration}$ 要大得多，即扩频因子 $\beta = T_{delay} / T_{duration}$，在两个符号间的间隔内，纳米器件可以接收其他输入信息流或者保持空闲状态，为了放宽纳米网络的能量需求，可以提高 β 值。然而，因为很多时隙没有被利用，一个大的 β 值会导致网络捕获能量降低和长通信延迟，因此扩频因子 β 需要考虑整合能量消耗率、能量捕获率和可获得网络容量的信息等因素来进行优化。在不考虑其他纳米器件的干扰下，单用户信道容量 $C_{s,u}$（单位：bit/s）在太赫兹频段可以表示为

$$C_{s,u} = \frac{B}{\beta}\mathrm{IR}_{s,u} \tag{4-31}$$

式中，B 为带宽；$\mathrm{IR}_{s,u}$（单位：bit/s）为单用户系统下可获得的信息率，表示为

$$\mathrm{IR}_{s,u} = \max\left\{\left(-\sum_{m=0}^{1} p_m \cdot \log_2(p_m) - \int_y \sum_{m=0}^{1} \frac{p_m \mathrm{e}^{-\frac{(y-a_m)^2}{2P_N^m}}}{\sqrt{2\pi P_N^m}} \cdot \log_2\left(\sum_{n=0}^{1} \frac{p_n}{p_m}\sqrt{\frac{P_N^m}{P_N^n}}\mathrm{e}^{-\frac{1}{2}\frac{(y-a_n)^2}{P_N^n}+\frac{1}{2}\frac{(y-a_m)^2}{P_N^m}}\right)\mathrm{d}y\right)\right\} \tag{4-32}$$

式中，p_m、p_n 分别为发射符号 m、n 的概率；P_N^m、P_N^n 分别为与传输符号 m、n 相关的总噪声功率；a_m、a_n 分别为接收符号 m、n 的振幅。为了保证纳米网络的永久性数据传输，这些参数在满足能量需求的同时被用来最大限度地提高网络容量，通过增大扩频因子，虽然降低了可达到的最大信息速率，但是对纳米器件的能量需求明显放宽。

在纳米网络中，每个纳米器件的寿命主要取决于尺寸非常小的纳米电池提供的有限能量。因此，纳米器件比较可取的方式是不采用纳米电池而采用自供电。目前，研究者已经发现了一种利用氧化锌纳米发电机效应，将机械能转换为电能的纳米技术方法[34-36, 39]。由于在太赫兹频段信息通信时纳米器件能耗低，尤其在较短的距离时，因此从环境中捕获的能量可以有效地为纳米器件提供能量。

图 4-12 所示为压电纳米发电机的简化电路模型，经过供电的几个周期，纳米电容器的电压上升，收集的能量被储存在纳米电容器中为其他纳米器件的模块充电，一般情况下，假设收集的能量可以被储存在纳米电容器阵列里，在一个充电周期 n_{cyc} 下，储存在纳米电容器的最大能量 $E_{cap-max}(n_{cyc})$ 可以通过电容 C_{cap} 和电压 V_{cap} 的纳米电容器阵列计算：

$$E_{cap-max}(n_{cyc}) = \frac{1}{2}C_{cap}(V_{cap}(n_{cyc}))^2 \tag{4-33}$$

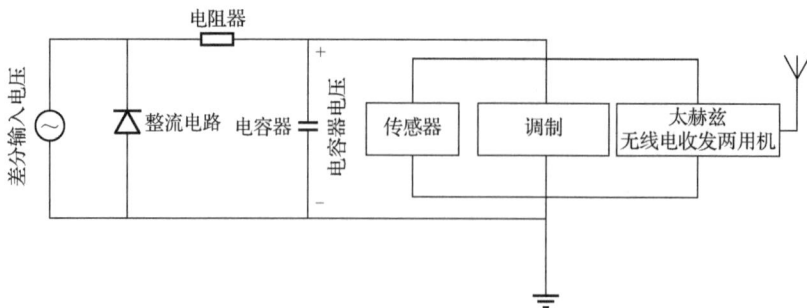

图 4-12 压电纳米发电机的电路模型

对于一个特定的纳米器件，电容 C_{cap} 和电压 V_{cap} 是预先定义的，当确定了传输能耗后即可获得所需的充电周期 n_{cyc}。充电电容器中的能量捕获率（单位：J/s）表示如下：

$$\lambda_{\text{harv}} = \frac{1}{t_{\text{cyc}}} \times \frac{\partial E_{\text{cap}}}{\partial n_{\text{cyc}}}$$

$$= \frac{V_{\text{g}} \cdot \Delta Q}{t_{\text{cyc}}} \cdot \left(e^{\left(\frac{\Delta Q \cdot n_{\text{cyc}}}{V_{\text{g}} C_{\text{cap}}} \right)} - e^{-2\frac{\Delta Q \cdot n_{\text{cyc}}}{V_{\text{g}} C_{\text{cap}}}} \right) \tag{4-34}$$

式中，V_{g} 表示差分输入电压；ΔQ 表示从一个充电周期 n_{cyc} 得到的电荷量；$\dfrac{\partial E_{\text{cap}}}{\partial n_{\text{cyc}}}$ 表示每一周期纳米电容器储存能量的增量；如果压缩释放周期是由人工产生的振动源创建的，则 t_{cyc} 的值对应于振动源频率的倒数，n_{cyc} 的最小值可以用来保证太赫兹频段通信所需的能量。

4.3.2　发射脉冲振幅的理论界限

为了在基于脉冲的纳米网络中实现永久数据通信，需要综合研究能量捕获和能耗的平衡，在 TS-OOK 调制的基础上，本节推导永久数据通信的发射脉冲振幅的理论界限。

1. 发射脉冲振幅的上界

由于纳米网络太赫兹频段的特殊性，信号会在传输路径上快速衰减。为了克服这个问题，可以增大发射机发射信号的功率。但是受限于纳米器件的尺寸，其总的可用能量是有限的，所以在增大发射功率的同时还必须考虑可用能量的情况。

根据 TS-OOK 调制方案，能量在脉冲传输下不是不变的，而是会被损耗的，此外这些脉冲的主要频谱分量限制在太赫兹频段。一般来说这些脉冲被建模为高斯型，高斯脉冲常常应用于太赫兹成像和生物光谱中。高斯脉冲函数 $p(t)$ 可以表示如下：

$$p(t) = \frac{a_0}{\sqrt{2\pi}\sigma} e^{-(t-\varsigma)^2/(2\sigma^2)} \tag{4-35}$$

式中，a_0 表示传输脉冲的振幅，可以被用来调整脉冲传输功率；σ 表示高斯脉冲的瞬时标准偏差；ς 表示某时刻脉冲的瞬时值。传输脉冲的功率谱密度的高斯脉冲时间导数也是高斯型的，但是其主要成分的频率值随导数 n 值的增加而增加，因此传输脉冲的功率谱密度函数 $S^{(n)}(f)$ 可表示如下：

$$S^{(n)}(f) = (2\pi f)^{2n} a_0^2 e^{-(2\pi f\sigma)^2} \tag{4-36}$$

式中，f 表示传输频率（以赫兹为单位），因为纳米器件的天线不能以强大的脉冲直流分量辐射脉冲，本节将 100fs 长的高斯脉冲的第一时间导数定义为传输脉冲，即 $n=1$ 时，基于上述高斯脉冲推导出传输脉冲的功率谱密度，传输 1bit 的传输功率 $P_{\text{pulse}}^{\text{tx}}$ 可以表示为

$$P_{\text{pulse}}^{\text{tx}} = \int_B S^{(1)}(f)\mathrm{d}f = a_0^2 \int_B (2\pi f)^2 e^{-(2\pi f\sigma)^2} \mathrm{d}f \tag{4-37}$$

式中，B 表示传输信号的带宽。

电流是在两个被压缩的纳米天线端部产生的，并且此电流用于为纳米电容器充电或

直接为纳米器件的其他模块充电，整流电流用来调整电流为纳米电容器充电，因为所产生的电流与纳米天线发射信号的方向相反。

通过确定所发送脉冲的振幅的上界，可以解决最大可获得传输功率的计算问题。由于纳米发电机产生的最大捕获能量有限，用于发送 TS-OOK 调制方案的一个分组所需要的最小能量应为 $P_{\text{pulse}}^{\text{tx}} T_{\text{duration}} + P_{\text{circuit}} T_{\text{delay}}$，以保证可得到每个纳米器件的脉冲传输，$P_{\text{circuit}}$ 是电路功率损耗，由两部分组成，即传输电路的功率损耗 $P_{\text{circuit}}^{\text{tx}}$ 和接收器电路的功率损耗 $P_{\text{circuit}}^{\text{rx}}$。$P_{\text{circuit}}$ 用于调制进程，它的值与纳米器件间的距离及能量通过天线辐射到信道的传输距离无关，即对于每个自供电纳米器件，n_{cyc} 循环后收获的能量应足以满足上一跳发送一个数据分组的能量需求，即在式（4-33）中 $E_{\text{cap-max}}(n_{\text{cyc}})$ 的值必须大于传输一个数据包所需要的最小能量值，这个关系对应如下：

$$\frac{1}{2} C_{\text{cap}} V_{\text{g}}^2 \left(1 - e^{\left(\frac{n_{\text{cyc}} \Delta \Omega}{V_{\text{g}} C_{\text{cap}}} \right)} \right)^2 \geqslant N_{\text{p}} (P_{\text{pulse}}^{\text{tx}} T_{\text{duration}} p(1)) + P_{\text{circuit}} T_{\text{delay}}) \tag{4-38}$$

式中，$p(1)$ 表示发射一个脉冲信号的概率；N_{p} 表示单位为比特的一个数据包的长度。因此为需要能量的纳米电容器充电，可得到周期 $n_{\text{cyc}}^{\min}$ 的最小数目为

$$n_{\text{cyc}}^{\min} \geqslant \frac{V_{\text{g}} C_{\text{cap}}}{\Delta Q} \left(1 - \ln \left(1 - \left(\frac{2 N_{\text{p}} (P_{\text{pulse}}^{\text{tx}} T_{\text{duration}} p(1) + P_{\text{circuit}} T_{\text{delay}})}{C_{\text{cap}} V_{\text{g}}^2} \right)^{\frac{1}{2}} \right) \right) \tag{4-39}$$

对于各种电源，纳米电容器充电的过程差别不大。例如，如果纳米天线的充电周期由环境振动产生，如办公室里空调系统的通风口或身体运动，这些充电周期的到来往往遵循泊松分布[40-41]；如果纳米天线的充电周期是由一个固定频率的超声波产生的，那么充电周期就是固定频率的倒数[42]。因此，纳米电容器充电所需时间与所需能量可以通过充电频率和最小充电周期 $n_{\text{cyc}}^{\min}$ 计算得到。

为了保证 $n_{\text{cyc}}^{\min}$ 值有效，式（4-39）里有一个基本约束，即 $1 - \left(\dfrac{2 N_{\text{p}} (P_{\text{pulse}}^{\text{tx}} T_{\text{duration}} p(1) + P_{\text{circuit}} T_{\text{delay}})}{C_{\text{cap}} V_{\text{g}}^2} \right)^{\frac{1}{2}} \geqslant 0$，通过简化，它可以转换为 $P_{\text{pulse}}^{\text{tx}}$ 的一个基本约束：

$$N_{\text{p}} P_{\text{pulse}}^{\text{tx}} T_{\text{duration}} p(1) \leqslant \frac{1}{2} C_{\text{cap}} V_{\text{g}}^2 - N_{\text{p}} P_{\text{circuits}} T_{\text{delay}} < \frac{1}{2} C_{\text{cap}} V_{\text{g}}^2 \tag{4-40}$$

不等式（4-40）的物理意义是，每一个自供电的纳米器件，用于传输一个数据包的能耗的值不应大于纳米天线经过 $n_{\text{cyc}}^{\min}$ 个周期后的总捕获能量的一半，基于传输脉冲的功率谱密度，传输脉冲最大振幅 $a_{\max}$ 的上界可以通过下式获得：

$$\max(P_{\text{pulse}}^{\text{tx}}) = a_{\max}^2 < \frac{C_{\text{cap}} V_{\text{g}}^2}{2 N_{\text{p}} T_{\text{duration}} p(1)} \tag{4-41}$$

式中，max()函数是取最大值的意思，由于目前缺乏用于实现纳米器件的收发器技术，

无法得到接收器和发送器的能耗模型,因此本节专注于能耗来克服信道衰减、扩频损耗和分子吸收损耗,且假设收发电路的能耗是固定的[42-43]。

2. 发射脉冲幅度的下界

从接收器的角度来看,只有当接收信号功率超过预定义常量信噪比时,传输信号才可以被接收。实际上当传输空闲,在天线端传输信号时,发送器不需要能耗,因此对于 TS-OOK 调制的传输脉冲,发送器上的传输功率 $P_{\text{pulse}}^{\text{rx}}$ 可以被计算为在传输时克服扩频损耗和分子吸收损耗的所需功率,最后保证在接收器端的恒定信噪比。

每一个传输信号都在传输过程中经历传输衰减,它的路径传输损耗包括扩频损耗和分子吸收损耗,因此传输脉冲的功率谱密度函数和对应的接收功率 $P_{\text{pulse}}^{\text{rx}}$ 之间的关系可以由下式得到:

$$P_{\text{pulse}}^{\text{rx}}(d) = \int_B S^{(1)}(f) |H_c(f,d)|^2 |H_r(f)|^2 \, \mathrm{d}f \tag{4-42}$$

式中,$H_r(f)$ 表示接收频率响应函数,被认为是一个带宽为 B 的理想的低通滤波器;$H_c(f,d)$ 表示在距离为 d 的传输过程中的太赫兹频段的信道频率响应函数,由下式给出[11, 17]:

$$\begin{aligned} H_c(f,d) &= H_{\text{spr}}(f,d) H_{\text{abs}}(f,d) \\ &= \left(\frac{c}{4\pi df}\right) \exp\left(-\frac{a(f)d}{2}\right) \end{aligned} \tag{4-43}$$

式中,$H_{\text{abs}}(f,d)$ 和 $H_{\text{spr}}(f,d)$ 分别表示分子吸收频率响应和扩频频率响应;$a(f)$ 是电磁波传输频率函数的吸收系数,取决于介质组成:

$$a(f) = -\sum_{i,\theta} \frac{\text{PR}}{\text{PR}_0} \frac{\text{TP}_0}{\text{TP}} Q_{i,\theta} \cdot \sigma_{i,\theta}(f) \cdot d \tag{4-44}$$

对于一个标准介质,在太赫兹频段氧气(体积分数为 20.9%)和水蒸气(体积分数为 1%)有共振频率,而氮气(体积分数为 78.1%)的共振频率超过太赫兹频段。每一种气体在太赫兹频段的几个频率有不同的共振同位素,PR_0 和 TP_0 是标准大气压 101kPa 和标准温度值 25℃;PR 和 TP 是压力和温度值;$\sigma_{i,\theta}(f)$ 表示气体 g 的第 i 种同位素的吸收截面面积,单位为 m^2/mol;$Q_{i,\theta}$ 表示气体 g 的第 i 种同位素单位体积内的分子数量,单位为 mol/m^3。根据辐射传输理论和由广泛采用的 HITRAN 数据库(高分辨率透射分子吸收数据库)提供的信息,可以直接或间接得到上述变量。

根据信噪比的定义,在太赫兹频段的计算公式如下:

$$\text{SINR} = \frac{P_{\text{pulse}}^{\text{rx}}(d)}{N_p(d) + N_{I_p}} = \frac{\int_B S^{(1)}(f) |H_c(f,d)|^2 |H_r(f)|^2 \, \mathrm{d}f}{\int_B S_{N_p}(f,d) |H_r(f)|^2 \, \mathrm{d}f + N_{I_p}} \tag{4-45}$$

式中,$S_{N_p}(f,d)$ 表示传输脉冲给定的功率谱密度函数;$N_p(d)$ 和 N_{I_p} 分别表示所发射脉冲相关联的噪声功率和干扰功率。太赫兹频段的总噪声由大气背景干扰和自产噪声组成,噪声功率可以表示为

$$N_{\mathrm{p}}(d) = \int_B S_{N_{\mathrm{p}}}(f,d) \mid H_{\mathrm{r}}(f)\mid^2 \mathrm{d}f$$

$$= \int_B (S_{N^B}(f) + S_{N_{\mathrm{p}}^1}(f,d)) \mid H_{\mathrm{r}}(f)\mid^2 \mathrm{d}f \qquad (4\text{-}46)$$

式中，$S_{N^B}(f)$ 和 $S_{N_{\mathrm{p}}^1}(f,d)$ 分别表示大气背景干扰和传输脉冲自产噪声的功率谱密度函数，它们在信道一致的基础上相应的定义为

$$S_{N^B}(f) = \lim_{d \to \infty} k_{\mathrm{B}} \mathrm{TP}_0 (1 - \mid H_{\mathrm{abs}}(f,d)\mid^2) \mid H_{\mathrm{ant}}^R(f)\mid^2$$

$$= \lim_{d \to \infty} k_{\mathrm{B}} \mathrm{TP}_0 (1 - \exp(-a(f)d)) \left(\frac{c}{\sqrt{4\pi f_0}}\right)^2 \qquad (4\text{-}47)$$

$$S_{N_{\mathrm{p}}^1}(f,d) = S^{(1)}(f) \mid H_{\mathrm{ant}}^T(f)\mid^2 (1 - \mid H_{\mathrm{abs}}(f,d)\mid^2) \cdot \mid H_{\mathrm{spr}}(f,d)\mid^2 \mid H_{\mathrm{ant}}^R(f)\mid^2$$

$$= S^{(1)}(f)(1 - \exp(-a(f)d)) \left(\frac{c}{4\pi d f_0}\right)^2 \qquad (4\text{-}48)$$

式中，k_{B} 表示玻尔兹曼常数；$H_{\mathrm{ant}}^T(f)$ 和 $H_{\mathrm{ant}}^R(f)$ 分别表示发送端和接收端的天线频率响应函数[29-30]；f_0 表示传输脉冲的中心频率。

纳米网络的主要限制，即太赫兹频段的路径传输损耗和每个纳米器件的能量的局限性，导致传输距离非常短，为了保证通信就需要分布密度比较高的纳米器件。因此，纳米网络性能的评估应该考虑多用户干扰，根据 TS-OOK 调制方案，在一个不协调的方式里每个纳米节点可以在任何时间开始信号传输。对于接收器，当在同一时间不同节点的多信号同时到达就会出现干扰，会造成传输信号振幅和形状的重叠，在传输空闲时的冲突不会产生影响。

一般来说，假定不同纳米节点的传输信号是独立的，遵循相同的源概率分布。此外，由于纳米网络的高密度性，不同纳米节点的传输可以被认为是在纳米节点传输信号前通过选择一个随机等待时间发送数据，这个选择的时间是均匀分布的，对于一个接收端，其总干扰的振幅依赖具有相应的传播条件和距离的所有干扰节点。对于纳米节点的传输信号，相应接收器的平均干扰功率的数学期望 $\overline{E}[N_{I_P}]$[29]表示如下：

$$\overline{E}[N_{I_P}] = \sum_{i \in \mathrm{SET}_j} \frac{T_{\mathrm{duration}}}{T_{\mathrm{delay}}} a^{i,j} p_j(1) = \sum_{i \in \mathrm{SET}_j} a^{i,j} \frac{p_j(1)}{\beta} \qquad (4\text{-}49)$$

式中，i 表示干扰节点；SET_j 表示接收器 j 的干扰节点集；$a^{i,j}$ 表示在接收器 j 上的平均脉冲振幅；β 是扩频因子。从干扰节点 i 发送，$p_j(1)$ 表示发射脉冲源概率，并且假设所有节点都有相同的源概率，即 $p_j(1) = p(1)$，干扰功率 N_{I_P} 可表示为

$$N_{I_P} = \sum_{i \in \mathrm{SET}_j} \left(\frac{(a^{i,j})^2 + P_N^{i,j}}{\beta}\right) p(1) - \left(\sum_{i \in \mathrm{SET}_j} \frac{a^{i,j}}{\beta} p(1)\right)^2 + 2 \sum_{i,k \in \mathrm{SET}_j} \left(\frac{p(1)}{\beta}\right)^2 a^{i,j} a^{k,j} \qquad (4\text{-}50)$$

式中，$P_N^{i,j}$ 表示由节点 i 和节点 j 间传输产生的噪声功率；$a^{k,j}$ 表示干扰节点 k 在接收器 j 处发射的脉冲振幅。根据式（4-46）中的噪声功率模型可知，$P_N^{i,j}$ 和 $N_P(d_{i,j})$ 相等，其中 $d_{i,j}$ 表示节点 i 和节点 j 之间的传输距离，在频域中，接收到的脉冲功率和振幅的平方成正比，即 $a^{i,j} = \sqrt{P_{\mathrm{pulse}}^{\mathrm{rx}}(d_{i,j})}$，其中比例常量假定为 1，因此，信噪比可以表示如下：

$$\text{SINR} = \frac{\int_B S^{(1)}(f)|H_c(f,d)|^2 |H_r(f)|^2 \, \mathrm{d}f}{\int_B (S_{N_p}(f))|H_r(f)|^2 \, \mathrm{d}f + N_{I_p}}$$

$$= \frac{\int_B S^{(1)}(f)|H_c(f,d)|^2 |H_r(f)|^2 \, \mathrm{d}f}{\int_B (S_{N^\beta}(f) + S_{N_p^1}(f,d))|H_r(f)|^2 \, \mathrm{d}f + \sum_{i \in \mathrm{SET}_j} \left(\frac{(a^{i,j})^2 + P_N^{i,j}}{\beta} \right) p(1) + 2 \sum_{i,k \in \mathrm{SET}_j} \left(\frac{p(1)}{\beta} \right)^2 a^{i,j} a^{k,j}}$$

$$(4\text{-}51)$$

为了保证接收端成功接收传输信号，其信噪比的值应该大于纳米器件结构所确定的最小阈值，由于纳米网络的高密度，假设所有干扰节点到接收器有大约相同的距离，即 $d_{i,j} = d$，因此 $P_N^{i,j} = N_p(d)$，$a^{i,j} = \sqrt{P_{\mathrm{pulse}}^{rx}(d)}$ 表示超过距离 d 时传输脉冲的平均振幅，干扰节点数为 U 时的干扰功率 N_{I_p} 可以简化为

$$N_{I_p} = \frac{Up(1)}{\beta} P_{\mathrm{pulse}}^{rx} \left(1 + \frac{N_p(d)}{P_{\mathrm{pulse}}^{rx}} + (2-U)\frac{p(1)}{\beta} \right) \quad (4\text{-}52)$$

信噪比应该满足信噪比最小阈值 τ，即 $\text{SINR} = \dfrac{P_{\mathrm{pulse}}^{rx}}{N_p(d) + P_I} \geqslant \tau$（$P_I$ 表示振幅），因此接收脉冲功率可以计算如下：

$$P_{\mathrm{pulse}}^{rx} \geqslant N_p(d)\tau + \frac{Up(1)}{\beta} \left((2-U)\frac{p(1)}{\beta} \right) P_{\mathrm{pulse}}^{rx} + \frac{Up(1)}{\beta} N_p(d)\tau \quad (4\text{-}53)$$

通过上述方程式的化简，可以将传输脉冲的振幅下界 $a_{\min}$ 表示为

$$a_{\min} = \min(P_{\mathrm{pulse}}^{rx}) \geqslant \frac{N_P(d)\tau + \dfrac{Up(1)}{\beta} N_p(d)\tau}{1 + \dfrac{Up(1)}{\beta^2}\tau(\beta + (2-U)p(1))} \quad (4\text{-}54)$$

4.3.3　多参数联合优化网络容量

为了实现基于脉冲的纳米网络的永久数据传输，每个纳米节点的能量消耗率和能量捕获率的权衡需要进行综合性研究。首先，在考虑多用户场景的干扰下，每次连接的数据量不应大于节点的能量；其次通过使用 TS-OOK 调制方案，能量捕获率应大于能量消耗率。由上述章节可以得出基于理论的传输脉冲的振幅，参数如扩频因子 β、传输距离、节点密度和脉冲概率，这些都需要进行全面优化，以最大限度地提高可用网络的能量。

为了更好地理解纳米网络中能量捕获和能耗之间的关系，本节首先介绍数据传输中平均能量消耗率 λ_{con}，单位是 J/s。根据 TS-OOK 调制方案，传输能量只有在传输脉冲时被损耗，由于在降低纳米器件间的冲突时可以保证信道共享，因此，每个节点的能量消耗率可由下式获得：

$$\lambda_{\mathrm{con}} = E_{\mathrm{pulse}}^{tx} p(1) \frac{\lambda_{\mathrm{bit}}}{\beta} = P_{\mathrm{pulse}}^{rx} T_{\mathrm{duration}} p(1) \frac{\lambda_{\mathrm{bit}}}{\beta} \quad (4\text{-}55)$$

式中，E_{pulse}^{tx} 表示传输 1 个脉冲信号所需的能量；λ_{bit} 表示每个节点接收到的比特率，在

多用户系统中，当每个节点的比特率可以达到最大传输速率 C_{net}/U 时（U 为节点数量），可以实现能量消耗率的最大值。因此，为了保证永久数据传输，最大能量消耗率 $\lambda_{con-max}$（当 $\lambda_{bit}=C_{net}/U$ 时）不应超过由式（4-34）给出的能量捕获率 λ_{harv}，从而一个纳米设备的能量捕获率和能量消耗率之间的关系表示如下：

$$\lambda_{harv} \geq \lambda_{con}\big|_{\lambda_{bit}=C_{net}/U} = E_{pulse}^{tx} p(1)\frac{C_{net}}{\beta U} \tag{4-56}$$

通过对上述方程式的简化，在 TS-OOK 调制方案下的永久纳米网络的扩频因子需要满足：

$$\beta \geq \frac{E_{pulse}^{tx} p(1) C_{net}}{U\lambda_{harv}}$$

$$= \frac{E_{pulse}^{tx} p(1) C_{net} t_{cyc}}{UV_g \Delta Q \left(e^{\left(-\frac{\Delta Q n_{cyc}}{V_g C_{cap}}\right)} - e^{\left(-2\frac{\Delta Q n_{cyc}}{V_g C_{cap}}\right)} \right)} \tag{4-57}$$

式中，TS-OOK 调制方案下的传输功率 P_{pulse}^{tx} 受限于由 4.3.2 节描述的脉冲振幅的理论界限。一方面，网络容量 C_{net} 和多用户干扰都取决于扩频因子 β，因此在多用户系统中很难得到扩频因子的解析表达式。另一方面，对于一个单用户系统，没有多用户干扰现象，即 $C_{s,u}=\dfrac{B}{\beta}IR_{s,u} \geq C_{net}/U$，在 TS-OOK 调制方案下的最小扩频因子可以写成

$$\beta_{min} \geq \left(\frac{E_{pulse}^{tx} p(1) IR_{s,u} B}{\lambda_{harv}} \right)^{\frac{1}{2}}$$

$$= \left(\frac{P_{pulse}^{tx} T_{duration} p(1) IR_{s,u} B t_{cyc}}{V_g \Delta Q \left(e^{\left(-\frac{\Delta Q n_{cyc}}{V_g C_{cap}}\right)} - e^{\left(-2\frac{\Delta Q n_{cyc}}{V_g C_{cap}}\right)} \right)} \right)^{\frac{1}{2}} \tag{4-58}$$

由于有限能量和高传输频率的严格约束，在式（4-56）中表示的网络容量取决于扩频因子、多用户干扰、传输距离、脉冲振幅、源概率、信噪比冲突和节点密度等参数。因此，在深入研究太赫兹频段的纳米网络容量的同时，需要考虑永久纳米网络的这些参数[43-44]，通过优化上述系统参数以最大限度地提高网络容量，保证纳米网络的永久通信及能量捕获。

对于多个参数不同的约束和复杂的关系，网络容量的最大化问题可以表示如下：

$$C_{net}(\beta, U, a, d, T, p(1)) \tag{4-59}$$

$$P_{pulse\&max}^{tx} = a_{max}^2 < \frac{C_{cap}V_g^2}{2N_p T_{duration}p(1)} \tag{4-60}$$

$$P_{pulse}^{tx}(d) \geq \frac{N_p(d)T + \dfrac{U_p(1)}{\beta}N_p(d)T}{1 + \dfrac{U_p(1)}{\beta^2}T(\beta + (2-U)p(1))} \tag{4-61}$$

$$\beta \geqslant \left(\frac{P_{\text{pulse}}^{\text{tx}} T_{\text{duration}} p(1) I R_{\text{s,u}} B t_{\text{cyc}}}{V_J \Delta Q \cdot \left(e^{\left(-\frac{\Delta Q n_{\text{cyc}}}{V_J C_{\text{cap}}}\right)} - e^{\left(-2\frac{\Delta Q n_{\text{cyc}}}{V_J C_{\text{cap}}}\right)} \right)} \right)^{\frac{1}{2}} \tag{4-62}$$

式中，V_J 为表示电压。

可以看出传输脉冲的最大振幅 $a_{\max}$ 取决于能量捕获系统的结构，最小振幅取决于传播信道，如噪声、扩频因子、节点密度、概率源和传输距离。此外，最小扩频因子取决于传输脉冲的振幅、概率源、能量捕获系统和网络能量。下一节将综合评估所有这些参数对网络容量的影响，并且在特定条件下实现最大网络容量。

4.3.4 仿真实验与结果分析

本小节通过模拟，综合研究基于脉冲的纳米网络容量最大化的最优联合参数。设定传输距离变化范围为 0.1mm～1m，传输脉冲的概率 $p(1)$ 等于 0.5，传输脉冲持续时间 T_{duration} 为 100fs，信噪比门限固定为 10dB。

根据图 4-12 所示的压电纳米发电机的电路模型，当前整流方式是压缩和释放同时进行，通过机械变形在一整个周期里捕获电子能量[20]。为了获得最大能量 $E_{\text{cap-max}}$ 和最小周期数 $n_{\text{cyc}}^{\min}$ 的实际值，需要确定参数 ΔQ、V_g 和 C_{cap} 的可能值。本节捕获的能量被连续储存在 8 个并行连接的 22 μF 的纳米电容器上，其中 $V_g = 0.42$V，$C_{\text{cap}} = 176$μF，每个周期的总电荷 $\Delta Q = 3.63$nC [33, 43]。在最坏的情况下，基于上述参数值，最小周期 $n_{\text{cyc}}^{\min}$ 大约是 10^4，须增大纳米能量以保证提供传输单个数据包的能力。详细地说，当脉冲能量设为 1aJ，纳米电容器充电最小周期 $n_{\text{cyc}}^{\min}$ 接近于 2.0364×10^4 时，可以证明文献[19]、[20]、[45]中的实验结果。

基于 $V_g = 0.42$V 和 $C_{\text{cap}} = 176$μF 实测值，在式（4-10）的基本约束下，即传输每个脉冲所需能量应小于 3.1×10^{-8} J，当 $N_p = 1000$bit 时，相应的脉冲振幅的上界值接近于 557V。所发射的脉冲幅度的下限约束在式（4-24）中，在减少最低功率的同时降低脉冲振幅的下限会使传输距离增加，从而降低了干扰和噪声功率。当传输距离为 0.1mm 时，传输脉冲振幅的下限大约为 7.17×10^{-8} V。

由于太赫兹频段严重的路径传输损耗，在降低接收器端的接收信号功率下，可获得的信息率随着通信距离减小而降低。如图 4-13 显示，当传输脉冲能量相同的情况下，通过同样的能量捕获参数，式（4-29）中的最小扩频因子 $\beta_{\min}$ 随着传输距离的增加而降低，也就是说，基于 TS-OOK 调制方案，一个小的扩频因子 β 表示高传输概率（相邻连续信号之间的时间变短），因此，更长的传输距离需要更多的脉冲传输能量。当传输距离相同时，随着传输脉冲能量的增加，最小扩频因子显著增加。例如，脉冲能量从 1aJ 变化到 10aJ，相应的最小扩频因子就需要从 62 增大到 196，这意味着在一个相对大的能量下，纳米设备需要更多的时间来捕获能量传输脉冲。此外，当在一个较大能量下传输脉冲时，信息率达到一个非常高的值（即接近于 1bit/s），这将有助于得到一个类似的 β_{min} 值，这个值不会受到短距离传输的影响。

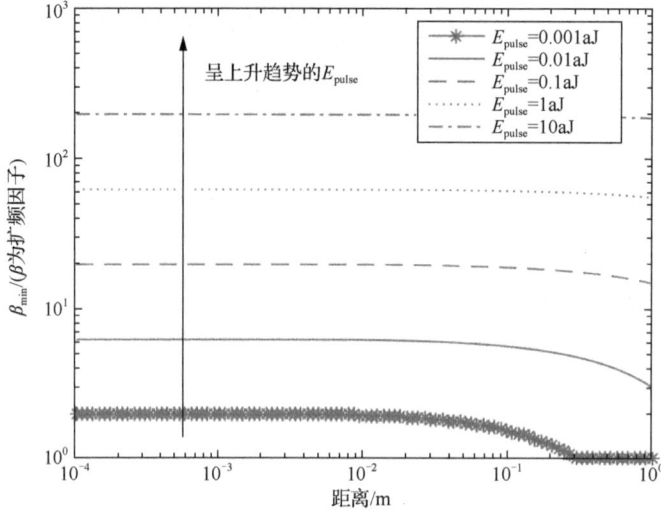

（a）不同通信距离下的最小扩频因子

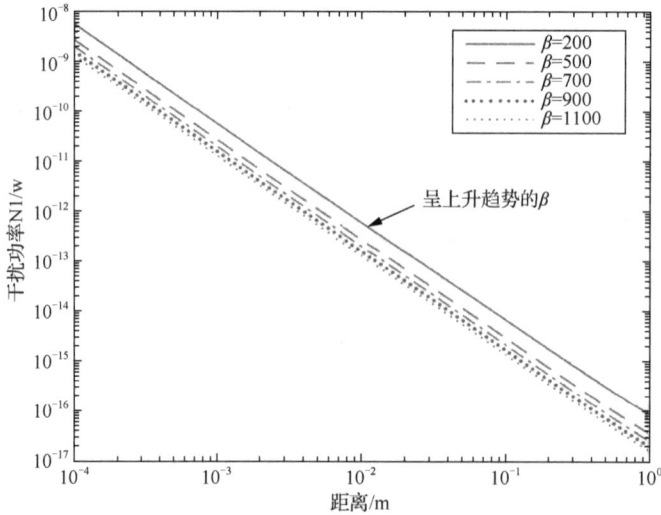

（b）不同通信距离下的干扰功率

图 4-13　不同通信距离下的可获信息率

在多用户纳米网络中，不同 β 的干扰应被评估，而一个大的扩频因子可减轻纳米网络中的能量需求。根据上述分析，最小扩频因子取决于传输脉冲能量和传输距离。在不同传输距离下，干扰分布和扩频因子 β 值（大于 β_{min}）的关系：当每个传输脉冲能量设为 1aJ 时，在式（4-22）中显示的平均干扰功率随着扩频因子的增加而减少，即在基于脉冲的纳米网络中，更多的时隙被用来传输符号。

为了保证永久数据传输，扩频因子应满足式（4-29）的约束条件。此外，传输距离、脉冲概率和纳米节点的数量需要综合考虑来最大限度地扩大网络容量。在给定固定脉冲概率（ $p(1)=0.5$ ）和节点密度 $U=100$ 的前提下，图 4-14 中显示了扩频因子和传输距离在纳米网络中的影响，可见短距离传输和小的扩频因子（大于 β_{min} ）有利于实现高网络容量并满足能量需求，特别是针对传输距离越短，路径传输损耗越低的情况造成的更大的信息率的问题。扩频因子值较小会导致更多的传输符号，同时产生更多的干扰。最后，网络容量的性能随着传输距离和扩频因子的增加而降低。

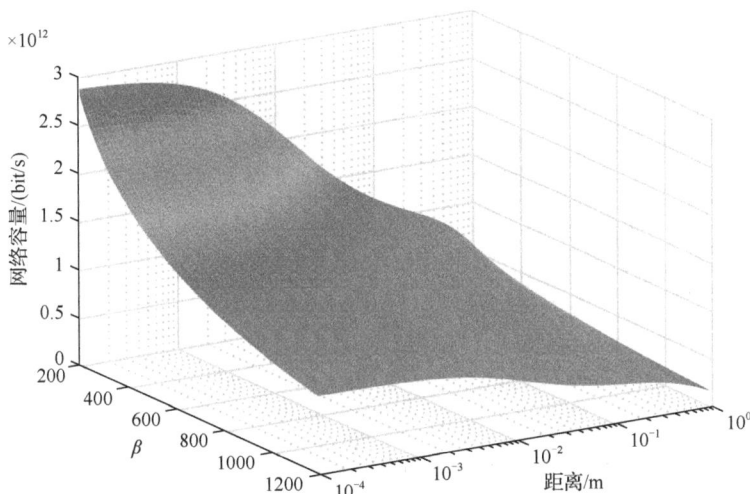

图 4-14　在不同扩频因子下距离和网络容量的关系

从能耗和干扰功率的角度来看，脉冲概率对网络容量的性能有着重要的影响。图 4-15 显示在不同传输距离下脉冲概率和网络容量的关系，观察可得当纳米节点的数量固定为 100 时，若脉冲概率大约等于 0.46，传输距离为 0.1mm，最大网络容量可达到 $C_{net}=9.59\times10^{11}$ bit/s；当脉冲概率接近于 0.41，传输距离为 10mm 时，最大网络容量变成了 $C_{net}=7.48\times10^{11}$ bit/s。这意味着在不同的传输距离下，相应有最合适的脉冲概率 $p(1)_{best}$ 来使网络容量达到最大值。当传输距离是固定值时，根据附加信息率 $p(1)<p(1)_{best}$ 的条件，随着 $p(1)$ 的增加，可实现网络容量增大，当 $p(1)>p(1)_{best}$ 时，由于传输脉冲间高概率冲突的增加，可实现的网络容量随之减少。最后得出的结论是建议脉冲概率的值随着传输距离的增加而减少以提高网络容量，并且最好的脉冲概率值取决于扩频因子和传输距离，当传输距离从 0.1mm 增加到 1m 时，相应的最合适的脉冲概率从 0.35 变成 0.46，以保证网络容量最大化。

此外，纳米网络中的脉冲概率和扩频因子在图 4-16 中显示出当传输距离和节点密度固定时，脉冲概率对于实现网络容量的最大化有重要的影响。一方面，脉冲概率固定时，网络容量随着扩频因子的增加单调减少；另一方面，由于扩频因子的值相同，存在一个最佳的脉冲概率以达到最大的网络容量。例如，当最佳脉冲概率 $p(1)_{best}$ 等于 0.31，扩频因子固定为 200 时，网络容量可达到最大值 2.34×10^{12} bit/s。由观察可得，当扩频因子从 200 增加到 1200（大于 β_{min}）时，对应的最合适的脉冲概率从 0.31 变为 0.41，以保证实现网络容量的最大化。

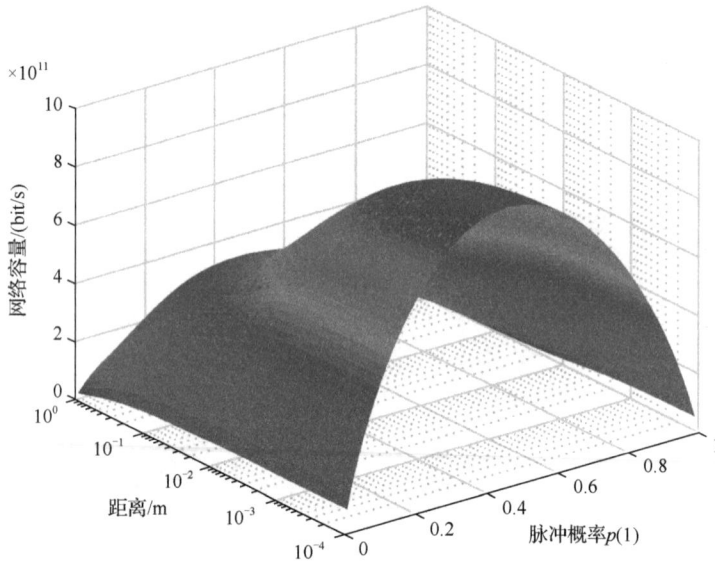

图 4-15 在不同传输距离下脉冲概率和网络容量的关系

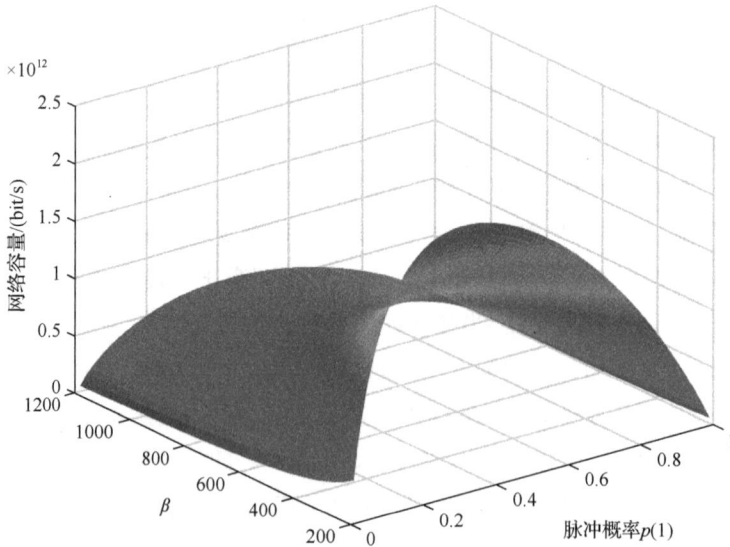

图 4-16 在不同扩频因子下脉冲概率和网络容量的关系

4.4 小　结

由于纳米网络中节点的能量局限性问题已经成为一个严重制约其发展的因素,基于能量捕获的纳米网络被认为是克服这一缺陷的最好解决方案,因此受到了广大研究学者的关注。节点通过能量捕获能够从周围自然环境中获取能量,即具备了自我补充能量的能力,从而极大提高了节点的生存时间,但是节点通过能量捕获所获得的能量十分有限,并且这些能量往往是伴随时间变化的,即随机性,所以如何合理的储存及高效地利用所捕获的能量成为另一个研究的重点及难点。本章主要围绕节点混合储能模型及算法、点对点无线能量传输模型及算法、两跳无线能量传输模型及算法展开了深入的研究,按照分析问题、建立系统模型、提出相应算法及仿真实验的步骤对问题进行了完整研究并阐述,主要概括如下:

(1)针对纳米网络中节点电池储能的局限性,提出一种混合储能结构并建立模型。该结构由超级电容器和电池组成,基于高斯双工信道模型和能量捕获理论建立了混合能量储能模型。引入能量传输损耗系数,建立了节点能量分配解析模型;提出了能量最优分配算法,依据节点捕获能量在时间轴上的分布情况,分配给超级电容器与电池。不同的能量采用最优传输功率与传输时间进行数据传输,实现了吞吐量最大化。

(2)针对基于能量捕获的纳米网络中节点能量的局限性,基于高斯双工信道建立了点对点无线能量传输模型和吞吐量最大化模型;引入能量传输效率,建立相应的能量传输解析模型;提出了单跳二维无线能量传输算法,实现了节点总吞吐量最大化,通过仿真实验验证,所提算法不仅能够有效地提高节点总吞吐量,还能有效避免在某些时刻节点处于能量过剩状态或匮乏状态。

(3)针对点对点网络研究的局限性,进一步研究两跳无线能量传输模型及算法。基于高斯双工信道建立了两跳无线能量传输模型和吞吐量最大化模型;引入能量传输效率,建立相应的能量传输解析模型;提出两跳二维无线能量传输算法,实现节点总吞吐量最大化,通过仿真实验验证了在多源节点单中继节点的两跳网络环境下,提出的算法也可以有效地提高节点的总吞吐量,以及避免在某些时刻节点处于能量过剩状态或匮乏状态,并且具有良好的适应性与扩展性。

参 考 文 献

[1] Aliouat L, Rahmani M, Mabed H, et al. Enhancement and performance analysis of channel access mechanisms in terahertz band[J]. Nano Communication Networks, 2021, 29: 100364.

[2] Kaur G, Chanak P, Bhattacharya M. Energy-efficient intelligent routing scheme for IoT-enabled WSNs[J]. IEEE Internet of Things Journal, 2021, 8(14): 11440-11449.

[3] Grossi M. Energy harvesting strategies for wireless sensor networks and mobile devices: a review[J]. Electronics, 2021, 10(6): 661.

[4] Adu-Manu K S, Adam N, Tapparello C, et al. Energy-harvesting wireless sensor networks (EH-WSNs) A review[J]. ACM Transactions on Sensor Networks (TOSN), 2018, 14(2): 1-50.

[5] Cammarano A, Petrioli C, Spenza D. Online energy harvesting prediction in environmentally powered wireless sensor

networks[J]. IEEE Sensors Journal, 2016, 16(17): 6793-6804.

[6] Azam I, Javaid N, Ahmad A, et al. Balanced load distribution with energy hole avoidance in underwater WSNs[J]. IEEE Access, 2017, 5: 15206-15221.

[7] Wang Q, Lin D Y, Yang P, F et al. An energy-efficient compressive sensing-based clustering routing protocol for WSNs[J]. IEEE Sensors Journal, 2019, 19(10): 3950-3960.

[8] Zhao C H, Tang B P, Huang Y, et al. Multilayer joint optimization of packet size and adaptive transmission scheduling of wireless sensor networks for mechanical vibration monitoring[J]. IEEE Internet of Things Journal, 2022, 10(7): 6444-6455.

[9] Kumar M J, Kumar G V S R, Krishna P S R, et al. Secure and efficient data transmission for wireless sensor networks by using optimized leach protocol[C]//2021 6th International Conference on Inventive Computation Technologies (ICICT). IEEE, 2021: 50-55.

[10] Riaz A, Sarker M R, Saad M H M, et al. Review on comparison of different energy storage technologies used in micro-energy harvesting, WSNs, low-cost microelectronic devices: challenges and recommendations[J]. Sensors, 2021, 21(15): 5041.

[11] Williams A J, Torquato M F, Cameron I M, et al. Survey of energy harvesting technologies for wireless sensor networks[J]. IEEE Access, 2021, 9: 77493-77510.

[12] Sah D K, Amgoth T. Renewable energy harvesting schemes in wireless sensor networks: a survey[J]. Information Fusion, 2020, 63: 223-247.

[13] Sharma A, Kakkar A. A review on solar forecasting and power management approaches for energy - harvesting wireless sensor networks[J]. International Journal of Communication Systems, 2020, 33(8): e4366.

[14] Anisi M H, Abdul-Salaam G, Idris M, et al. Energy harvesting and battery power based routing in wireless sensor networks[J]. Wireless Networks, 2017, 23(1): 249-266.

[15] Ardeshiri G, Yazdani H, Vosoughi A. Power adaptation for distributed detection in energy harvesting WSNS with finite-capacity battery[C]//2019 IEEE Global Communications Conference (GLOBECOM). IEEE, 2019: 1-6.

[16] Chamanian S, Baghaee S, Uluşan H, et al. Implementation of energy-neutral operation on vibration energy harvesting WSN[J]. IEEE Sensors Journal, 2019, 19(8): 3092-3099.

[17] Shaviv D, Nguyen P M, Özgür A. Capacity of the energy-harvesting channel with a finite battery[J]. IEEE Transactions on Information Theory, 2016, 62(11): 6436-6458.

[18] Gul O M. Achieving near-optimal fairness in energy harvesting wireless sensor networks[C]//2019 IEEE Symposium on Computers and Communications (ISCC). IEEE, 2019: 1-6.

[19] Akyildiz I F, Jornet J M. The internet of nano-things[J]. IEEE Wireless Communications, 2010, 17(6): 58-63.

[20] Akyildiz I F, Jornet J M. Electromagnetic wireless nanosensor networks[J]. Nano Communication Networks, 2010, 1(1): 3-19.

[21] Anđić Z, Vujović A, Knežević M, et al. Nano-technologies from the aspect of human environment and safety and health at work[J]. Metalurgija-Journal of Metallurgy MJoM, 2009, 15(4): 219-229.

[22] Elsheakh D, Shawkey H. 5G wideband on - chip dipole antenna for WSN soil moisture monitoring[J]. International Journal of RF and Microwave Computer - Aided Engineering, 2021, 31(4): e22556.

[23] Liu Q, Yang K. Channel capacity analysis of a diffusion - based molecular communication system with ligand receptors[J]. International Journal of Communication Systems, 2015, 28(8): 1508-1520.

[24] Srinivas K V, Eckford A W, Adve R S. Molecular communication in fluid media: The additive inverse Gaussian noise channel[J]. IEEE transactions on information theory, 2012, 58(7): 4678-4692.

[25] Martí I L, Kremers C, Cabellos - Aparicio A, et al. Scattering of terahertz radiation on a graphene - based nano - antenna[C]//AIP Conference Proceedings. American Institute of Physics, 2011, 1398(1): 144-146.

[26] Llatser I, Kremers C, Chigrin D N, et al. Characterization of graphene-based nano-antennas in the terahertz band[C]//2012 6th European Conference on Antennas and Propagation (EUCAP). IEEE, 2012: 194-198.

[27] Jornet J M, Akyildiz I F. Graphene-based nano-antennas for electromagnetic nanocommunications in the terahertz band[C]//Proceedings of the Fourth European Conference on Antennas and Propagation. IEEE, 2010: 1-5.

[28] Abadal S, Jornet J M, Llatser I, et al. Wireless nanosensor networks using graphene-based nano-antennas[C]//Proc. GRAPHENE. 2011: 1-2.

[29] Jornet J M, Akyildiz I F. Channel modeling and capacity analysis for electromagnetic wireless nanonetworks in the terahertz band[J]. IEEE Transactions on Wireless Communications, 2011, 10(10): 3211-3221.

[30] Jornet J M, Akyildiz I F. Information capacity of pulse-based wireless nanosensor networks[C]//2011 8th Annual IEEE Communications Society Conference on Sensor, Mesh and Ad Hoc Communications and Networks. IEEE, 2011: 80-88.

[31] Pujol J C, Jornet J M, Pareta J S. PHLAME: A physical layer aware MAC protocol for electromagnetic nanonetworks[C]// 2011 IEEE Conference on Computer Communications Workshops (INFOCOM WKSHPS). IEEE, 2011: 431-436.

[32] Cid-Fuentes R G, Jornet J M, Akyildiz I F, et al. A receiver architecture for pulse-based electromagnetic nanonetworks in the terahertz band[C]//2012 IEEE International Conference on Communications (ICC). IEEE, 2012: 4937-4942.

[33] Jornet J M. A joint energy harvesting and consumption model for self-powered nano-devices in nanonetworks[C]//2012 IEEE international conference on communications (ICC). IEEE, 2012: 6151-6156.

[34] Xu S, Hansen B J, Wang Z L. Piezoelectric-nanowire-enabled power source for driving wireless microelectronics[J]. Nature communications, 2010, 1(1): 1-5.

[35] Wang Z L, Wu W. Nanotechnology‐enabled energy harvesting for self‐powered micro‐/nanosystems[J]. Angewandte Chemie International Edition, 2012, 51(47): 11700-11721.

[36] Briscoe J, Dunn S. Piezoelectric nanogenerators: a review of nanostructured piezoelectric energy harvesters[J]. Nano Energy, 2015, 14: 15-29.

[37] Wang P, Jornet J M, Malik M G A, et al. Energy and spectrum-aware MAC protocol for perpetual wireless nanosensor networks in the Terahertz Band[J]. Ad Hoc Networks, 2013, 11(8): 2541-2555.

[38] Pierobon M, Jornet J M, Akkari N, et al. A routing framework for energy harvesting wireless nanosensor networks in the Terahertz Band[J]. Wireless networks, 2014, 20(5): 1169-1183.

[39] Shi B J, Liu Z, Zheng Q, et al. Body-integrated self-powered system for wearable and implantable applications[J]. ACS nano, 2019, 13(5): 6017-6024.

[40] Akhtar F, Rehmani M H. Energy replenishment using renewable and traditional energy resources for sustainable wireless sensor networks: a review[J]. Renewable and Sustainable Energy Reviews, 2015, 45: 769-784.

[41] Li S S, Crovetto A, Peng Z T, et al. Bi-resonant structure with piezoelectric PVDF films for energy harvesting from random vibration sources at low frequency[J]. Sensors and Actuators A: Physical, 2016, 247: 547-554.

[42] Wang Z L, Wu W Z. Nanotechnology‐enabled energy harvesting for self‐powered micro‐/nanosystems[J]. Angewandte Chemie International Edition, 2012, 51(47): 11700-11721.

[43] Jornet J M, Akyildiz I F. Joint energy harvesting and communication analysis for perpetual wireless nanosensor networks in the terahertz band[J]. IEEE Transactions on Nanotechnology, 2012, 11(3): 570-580.

[44] Ozel O, Tutuncuoglu K, Ulukus S, et al. Fundamental limits of energy harvesting communications[J]. IEEE Communications Magazine, 2015, 53(4): 126-132.

[45] Tutuncuoglu K, Ozel O, Yener A, et al. Binary energy harvesting channel with finite energy storage[C]//2013 IEEE International Symposium on Information Theory. IEEE, 2013: 1591-1595.

第 5 章

电磁纳米网络的信道干扰及其抑制

目前，针对太赫兹波通信和纳米网络在信道干扰方面的研究还较少，太赫兹波通信的高频传输会导致很高的路径损耗，这限制了传输距离，因此加强对太赫兹波通信的研究和衡量网络的连接性至关重要，这需要引入波束成形等技术来扩展传输距离，提高网络吞吐量。

5.1 电磁纳米网络中的信道干扰

关于电磁纳米网络的信道干扰，在文献[1]中，提到了两种与多宽带传输有关的干扰，分别称为符号间干扰（inter symbol interference，ISI）和带间干扰（inter band interference，IBI），但它们研究的并不是网络中发送端和接收端之间的干扰。文献[2]、[3]提出了密集太赫兹网络的全向天线纳米传感器（nanosensor，NS）和信噪比（signal to interference plus noise ratio，SINR）评估的干扰模型（干扰主要是全向天线的 LOS 传播）。

5.1.1 太赫兹波 LOS、NLOS 传播模型及随机几何建模法

在太赫兹波通信中，传播路径可以分为两种情况：LOS 传播和 NLOS 传播。随机几何建模法是一种常用的方法，用于描述信号在空间中的分布和传播。

1. LOS 传播模型

与微波和毫米波信号相比，太赫兹波在传输过程中的大气衰减更为严重，衰减包括传输路径损耗和分子吸收损耗。传输路径损耗是由空间上的传播引起的，分子吸收损耗是介质中受激分子能转换为内部的动能而产生的能耗[4]。$H_{\mathrm{LOS}}(r,f)$ 作为在 LOS 传播过程中的频率响应函数表示如下：

$$H_{\mathrm{LOS}}(r,f) = \left(\frac{c}{4\pi rf}\right)\exp\left(-\frac{1}{2}\alpha_{\mathrm{abs}}(f)r\right) \tag{5-1}$$

式中，c 是光的速度；α_{abs} 表示分子吸收系数；r 表示发送端 T_{x} 和接收端 R_{x} 之间的视距传输距离；c 和 α_{abs} 的值取决于传输频率 f 和传输介质的分子组成。事实上，在空气介

质中的传播路径损耗主要受水分子引起的吸收损耗的影响[5]。

2. NLOS 射线传播模型

散射光的传播引入额外的粗糙表面散射损耗和 LOS 射线传播过程中的散射（scattering，Sca）传输距离上的损耗，该散射损耗的频率响应函数可以表示为距离和传输频率的函数 $H_{Sca}(s,f)$，即

$$H_{Sca}(s,f) = \left(\frac{c}{4\pi sf}\right)\exp\left(-\frac{1}{2}\alpha_{abs}(f)s\right)S(f) \tag{5-2}$$

式中，s 是指发送端 T_x 和接收端 R_x 之间的散射距离；$S(f)$ 是散射损失系数，它取决于传输频率、入射角和散射角、散射表面的材料、形状和粗糙度，该散射系数可由赫克曼–基尔霍夫理论[6]计算得到。

3. 随机几何模型

随机几何本质上与点过程理论有关，该方法使用一种易于处理的模型来更好地体现网络性能[7]，随机几何在低频段[8-9]和毫米波系统[10-11]中被广泛应用于干扰和覆盖分析，文献[2]应用随机几何的方法探究了太赫兹网络的 LOS 传播干扰。本节采用随机几何的方法分析节点和波束成形接入点（AP）之间的 LOS 和 NLOS 传播的干扰。

通过镜面反射或散射的 NLOS 链路被认为是 NLOS 干扰，其中，镜面反射被视为散射的特殊情况，所以电磁纳米网络中 NLOS 传播干扰可以认为主要是由障碍物的散射传播引起的[7]。为了分析电磁纳米网络中的散射传播干扰，并得到散射传播的距离，首先介绍椭圆模型[8]，该模型广泛用于多路径光线传播的建模和分析，如图 5-1 所示。图中，s 表示发送端 T_x 和接收端 R_x 之间的 NLOS 传输距离。接收端 R_x 会受到障碍物的散射干扰，所有散射干涉点（即图 5-1 中的障碍物）都位于椭圆的内边缘上。椭圆内边缘的点的参数为

$$a_1 = \frac{k_1 r}{2}, \quad b_1 = \sqrt{a_1^2 - (r/2)^2} \tag{5-3}$$

椭圆外边缘的点的参数为

$$a_2 = a_1 + \Delta a_1, \quad b_2 = \sqrt{a_2^2 - (r/2)^2} \tag{5-4}$$

式中，a_1 和 a_2 分别是 x 轴上内外椭圆的截距；k_1（$k_1 > 1$）是决定 a_1 长度的系数；Δa_1 是变量 a_1 的变化量，可以由 $\Delta a_1 = k_2 a_2$ 获得，其中 k_2 是常数；b_1 和 b_2 分别是 y 轴上内外椭圆的截距。

如图 5-2 所示，假设接收端 R_x 的干扰范围为半径为 R 的实线圆（由于太赫兹波通信路径损耗严重，在研究干扰的时候只考虑实线圆的范围，这种方法被广泛应用于网络的干扰和性能评估），r_a 表示 R_x 和邻近 AP 间的 LOS 传输距离，r_u 表示节点 R_x 和邻近节点 U 之间的 LOS 传输距离。例如，r_{a1} 表示 R_x 和 AP_1 间的 LOS 传输距离，r_{u1} 表示节点 R_x 和 U_1 之间的 LOS 传输距离。在实线圆内随机均匀分布干扰设备 T_x（包括 AP 和节点），假设有 N_u 个全向天线的节点和 N_a 个带有波束成形天线的 AP，则节点的分布密度 ρ_u 和 AP

的分布密度 ρ_a 可以通过计算得出：

$$\rho_u = \frac{N_u}{\pi R^2} \tag{5-5}$$

$$\rho_a = \frac{N_a}{\pi R^2} \tag{5-6}$$

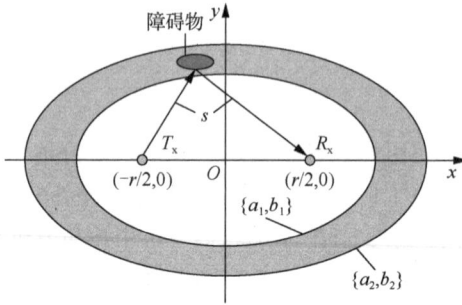

图 5-1　NLOS 模型

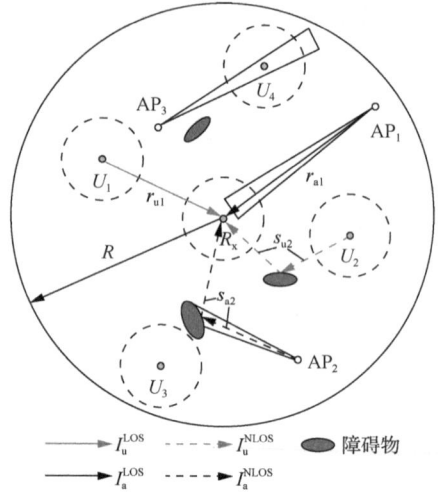

图 5-2　随机几何模型

由于节点和 AP 是独立且均匀分布的，LOS 传输距离的累积分布函数（cumulative distribution function，CDF）可以表示如下：

$$F(r) = \frac{r^2}{R^2}, \quad 0 < r < R \tag{5-7}$$

从而，可以得到 LOS 传输距离的概率密度函数（probability density function，PDF）：

$$f(r) = \frac{2r}{R^2}, \quad 0 < r < R \tag{5-8}$$

用 s_u 表示邻近节点 U 和 R_x 之间的 NLOS 传输距离，s_a 表示邻近 AP 和 R_x 之间的 NLOS 传输距离。在图 5-2 中，s_{u2} 是节点 U_2 和 R_x 之间的 NLOS 传输距离，s_{a2} 是 AP_2 和 R_x 之间的 NLOS 传输距离。文献[9]指出，s 与归一化的路径延迟 η 和 LOS 传输距离相关，其中，η 是 NLOS 路径延迟与 LOS 路径延迟之比，即 NLOS 传输距离与 LOS 传输距离之比，η 是独立于 r 的。因此，s 的函数可以表示为

$$s(\eta, r) = \eta \cdot r \tag{5-9}$$

η 的概率密度函数可以表示为

$$f(\eta) = \frac{2\eta^2 - 1}{\beta \sqrt{\eta^2 - 1}}, \quad 1 \leqslant \eta \leqslant \eta_{max} \tag{5-10}$$

式中，$\beta = \eta_{max} \sqrt{\eta_{max}^2 - 1}$，$\eta_{max}$ 是归一化路径延迟的最大值。在椭圆模型的使用过程中，η_{max} 的选择是一个关键步骤，在文献[10]中给出了确定 η_{max} 的四种方法，特别是采用最大路径延迟法确定 η_{max} 的值：

$$\eta_{\max} = \frac{l_m}{r} \tag{5-11}$$

式中，l_m 是外椭圆的焦距，结合式（5-3）和式（5-4），l_m 可以通过以下方式获得：

$$l_m = 2a_2 = k_1 r + k_1 k_2 r \tag{5-12}$$

结合式（5-11）和式（5-12），$\eta_{\max}$ 与 r 无关，可以重写如下：

$$\eta_{\max} = k_1 + k_1 k_2 \tag{5-13}$$

因此，结合式（5-8）和式（5-10），s 的概率密度函数可表示如下：

$$
\begin{aligned}
f(s) &= \int_1^{\eta_{\max}} \frac{2\eta^2 - 1}{\beta\sqrt{\eta^2 - 1}} \frac{2s}{\eta R^2} \frac{1}{\eta} \mathrm{d}t \\
&= \left(\frac{2\eta_{\max} \ln\left(\dfrac{\sqrt{\eta_{\max}^2 - 1} + \eta_{\max}}{2} \right) - \sqrt{\eta_{\max}^2 - 1} + 2\ln(2\eta_{\max})}{\eta_{\max}^2 \sqrt{\eta_{\max}^2 - 1}} \right) \frac{2s}{R^2}
\end{aligned} \tag{5-14}
$$

为了便于计算和表示，令 $\overline{\eta} = \left(\dfrac{2\eta_{\max} \ln\left(\dfrac{\sqrt{\eta_{\max}^2 - 1} + \eta_{\max}}{2} \right) - \sqrt{\eta_{\max}^2 - 1} + 2\ln(2\eta_{\max})}{\eta_{\max}^2 \sqrt{\eta_{\max}^2 - 1}} \right)$，

因此 s 的概率密度函数可以被重写为

$$f(s) = \overline{\eta} \frac{2s}{R^2} \tag{5-15}$$

根据图 5-2，可以将 R_x 受到的干扰分为：①邻近节点的 LOS 传播干扰 I_u^{LOS}；②邻近 AP 的 LOS 传播干扰 I_a^{LOS}；③邻近节点的 NLOS 传播干扰 I_u^{Sca}；④邻近 AP 的 NLOS 传播干扰 I_a^{Sca}。

5.1.2　LOS 传播的信道干扰

尽管 LOS 传播通常被认为是较为理想的传播条件，但是在 LOS 传播环境中，信道干扰仍然存在，主要来自同一频段上的其他发射机。由于直射路径上没有障碍物的散射或反射，LOS 传播通常具有较低的路径损耗和较高的信号强度。下面分别介绍 LOS 传播模型的两种干扰。

1. 邻近节点的 LOS 传播干扰

LOS 传播干扰来自邻近节点和 AP。来自邻近节点的通过 LOS 射线传播的干扰功率计算如下：

$$I_u^{\mathrm{LOS}} = S_u(f) \, |H_{\mathrm{LOS}}(r_u, f)|^2 \, G_u G_{rx} \tag{5-16}$$

式中，$S_u(f)$ 是邻近节点的传输功率谱密度（power spectral density，PSD）函数，G_u 和

G_{rx} 分别是节点和 R_x 的天线增益，$H_{LOS}(r_u, f)$ 是频率响应函数。结合式（5-1）和式（5-16），邻近节点通过 LOS 射线传播的干扰功率计算如下：

$$I_u^{LOS} = \frac{S_u(f)c^2 G_u G_{rx}}{16\pi^2 f^2} \frac{1}{r_u^2} \exp(-\alpha_{abs}(f)r_u) \tag{5-17}$$

由于节点相互独立和均匀分布，r_u 遵循随机分布，导致 I_u^{LOS} 与周围节点的 LOS 传播干扰都不同，用 $f(I_u^{LOS})$ 表示来自节点的 LOS 传播干扰的概率密度函数。因此，来自节点的 LOS 传播平均干扰功率可以表示为

$$E(I_u^{LOS}) = \int_{I_{u\min}^{LOS}}^{I_{u\max}^{LOS}} f(I_u^{LOS}) I_u^{LOS} dI_u^{LOS} \tag{5-18}$$

式中，$I_{u\min}^{LOS}$ 是来自节点的 LOS 传播最小干扰功率，$I_{u\max}^{LOS}$ 是来自节点的 LOS 传播最大干扰功率。I_u^{LOS} 是 r_u 的函数，当 $0 < r_u < R$ 时，它是单调递减函数，因此，结合式（5-8），可以得到 $f(I_u^{LOS})$：

$$f(I_u^{LOS}) = \frac{2g(I_u^{LOS})}{R^2} | g'(I_u^{LOS}) | \tag{5-19}$$

式中，$g(I_u^{LOS})$ 是 I_u^{LOS} 的反函数，$g'(I_u^{LOS})$ 是 $g(I_u^{LOS})$ 的导数。作为反函数的定义，$g(I_u^{LOS})$ 计算如下：

$$g(I_u^{LOS}) = \frac{2}{\alpha_{abs}(f)} W\left(\frac{\alpha_{abs}(f)c}{8\pi f}\left(\frac{S_u(f)G_u G_{rx}}{I_u^{LOS}}\right)^{\frac{1}{2}}\right) \tag{5-20}$$

$W(\cdot)$ 是朗伯（Lambert W）函数[12]，为了便于计算和表示，令

$$z_u(I_u^{LOS}) = \frac{\alpha_{abs}(f)c}{8\pi f}\left(\frac{S_u(f)G_u G_{rx}}{I_u^{LOS}}\right)^{\frac{1}{2}} \tag{5-21}$$

因此，$g(I_u^{LOS})$ 可以被重写为

$$g(I_u^{LOS}) = \frac{2}{\alpha_{abs}(f)} W(z_u(I_u^{LOS})) \tag{5-22}$$

根据朗伯函数的性质，给出 $W(x)$ 的微分方程：

$$\frac{dW(x)}{dx} = \frac{1}{x + \exp(W(x))} \tag{5-23}$$

可以得到

$$g'(I_u^{LOS}) = \frac{d}{dI_u^{LOS}}\left(\frac{2}{a_{abs}(f)} W(z_u(I_u^{LOS}))\right)$$

$$= \frac{d(z_u(I_u^{LOS}))}{dI_u^{LOS}} \frac{2}{\alpha_{abs}(f)} (z_u(I_u^{LOS}) + \exp(W(z_u(I_u^{LOS}))))^{-1}$$

$$= -\frac{z_u(I_u^{LOS})}{\alpha_{abs}(f)I_u^{LOS}} (z_u(I_u^{LOS}) + \exp(W(z_u(I_u^{LOS}))))^{-1} \tag{5-24}$$

结合式（5-19）、式（5-22）和式（5-24），I_u^{LOS} 的概率密度函数可以被重写为

$$f(I_u^{LOS}) = \frac{2g(I_u^{LOS})}{R^2} |g'(I_u^{LOS})|$$

$$= \frac{4z_u(I_u^{LOS})W(z_u(I_u^{LOS}))}{R^2\alpha_{abs}(f)I_u^{LOS}}(z_u(I_u^{LOS}) + \exp(W(z_u(I_u^{LOS}))))^{-1} \quad (5\text{-}25)$$

因此，节点的 LOS 传播在传输频率 f 上的平均干扰功率计算如下：

$$E(I_u^{LOS}) = \int_{I_{u\min}^{LOS}}^{I_{u\max}^{LOS}} f(I_u^{LOS})I_u^{LOS}dI_u^{LOS}$$

$$= \int_{I_{u\min}^{LOS}}^{I_{u\max}^{LOS}} \frac{4tz_u(I_u^{LOS})W(z_u(I_u^{LOS}))}{R^2\alpha_{abs}(f)I_u^{LOS}}(z_u(I_u^{LOS}) + \exp(W(z_u(I_u^{LOS}))))^{-1}dI_u^{LOS} \quad (5\text{-}26)$$

结合式（5-17）、式（5-21）和式（5-26），节点的 LOS 传播在传输频率 f 上的平均干扰功率可以重写为

$$E(I_u^{LOS}) = \int_0^R \frac{S_u(f)c^2 G_u G_{rx}}{8\pi f^2 R^2} \frac{1}{r_u} \exp(-\alpha_{abs}(f)r_u)dr_u$$

$$= \frac{S_u(f)c^2 G_u G_{rx}\alpha_{abs}(f)}{8\pi f^2 R^2}\gamma(0,R) \quad (5\text{-}27)$$

式中，$\gamma(0,R)$ 是不完全 Γ 函数[13]，其定义如下：

$$\gamma(a,b) = \int_0^b x^{a-1}\exp(-x)dx \quad (5\text{-}28)$$

式中，a、b 为自由变量，此外，发送端（包括节点和 AP）并不总是发送信号，并且障碍物也可能会阻隔干扰。因此，用 p_u^{LOS} 表示节点引起 LOS 传播干扰的概率，计算如下：

$$p_u^{LOS} = p_T\exp(-\lambda_B(R - r_B)r_B) \quad (5\text{-}29)$$

式中，p_T 是发送端发送的概率，$\exp(-\lambda_B(R-r_B)r_B)$ 是来自发送端的干扰没有被障碍物阻挡的可能性，其中，λ_B 是障碍物的强度，r_B 是障碍物的半径。结合式（5-5）和式（5-27），所有节点的 LOS 传播在传输频率 f 上的总干扰功率计算如下：

$$I_{u\,total}^{LOS} = p_u^{LOS}N_u E(I_u^{LOS}) = p_u^{LOS}\rho_u\pi R^2 E(I_u^{LOS})$$

$$= \frac{p_u^{LOS}\rho_u S_u(f)c^2 G_u G_{rx}\alpha_{abs}(f)}{8\pi f^2 R^2}\gamma(0,R) \quad (5\text{-}30)$$

2. 邻近 AP 的 LOS 传播干扰

与来自邻近节点的干扰不同，来自 AP 的 LOS 传播干扰需要考虑波束成形天线的增益。波束成形天线模型的辐射方向作为主瓣指向某个方向具有高增益，并且作为旁瓣在其他方向上传播具有较小增益。当所有 AP 具有相同的发射功率时，相同的天线增益计算如下：

$$G_a = \frac{4\pi}{\theta^2} \quad (5\text{-}31)$$

式中，θ 是波束宽度，指的是半功率波束宽度（HPBW）。

此外，由于波束成形天线的高方向性，在旁瓣内的干扰急剧减小而在主瓣内的干扰急剧增加，因此只考虑主瓣的干扰，类似于来自节点的 LOS 传播干扰功率的计算过程，

结合式（5-6）和式（5-31），所有 AP 的 LOS 传播在传输频率 f 上的总干扰功率可以表示如下：

$$
\begin{aligned}
I_{\text{a total}}^{\text{LOS}} &= p_{\text{a}}^{\text{LOS}} N_{\text{a}} E(I_{\text{a}}^{\text{LOS}}) = p_{\text{a}}^{\text{LOS}} \rho_{\text{a}} \pi R^2 E(I_{\text{a}}^{\text{LOS}}) \\
&= \frac{p_{\text{a}}^{\text{LOS}} \rho_{\text{a}} S_{\text{a}}(f) c^2 G_{\text{a}} G_{\text{rx}} \alpha_{\text{abs}}(f)}{8\pi f^2 R^2} \gamma(0, R) \\
&= \frac{p_{\text{a}}^{\text{LOS}} \rho_{\text{a}} S_{\text{a}}(f) c^2 G_{\text{a}} G_{\text{rx}} \alpha_{\text{abs}}(f)}{2\theta^2 f^2 R^2} \gamma(0, R)
\end{aligned} \tag{5-32}
$$

式中，$S_{\text{a}}(f)$ 是邻近 AP 的传输功率谱密度函数；$p_{\text{a}}^{\text{LOS}}$ 是 AP 引起 LOS 传播干扰的概率，其可以表示为

$$
p_{\text{a}}^{\text{LOS}} = \frac{\theta}{2\pi} p_{\text{T}} \exp(-\lambda_{\text{B}}(R - r_{\text{B}})r_{\text{B}}) \tag{5-33}
$$

式中，$\dfrac{\theta}{2\pi}$ 是接收端在干扰 AP 波束成形区域覆盖的概率。

5.1.3 NLOS 传播的信道干扰

在 NLOS 传播信道中，由于信号经历了多次散射、反射和绕射，干扰的来源更加复杂。本小节介绍 NLOS 传播模型的两种干扰。

1. 邻近节点的 NLOS 传播干扰

与 LOS 传播干扰相比，NLOS 传播在散射透射距离上引入了粗糙表面散射损耗及 LOS 传播损耗，因此干扰与散射传播的频率响应函数和归一化路径延迟有关。来自节点的 NLOS 传播的信道干扰功率可以表示为

$$
\begin{aligned}
I_{\text{u}}^{\text{Sca}} &= S_{\text{u}}(f) |H_{\text{Sca}}(s_{\text{u}}, f)|^2 G_{\text{u}} G_{\text{rx}} \\
&= \frac{S_{\text{u}}(f) c^2 G_{\text{u}} G_{\text{rx}}}{16\pi^2 f^2} \frac{1}{s_{\text{u}}^2} \exp(-\alpha_{\text{abs}}(f) s_{\text{u}}) S(f)
\end{aligned} \tag{5-34}
$$

结合式（5-15）和式（5-34），可以得到来自节点的 NLOS 传播的信道平均干扰功率：

$$
\begin{aligned}
E(I_{\text{u}}^{\text{Sca}}) &= \int_{I_{\text{u min}}^{\text{Sca}}}^{I_{\text{u max}}^{\text{Sca}}} p(I_{\text{u}}^{\text{Sca}}) I_{\text{u}}^{\text{Sca}} \mathrm{d} I_{\text{u}}^{\text{Sca}} \\
&= \int_{I_{\text{u min}}^{\text{Sca}}}^{I_{\text{u max}}^{\text{Sca}}} \frac{4tz_{\text{u}}(I_{\text{u}}^{\text{Sca}}) W\!\left(z_{\text{u}}\!\left(\dfrac{I_{\text{u}}^{\text{Sca}}}{S(f)}\right)\right)}{R^2 (\alpha_{\text{abs}}(f))^2} \left(z_{\text{u}}\!\left(\dfrac{I_{\text{u}}^{\text{Sca}}}{S(f)}\right) + \exp\!\left(W\!\left(z_{\text{u}}\!\left(\dfrac{I_{\text{u}}^{\text{Sca}}}{S(f)}\right)\right)\right)\right)^{-1} \mathrm{d} I_{\text{u}}^{\text{Sca}}
\end{aligned}
$$

$$\tag{5-35}$$

式中，$I_{\text{u min}}^{\text{Sca}}$ 是来自节点 NLOS 传播的信道的最小干扰功率；$I_{\text{u max}}^{\text{Sca}}$ 是来自节点 NLOS 传播的信道的最大干扰功率。将式（5-21）和（5-34）代入式（5-35），可以将来自节点 NLOS 传播的信道的平均干扰功率重写如下：

$$E(I_u^{\mathrm{Sca}}) = \int_0^{t_m R} \frac{S_u(f)c^2 G_u G_{rx} S(f)}{8\pi^2 f^2 R^2} \frac{\overline{t}}{s_u} \exp(-\alpha_{abs}(f)s_u)\mathrm{d}s_u$$

$$= \frac{S_u(f)c^2 G_u G_{rx} S(f)\alpha_{abs}(f)\overline{t}}{8\pi^2 f^2 R^2}\gamma(0,t_m R) \qquad (5\text{-}36)$$

所以，所有通过 NLOS 传播的节点在传输频率 f 上的总干扰功率可以表示如下：

$$I_{u\,\mathrm{total}}^{\mathrm{Sca}} = p_u^{\mathrm{Sca}} N_u E(I_u^{\mathrm{Sca}}) = p_u^{\mathrm{Sca}} \rho_u \pi R^2 E(I_u^{\mathrm{Sca}})$$

$$= \frac{p_u^{\mathrm{Sca}} \rho_u R^2 S_u(f)c^2 G_u G_{rx} S(f)\alpha_{abs}(f)\overline{t}}{8\pi f^2 R^2}\gamma(0,t_m R) \qquad (5\text{-}37)$$

式中，p_u^{Sca} 是节点引起 NLOS 传播干扰的概率；$\overline{t}$ 表示所有节点平均归一化路径延迟；t_m 表示最大归一化路径延迟。在一般情况下，可以假设 $p_u^{\mathrm{Sca}} = p_u^{\mathrm{LOS}}$。

2.　邻近 AP 的 NLOS 传播干扰

与来自节点 NLOS 传播干扰的计算过程类似，来自 AP 的 NLOS 传播干扰功率可以表示为

$$I_a^{\mathrm{Sca}} = S_a(f)\,|\,H_{\mathrm{Sca}}(s_a,f)\,|^2\, G_a G_{rx} \qquad (5\text{-}38)$$

因此，所有来自 AP 的 NLOS 传播干扰在传输频率 f 上的总干扰功率表示如下：

$$I_{a\,\mathrm{total}}^{\mathrm{Sca}} = p_a^{\mathrm{Sca}} N_a E(I_a^{\mathrm{Sca}}) = p_a^{\mathrm{Sca}} \rho_a \pi R^2 E(I_a^{\mathrm{Sca}})$$

$$= \frac{p_a^{\mathrm{Sca}} \rho_a R^2 S_a(f)c^2 G_a G_{rx} S(f)\alpha_{abs}(f)\overline{t}}{2\theta^2 f^2 R^2}\gamma(0,t_m R) \qquad (5\text{-}39)$$

式中，p_a^{Sca} 是 AP 引起 NLOS 传播干扰的概率。在一般情况下，可以假设 $p_a^{\mathrm{Sca}} = p_a^{\mathrm{LOS}}$。

结合式（5-30）、式（5-32）、式（5-37）和式（5-39），AP 和节点的总干扰功率可以表示为

$$I_{\mathrm{total}} = I_{u\,\mathrm{total}}^{\mathrm{LOS}} + I_{a\,\mathrm{total}}^{\mathrm{LOS}} + I_{u\,\mathrm{total}}^{\mathrm{Sca}} + I_{a\,\mathrm{total}}^{\mathrm{Sca}} \qquad (5\text{-}40)$$

详细表达如下：

$$I_{\mathrm{total}} = I_{u\,\mathrm{total}}^{\mathrm{LOS}} + I_{a\,\mathrm{total}}^{\mathrm{LOS}} + I_{u\,\mathrm{total}}^{\mathrm{Sca}} + I_{a\,\mathrm{total}}^{\mathrm{Sca}}$$

$$= \frac{c^2 G_{rx}\alpha_{abs}(f)R^2(\rho_u S_u(f)G_u + 2\theta^{-1}\rho_a S_a(f))\exp(-\lambda_B(R-r_B)r_B)}{8\pi f^2 R^2}$$

$$\times (\gamma(0,R) + \overline{t}S(f)\gamma(0,t_m R)) \qquad (5\text{-}41)$$

5.1.4　仿真实验与结果分析

基于 5.1.1 节提出的太赫兹波通信的随机几何模型，本小节对四种干扰进行详细的数值分析，仿真中使用的所有参数列于表 5-1 中，根据文献[10]，t_m 取值为 2，根据赫克曼-基尔霍夫理论计算出不同传输频率下的散射损失系数[14]，P_T、λ_B 和 r_B 根据文献[15]、[16]分别取值为 0.3、0.1m^{-2} 和 0.1m。

表 5-1　仿真模拟参数

符号	定义	参数
P_u	每个节点的传输功率	1dBm
P_a	每个 AP 的传输功率	2dBm
c	光速	$2.998 \times 10^8 \text{m} / \text{s}$
G_u, G_{rx}	节点和接收端的天线增益	1
θ	波束成形天线的带宽	$\left\{ \dfrac{\pi}{12}, \dfrac{\pi}{6}, \dfrac{\pi}{4} \right\}$
f	传输频率	$\{0.67, 6.07, 9.82\}\text{THz}$
ρ_u	节点密度	$\{1, 3, 5\}$ 个 $/ \text{m}^2$
ρ_a	AP 密度	$\{6, 9, 12, 15\}$ 个 $/ \text{m}^2$
t_m	最大归一化路径延迟	2
P_T	发送端发送概率	0.3
λ_B	障碍物强度	0.1m^{-2}
r_B	障碍物半径	0.1m
$S(f)$	散射损失系数	$\{-10, -17, -30\}$ 分别对应 $\{0.3, 0.67, 1.03\}\text{THz}$

图 5-3 所示为针对不同密度的节点和 AP 的干扰模型。在干扰分析中，传输频率设置为 0.67THz，波束成形天线的波束宽度设为 $\pi/12$，干扰区域的半径 R 为 1～10m。

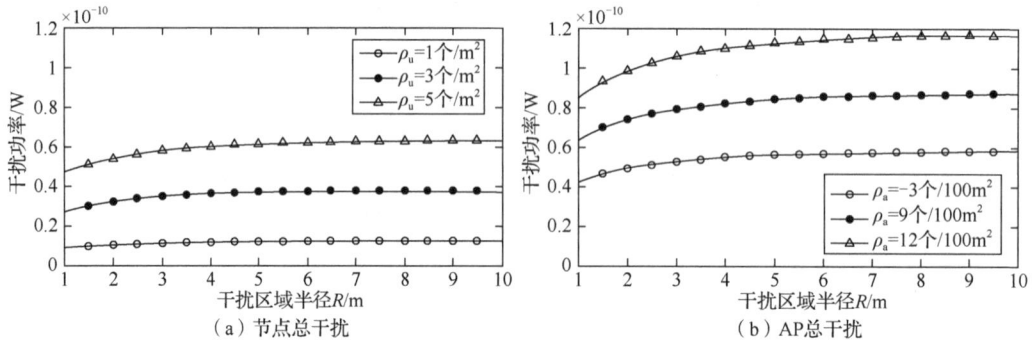

图 5-3　干扰分析（$f = 0.67\text{THz}$，$\theta = \pi/12$）

图 5-3（a）表示节点的总干扰，由两部分组成：来自节点的 LOS 传播干扰 $I_{u\,\text{total}}^{\text{LOS}}$ 和来自节点的 NLOS 传播干扰 $I_{u\,\text{total}}^{\text{Sca}}$，可以观察到：①随着 R 的增加，来自节点的总干扰也会增加。当 R 超过 8m 时，由于严重的路径损耗，节点数量的增加对总干扰的影响会趋向于饱和，距离增加的同时，干扰的增加可以趋向于忽略不计；②当所有节点的半径都为 R 时，由于节点数量的增加，干扰会变大。

波束成形 AP 的总干扰如图 5-3（b）所示，可以得到与节点的总干扰相似的结论：①来自 AP 的总干扰随着干扰区域半径 R 的增加而增加，当 R 超过 8m 时将开始饱和；②当 R 相同时，由于更大的 AP 密度导致更大的干扰。比较图 5-3（a）和图 5-3（b）可以发现，当 $\rho_a = 3$ 个 $/ \text{m}^2$，AP 的总干扰小于 $\rho_u = 5$ 个 $/ \text{m}^2$ 时的节点总干扰且大于当

$\rho_u = 3$个 / m² 时的节点总干扰,这是因为 AP 具有较大的天线增益和发射功率,所以在相同密度值时 AP 的总干扰更大,当然节点密度越大,节点的总干扰也越大。此外,结合式(5-30)和式(5-32),节点或 AP 的密度、节点或 AP 引起干扰的概率、天线增益和发射功率共同影响着干扰范围。

图 5-4 表示来自节点的 NLOS 传播干扰,相比于图 5-3(a)中的节点总干扰要低三个数量级,因此来自节点的 LOS 传播干扰是节点总干扰的主要部分。

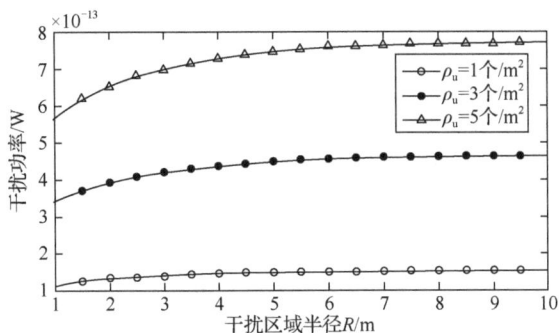

图 5-4 节点的 NLOS 传播干扰

5.2 电磁纳米网络中的信号覆盖分析

在传输距离有限、太赫兹频段路径损耗严重、纳米设备传输功率较低等限制下,基站布置必须更紧凑,将波束成形技术和大量的多输入多输出(multiple-input multiple-output,MIMO)[17]技术部署在基站上可以更好地解决上述问题,但该技术的引入需要重构现有的干扰模型,并需要重新分析它的干扰和覆盖情况。

5.2.1 纳米网络中的信号覆盖模型

当网络节点的接收器与其临近的 AP 通信时,会受到来自其他 AP 和周围节点的 LOS 和 NLOS 传播的干扰。因此,有必要利用干扰模型研究具有不同 SINR 阈值的覆盖率分布,覆盖率就是接收信号的 SINR 大于阈值 T 的概率。由于障碍物的存在,覆盖率可以表示为

$$p_c(f) = p(\text{SINR} > T)\exp(-\lambda_B(R - r_B)r_B) \tag{5-42}$$

在考虑有向传输的前提下,一方面考虑 AP 的 LOS 传输,另一方面考虑 AP 或节点通过 LOS 或 NLOS 传播的干扰,因此 SINR 计算公式如下:

$$\text{SINR} = \frac{p_a(f)G_a\,|H_{\text{LOS}}(r_a, f)|^2}{(N + I_{\text{total}})} \tag{5-43}$$

式中,N 是由背景噪声和分子吸收噪声组成的总噪声[18];I_{total} 是接收端在通信过程中来自节点和 AP 的 LOS 和 NLOS 传播的总干扰功率,则式(5-42)可以重写为

$$p_{c}(f) = p\left(\frac{p_{a}(f)G_{a}\,|\,H_{LOS}(r_{a},f)|^{2}}{(N+I_{total})} > T\right)$$

$$= p\left(\frac{\exp(-\alpha_{abs}(f)r_{a})}{r_{a}^{2}} > \frac{16T\pi^{2}f^{2}(N+I_{total})}{c^{2}p_{a}(f)G_{a}}\right)\exp(-\lambda_{B}(R-r_{B})r_{B}) \quad (5\text{-}44)$$

当 $r_{a} > 0$ 时，$r_{a}^{-2}\exp(-\alpha_{abs}(f)r_{a})$ 是一个递减函数，因此，可以通过以下方式获得覆盖率：

$$p_{c}(f) = P(0 < r_{a} < r_{a}')\exp(-\lambda_{B}(R-r_{B})r_{B})$$

$$= \frac{r_{a}^{-2}}{R^{2}}\exp(-\lambda_{B}(R-r_{B})r_{B}) \quad (5\text{-}45)$$

式中，r_{a}' 满足方程式 $r_{a}^{-2}\exp(-\alpha_{abs}(f)r_{a}) = \dfrac{16T\pi^{2}f^{2}(N+I_{total})}{c^{2}p_{a}(f)G_{a}}$，即当 T 固定时 AP 可以传输的有效距离，计算如下：

$$r_{a}' = \frac{2}{\alpha_{abs}(f)}W\left(\frac{\alpha_{abs}(f)c}{8\pi f}\left(\frac{p_{a}(f)G_{a}}{T(N+I_{total})}\right)^{\frac{1}{2}}\right) \quad (5\text{-}46)$$

将式（5-46）代入式（5-45）中，覆盖率可以被重写为

$$p_{c}(f) = \frac{\left(\dfrac{2}{\alpha_{abs}(f)}W\left(\dfrac{\alpha_{abs}(f)c}{8\pi f}\left(\dfrac{p_{a}(f)G_{a}}{T(N+I_{total})}\right)^{\frac{1}{2}}\right)^{2}\right)\exp(-\lambda_{B}(R-r_{B})r_{B})}{R^{2}} \quad (5\text{-}47)$$

当 T 相对较小时，信号可以传输较长的距离，甚至当 T 远小于边界值 T_{0} 时，r_{a}' 将超过式（5-46）表示的干扰区域 R 的半径，即 AP 可以覆盖整个干扰区域，这时覆盖率 $p_{c}(f) = \exp(-\lambda_{B}(R-r_{B})r_{B})$。但是在太赫兹网络中不推荐小的 SINR 阈值，因为它会导致高误码率。当 T 大于边界值 T_{1} 时，AP 发送信号的有效距离 r_{a}' 将小于两个设备之间的最小距离，即 AP 无法覆盖节点，则覆盖率 $p_{c}(f) = 0$，因此，SINR 覆盖率可以表示为

$$p_{c}(f) =$$
$$\begin{cases} \exp(-\lambda_{B}(R-r_{B})r_{B}), & T \leqslant T_{0} \\ \dfrac{2}{\alpha_{abs}(f)}W\left(\dfrac{\alpha_{abs}(f)c}{8\pi f}\left(\dfrac{p_{a}(f)G_{a}}{T(N+I_{total})}\right)^{\frac{1}{2}}\right)^{2}R^{-2}\exp(-\lambda_{B}(R-r_{B})r_{B}), & T_{0} < T < T_{1} \\ 0, & T \geqslant T_{1} \end{cases} \quad (5\text{-}48)$$

然而在多个 AP 情形下，节点的接收端可以连接多个 AP，因此多个 AP 的 SINR 覆盖率可以表示为

$$p_{ca}(f) = (1-(1-p_{c}(f))^{N_{a}})\exp(-\lambda_{B}(R-r_{B})r_{B}) \quad (5\text{-}49)$$

式中，N_{a} 是 AP 的数量。式（5-50）详细地给出了多个 AP 的 SINR 覆盖率：

$$p_c(f) =$$

$$
\begin{cases}
\exp(-\lambda_B(R-r_B)r_B), & T \leqslant T_0 \\
1 - \left(1 - \left(\left(\dfrac{2}{\alpha_{abs}(f)}W\left(\dfrac{\alpha_{abs}(f)c}{8\pi f}\left(\dfrac{p_a(f)G_a}{T(N+I_{total})}\right)^{\frac{1}{2}}\right)^2\right)R^{-2}\right)^{p_a\pi R^2}\exp(-\lambda_B(R-r_B)r_B)\right), & T_0 < T < T_1 \\
0, & T \geqslant T_1
\end{cases}
$$

$$（5\text{-}50）$$

5.2.2　仿真实验与结果分析

基于太赫兹波通信的随机几何模型,本节对覆盖率进行详细的数值分析和仿真,分析不同参数下的覆盖率。根据式(5-41)和式(5-50),覆盖率与 SINR 阈值、AP 密度、传输频率、波束成形天线的波束宽度、节点密度及干扰区域半径有关。图 5-5～图 5-9 分析不同参数对覆盖率的不同影响。由图可知,随着 SINR 阈值 T 的增加,覆盖率不断减小,因为来自 AP 信号的有效距离 r_a' 随着 T 的增加而变短。综合分析,要实现 80% 的覆盖率,需要满足以下条件:①SINR 阈值不超过 $10\,dB$;②AP 的密度不超过 12 个 $/m^2$;③波束成形天线的带宽小于 $\pi/12$;④传输频率的低分子吸收系数不超过 $1\times10^{-4}m^{-1}$,如 $0.67THz$;⑤节点密度不超过 1 个$/m^2$。

不同传输频率和 AP 密度下的覆盖率与 SINR 阈值的关系曲线如图 5-5 所示,可以观察到:

(1)覆盖率随传输频率的分子吸收系数的增大而减小。例如,当 $T=10dB$ 时,在 $0.67THz$ 下的覆盖率是传输频率为 $6.07THz$($\alpha_{abs}=3.1m^{-1}$)下的覆盖率的 3 倍以上,这是因为透射信号衰减更大,分子吸收系数较高。

(2)覆盖率随 AP 密度的增加而增加,这是因为更多的 AP 可以连接节点,得到了更好的覆盖性能[式(5-51)],因此较小分子吸收系数的传输频率可以提高覆盖率。

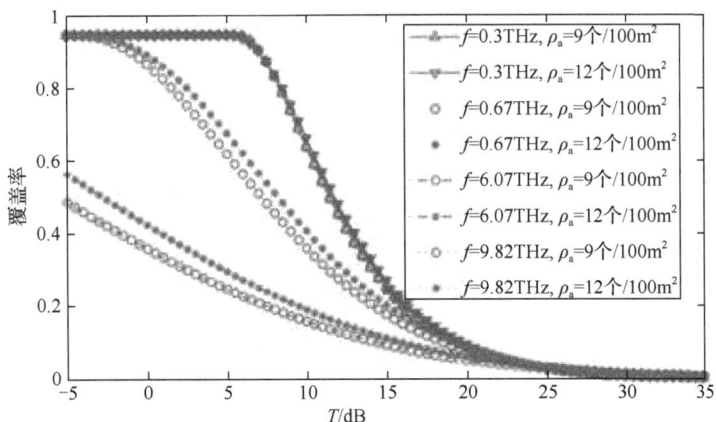

图 5-5　不同传输频率和 AP 密度下的覆盖率与 SINR 阈值的关系曲线($R=3m$,$\theta=\pi/12$,$\rho_u=5$个$/m^2$)

图 5-6 研究了不同的 AP 密度值对覆盖率的影响，可以观察到：

（1）当 $\rho_u = 1$ 个 $/\mathrm{m}^2$、$T = 10\mathrm{dB}$ 时，覆盖率随着 AP 密度的增大而减小。

（2）当 $\rho_u = 5$ 个 $/\mathrm{m}^2$ 时，覆盖率随着 AP 密度的增加而增加，这是因为 AP 数量的增加使接入节点的概率增加，从而提高了覆盖率。同时由于节点的干扰占总干扰的主要部分，因此提高 AP 密度是提高覆盖率的一种方法。

图 5-7 研究了不同节点密度下的覆盖率。可以看出覆盖率随着节点密度的增加而减小。当 $T = 10\mathrm{dB}$ 时，对于相同的 AP 密度，当节点的密度从 1 个 $/\mathrm{m}^2$ 增加到 5 个 $/\mathrm{m}^2$ 时，覆盖率降低了几乎 30%，这是因为节点数量越多干扰越大，所以建议采用低节点密度来减少干扰。

在图 5-8 中，波束成形天线的不同波束宽度的覆盖率表示为关于 SINR 阈值 T 的函数。对于波束成形天线，可以将式（5-31）给出的天线增益 G_a 作为波束宽度 θ 的函数。当网络拓扑结构固定时，覆盖率随着波束宽度的增加而减小，因为较小的波束宽度导致更高的天线增益，这样就有了更好的覆盖性能，正如式（5-50）所推导的那样。例如，当 $T = 10\mathrm{dB}$ 时，在 $\theta = \pi/12$ 上的覆盖率是在 $\theta = \pi/4$ 时的覆盖率的 3.5 倍，因此，波束成形天线的较小的波束宽度会有更好的性能，但这会导致波束对准问题和节点的"面向"问题[19]。

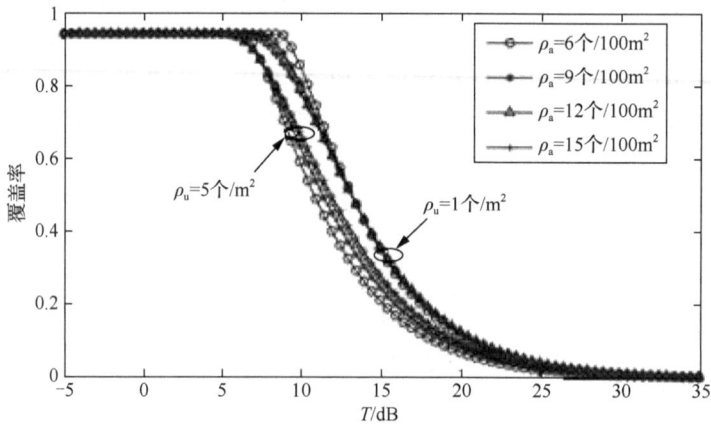

图 5-6 不同 AP 密度的覆盖率（$f = 0.67\mathrm{THz}$，$R = 3\mathrm{m}$，$\theta = \pi/12$）

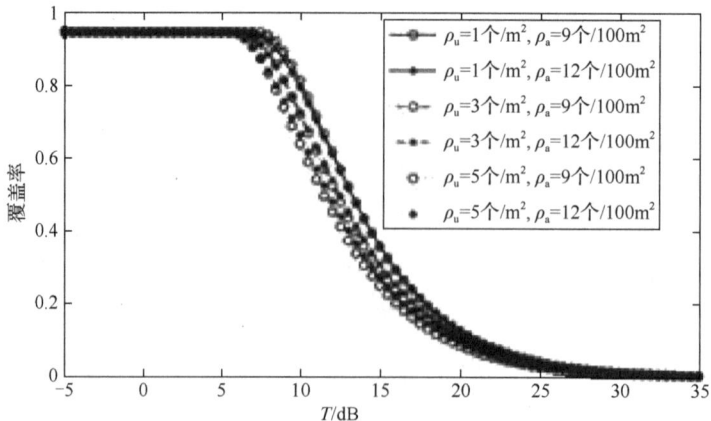

图 5-7 不同节点密度的覆盖率（$f = 0.67\mathrm{Hz}$，$R = 3\mathrm{m}$，$\theta = \pi/12$）

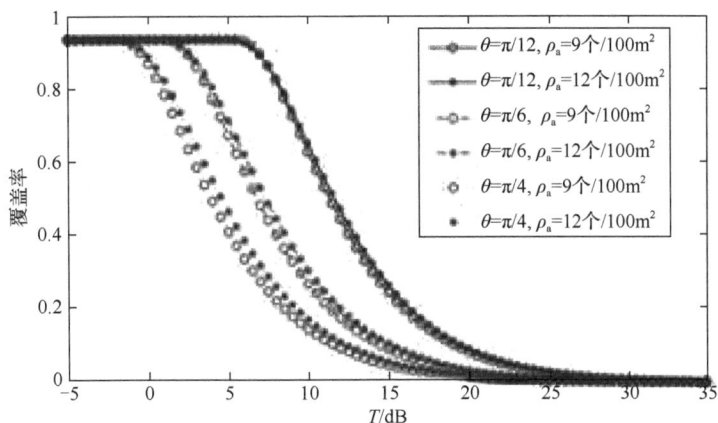

图 5-8　不同带宽和 AP 密度的覆盖率（ $f = 0.67\text{THz}$, $R = 3\text{m}$, $\rho_\text{u} = 5$个 $/ \text{m}^2$ ）

图 5-9 显示了不同干扰半径和 AP 密度下的覆盖率变化情况，可以看到覆盖率随着干扰区域半径的增加而减小。这是因为，一方面，干扰半径增加导致节点和 AP 数量增加引起总干扰的增加；另一方面，传输信号被障碍物阻挡的概率随半径的增加而增加。

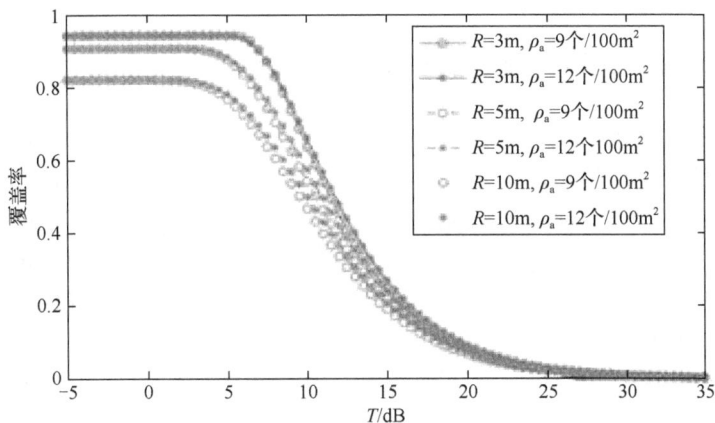

图 5-9　不同干扰半径和 AP 密度的覆盖率（ $f = 0.67\text{THz}$, $\theta = \pi / 12$, $\rho_\text{u} = 5$个 $/ \text{m}^2$ ）

此外，为了分析 LOS 射线传播干扰与总干扰的关系，图 5-10 展示了具有不同类型干扰的覆盖率。由图可知，LOS 干扰和总干扰的覆盖率没有很大差别，验证了来自 LOS 传播的干扰支配总干扰的结论。

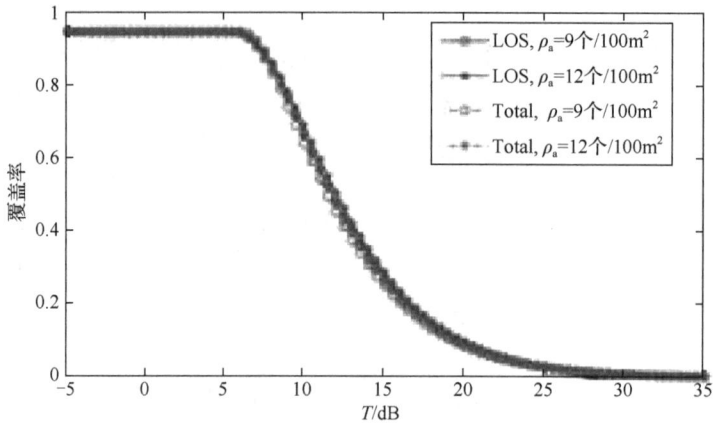

图 5-10　不同类型干扰的覆盖率（$f = 1.0\text{THz}$，$R = 3\text{m}$，$\theta = \pi/12$，$\rho_{\text{u}} = 5\text{个}/\text{m}^2$）

5.3　电磁纳米网络中信道干扰的抑制

在电磁纳米网络中，信道干扰的抑制是确保可靠通信的关键问题。由于纳米设备之间的紧密部署和频谱资源的有限性，信道干扰可能导致数据传输出现错误，降低网络性能和可靠性。

5.3.1　纳米网络中信道干扰的编码抑制方式

电磁纳米网络中节点发射的信号只有脉冲"1"和静默"0"两种情况，信道干扰是由于脉冲信号的碰撞产生的，发射脉冲信号的数量越多，即脉冲信号的频率越高，产生的分子吸收噪声、信道干扰越大，因此，通过信道编码的方式是减小发射脉冲信号频率的最有效的方式。低码重信道编码的提出，可以有效地减小传输信道内的能耗、信号干扰，提高纳米网络性能。同时，与试图降低误码的信道编码相比，低码重信道编码在发射端通过减少发射脉冲信号数量从而降低误码，具有简单易操作的特点。

基于低码重信道编码理论，本小节给出一种适用于电磁纳米网络的信道编码方法。因为综合评估网络传输性能的重要指标是有效信息传输速率，在 5.2 节所述的信道干扰模型基础上，结合所提出的低码重信道编码，对不同状态下的有效信道容量进行分析，为电磁纳米网络信息传输提供进一步的理论基础。

1. 低码重信道编码

由于纳米节点具有储存能量少、处理能力有限等特点，因此适用于普通网络的自动重传机制等差错控制机制，以及差错校验等复杂的编码方式均无法用于新型的电磁纳米网络。电磁纳米网络采用的是 TS-OOK 调制方案，考虑电磁纳米网络传输信号的特性，与其试图通过重传数据包、校验接收信号的方式减少接收端的误码率，最佳方案是通过减少发射脉冲的方式减少信号发生碰撞的概率，从信号发射端就减小信道干扰，实现对误码的控制。控制码重比实现差错校验机制简单易行，因此更加适用于处理能力有限的电磁纳米网络。

同时，通过电磁纳米网络的信道噪声模型[20]可知，通过控制信号"1"的数量可以有效地减少传输过程中产生的分子吸收噪声。因此，控制码重的编码方式，即低码重信道编码，不仅能够有效地抑制信道干扰，也能减少分子吸收噪声的产生。具体地，一个具有 k 比特的数据包具有 2^k 种情况，其编码后的数据包长度为 m（$m \geq n$）。其中包含的"1"的数量（即码重）为 u，则源数据包长度为 n 的情况下，编码后数据包长度为 m，码重为 u 的所有编码组合的数量[21]为

$$W(m,u) = \frac{m!}{(m-u)!u!} \tag{5-51}$$

可以看到，码重的降低必然导致编码后数据包长度的增加。为了能够将 n 比特长度的源数据包都成功编码为码重为 u、长度为 m 的待发送数据包，$W(m,u)$ 必须满足 $W(m,u) \geq 2^n$。例如，将比特数为 32 的源数据包编码为数据包长度 $m=35$ 的待发送信号，则码重 $u=17$ 时才能保证编码全部 2^{32} 种信号组合。因此，可以得到发射"1"（即脉冲）的概率和发送"0"（即静默）的概率分别为

$$p_X(X=1) = \frac{u}{m} \tag{5-52}$$

$$p_X(X=0) = \frac{m-u}{m} \tag{5-53}$$

图 5-11 所示为在不同发射脉冲概率 $p_X(X=1)$ 的情况下，32bit 的源数据包的最小编码长度和码重的关系。例如，当 $p_X(X=1)=0.3$ 时，编码长度 $m=32$，码重 $u=12$。

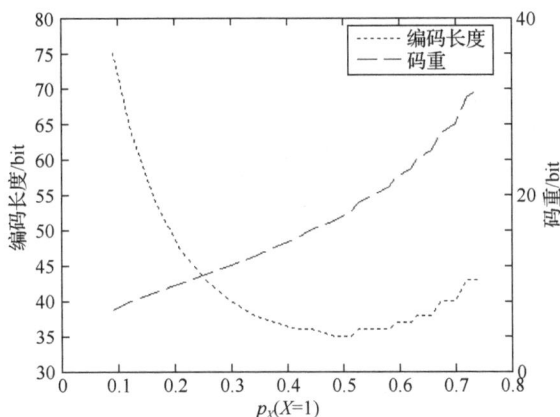

图 5-11　不同发射概率情况下编码长度与码重的关系

2. 脉冲相位编码

TS-OOK 调制方案的引入使电磁纳米网络拥有基本信号调制传输机制，基于 TS-OOK 的低码重编码思想的提出为信道干扰抑制、误码控制等优化网络性能等方面的研究提供了理论基础。基于低码重编码思想，目前已经提出了几种低码重信道编码[22-23]，

但是大多以最小化传输能耗、差错控制为目的，而且增大了信息的传输时延。本节在低码重编码理论基础上提出一种新型的低码重编码，实现信道干扰和误码控制，并在该编码基础上对有效信道容量进行分析，通过控制信息传输时延，保证有效信道容量的最大化。

由于纳米节点的处理能力有限，所采用的信道编码必须能够便于操作和运行，如汉明码等较为复杂的编码方式并不适用于电磁纳米网络。基于脉冲相位调制机制[24]提出的脉冲相位编码（pulse position coding，PPC）是一种适用于电磁纳米网络的信道编码。首先，将待发送的数据包分割成若干个 n 比特长度的源信息单元。其次，n 比特的源信息单元共有 2^n 种组成情况，因此经过 PPC 编码后的数据单元长度 $m=2^n$。例如，n 比特的数据单元为 $a_1a_2a_3\cdots a_n$，则编码后的数据单元为 $b_1b_2b_3\cdots b_k\cdots b_{2^n}$ $\left[b_k(1\leqslant k\leqslant 2^n)\right]$，是编码后数据单元中唯一的脉冲信号，其他的信号 $b_i(i\neq k)$ 均为静默信号。例如，当 $n=3$ 时，源数据单元 010 被编码为 00100000 作为发送端的待发送信号。

接收节点在接收编码信息单元时，只需检测唯一的脉冲信号在信息单元中的位置。根据脉冲信号在信息单元中的位置，结合表 5-2 即可将信息解码为源信息单元。然而，由于路径损耗和信道噪声等因素的存在，接收到的编码信息单元中包含多于或少于一个的脉冲信号。因此，当判定接收信号错误时，接收节点可抛弃该信息单元或要求重发。

表 5-2 脉冲相位编码（n=3）

源信息单元	编码信息单元
000	10000000
001	01000000
010	00100000
011	00010000
100	00001000
101	00000100
110	00000010
111	00000001

综上所述，PPC 中每个编码信息单元只包含一个脉冲信号，因此采用 PPC 方式有效地降低了发射脉冲的概率，如 $n=3$ 时，发射脉冲的概率减小到 0.125。源信息单元长度越大，发射脉冲的概率越小。采用 PPC 方式，发射脉冲的概率为

$$p_X(X=1)=\frac{1}{2^n} \tag{5-54}$$

有效信道容量能够评估信道编码对网络性能的影响，本节对未编码及采用 PPC 编码方式等情况下的有效信道容量进行分析。

3. 电磁纳米网络信道容量分析

电磁纳米网络采用的是 TS-OOK 调制方案，即传输信号只有两种符号："1" 或 "0"，分别为发射脉冲或静默，由信息熵可以得到每个符号的信息量[25]为

$$C_{\text{rate}} = \max(X,Y) = \max\{H(X) - H(X \mid Y)\} \tag{5-55}$$

式中，X 为发送端发射的信号；Y 为接收端接收到的信号；$H(X)$ 为源信号的信息熵；$H(X \mid Y)$ 为发送信号为 X、接收信号为 Y 时的信息熵。源信号信息熵为

$$H(X) = -\sum_{m=0}^{1} p_X(x_m) \log_2 p_X(x_m) \tag{5-56}$$

式中，$p_X(x_m)$ 为发送信号 $m = \{0,1\}$ 时的概率，也就是保持静默或者发送高斯脉冲时的概率。接收端接收到的信号 Y 是一组由传输信道和分子吸收噪声决定的连续随机变量，因此条件信息熵 $H(X \mid Y)$ 为

$$H(X|Y) = \int_y p_Y(y) \cdot H(X \mid Y = y) \mathrm{d}y$$

$$= -\int_y p_Y(y) \sum_{m=0}^{1} p_X(x_m | Y = y) \cdot \log_2 (p_X(x_m \mid Y = y)) \mathrm{d}y \tag{5-57}$$

式中，$p_X(x_m \mid Y = y)$ 为发送信号为 x_m、接收信号为 y 时的概率。利用混合贝叶斯理论，式（5-57）可以变换为

$$H(X|Y) = \int_y \sum_{m=0}^{1} p_Y(Y \mid X = x_m) p_X(x_m) \cdot \log_2 \left(\frac{\sum_{n=0}^{1} p_Y(Y \mid X = x_n) p_X(x_n)}{p_Y(Y \mid X = x_m) p_X(x_m)} \right) \mathrm{d}y \tag{5-58}$$

由于信道噪声和信道干扰是影响接收端接收到的信号 Y 的因素，因此，当发送信号为 x_m、接收信号为 y 时的概率 $p_X(x_m \mid Y = y)$ [26] 为

$$p_X(x_m \mid Y = y) = \frac{1}{\sqrt{2\pi(P_{N_m} + V_{\mathrm{I}})}} \mathrm{e}^{-\frac{1}{2} \frac{(y - E[I] - a_m)^2}{P_{N_m} + V_{\mathrm{I}}}} \tag{5-59}$$

式中，a_m 为发射信号 $m = \{0,1\}$ 时接收节点接收到的信号幅度；$V_{\mathrm{I}} = E[I^2] - E[I]^2$ 为信道干扰的方差，P_{N_m} 为信号 m 时的信道噪声功率。因此每个符号代表的有效信息量为

$$C_{\text{rate}} = \max(H(X) - H(X|Y))$$

$$= \max \left\{ -\sum_{m=0}^{1} p_X(x_m) \log_2 p_X(x_m) - \int \sum_{m=0}^{1} \frac{1}{\sqrt{2\pi(P_{N_m} + V_{\mathrm{I}})}} \right.$$

$$\left. \times \log_2 \left(\sum_{n=0}^{1} \frac{p_X(x_n)}{p_X(x_m)} \frac{\sqrt{P_{N_m} + V_{\mathrm{I}}}}{\sqrt{P_{N_n} + V_{\mathrm{I}}}} \mathrm{e}^{\frac{1}{2} \frac{(y - E[I] - a_m)^2}{P_{N_m} + V_{\mathrm{I}}} - \frac{1}{2} \frac{(y - E[I] - a_n)^2}{P_{N_n} + V_{\mathrm{I}}}} \right) \right\} \tag{5-60}$$

在传送带宽 B 为 10THz、时间扩散系数为 β 时，每秒钟发送的信息量，即信道容量 [27] 为

$$C_{\text{net}} = \frac{B}{\beta} C_{\text{rate}} \tag{5-61}$$

当 n 字节长度的源信息编码为长度为 m 的数据包时，其信道容量为

$$C_{\text{code}} = \frac{n T_s}{m T_s} \cdot \frac{B}{\beta} C_{\text{rate}} = \frac{n}{m} \frac{B}{\beta} C_{\text{rate}} \tag{5-62}$$

式中，T_s 表示发送时间，通过采用低码重编码的方式，不仅降低了信道干扰，也相应地提高了信道容量。这是因为虽然 $m > n$，发射节点使用了更长的传输时间，但是发送脉冲的概率减小，提升的有效信道容量远远大于 $p_X[X=1]=0.5$ 时的信道容量。

5.3.2 仿真实验和结果分析

本小节的实验环境由体积分数为 78.1% 的氮气、20.9% 的氧气、1% 的水蒸气组成，节点密度 λ_T 设置为 0.1 个/mm^2，未编码时的发射脉冲概率 $p_X[X=1]=0.5$。首先针对基于全向天线的电磁纳米网络进行信道容量分析。由上文可知，为了保证信号的正常传输，平均每平方毫米的节点数不应大于 0.1，且发射脉冲概率 $p_X[X=1]$ 越小、时间扩散系数 β 越大，平均信道干扰功率越小。然而，虽然时间扩散系数 β 的增大会减弱信道干扰，但是极大的扩散系数会增大信息的传输时间，影响网络性能。因此，适当的时间扩散系数 β 能够在一定程度上抑制信道干扰的基础上保证电磁纳米网络的传输性能。

由于全向天线和定向天线两种情况下的信道容量分析过程基本类似，因此首先分析基于全向天线的信道容量。图 5-12 所示为在不同传输距离 d、时间扩散系数 β 的情况下，基于全向天线的有效信息量的变化情况（信息量为每个传输信号代表的信息量）。图 5-13 所示为在不同传输距离 d、时间扩散系数 β 的情况下，基于全向天线的信道容量的变化情况。从图中可以看到，由于信道干扰在 $\beta < 500$ 的时候较大，严重影响了网络传输性能，因此其信息量小于 0.5。随着 β 的增大，较大的时间间隔意味着发生脉冲碰撞的概率减小，信道干扰随之减小。当 $\beta > 650$ 时，信息量接近于 0.92，并逐渐逼近于 1。由于路径损耗的原因，当 $\beta < 500$ 时，传输距离的变化对信息量的影响较为明显。

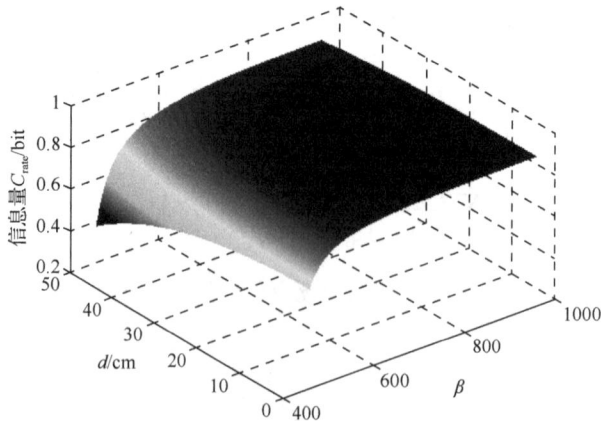

图 5-12 不同 β、d 情况下基于全向天线的有效信息量

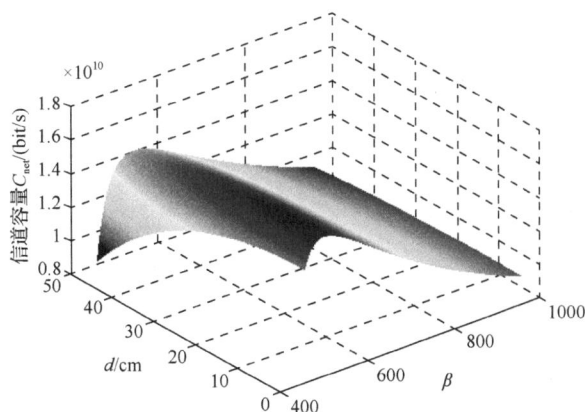

图 5-13　不同 β、d 情况下基于全向天线的信道容量

然而，巨大的 β 将会限制电磁纳米网络信道容量的提升。信道容量在 $\beta=501$ 时可以达到最大值 1.6262×10^{10} bit/s。一方面，当 β 保持不变时，随着传输距离的增大，分子吸收损耗和信道干扰功率随之增大，导致信道容量减小。另一方面，在传输距离一定的情况下，当 $\beta<501$ 时，信道容量随着 β 的增大而增大。这是因为信道干扰功率随着扩散系数的增大而减小，导致信息量的快速增长。然而当 $\beta>501$ 时，越来越多的时间没有用于信息的传输，同时信息量增长速度缓慢直至不再增长。因此，当 $\beta>501$ 时，信道容量会随着 β 增大而减小。

图 5-14 所示为全向天线情况下，采用 PPC 后的信道容量情况。当源信息单元长度 $n=2$ 时，编码后的待发送信息单元 $m=4$，因此得到的发射脉冲概率 $p_X[X=1]=0.25$，其有效信道容量如图 5-14（a）所示。当时间扩散系数 $\beta=380$ 时，其有效信道容量达到最大值 2.0014×10^{10} bit/s，是未编码最大信道容量的 1.2 倍。同时当源信息单元长度 $n=3$，编码后的待发送信息单元 $m=8$ 时，最大信道容量可以在 $\beta=248$ 时达到 3.0093×10^{10} bit / s，如图 5-14（b）所示。因此，通过 PPC 信道编码的方式能够有效地提高信道容量，提升电磁纳米网络的传输性能。

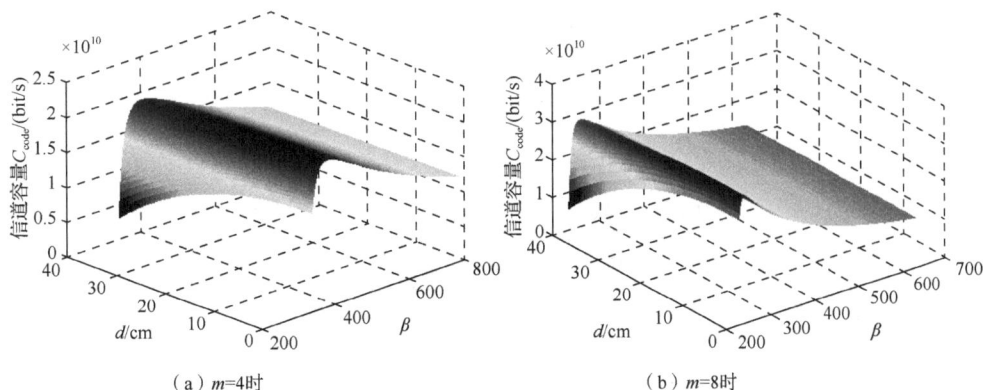

（a）$m=4$ 时　　　　　　　　　　　（b）$m=8$ 时

图 5-14　不同编码长度情况下，基于全向天线的 PPC 信道容量

图 5-15 所示为不同编码情况下全向天线的信道干扰分析。当未编码信道容量达到最大时，$p_X[X=1]=0.5$ 的平均信道干扰功率为 -150dBW，采用 PPC 的信道干扰在 m 等

于 4 或 8 时，其平均信道干扰功率分别为-152dBW、-153.3dBW。通过大量的实验发现，在采用 PPC 的情况下，平均信道干扰功率随着编码信息单元长度的增加而降低。

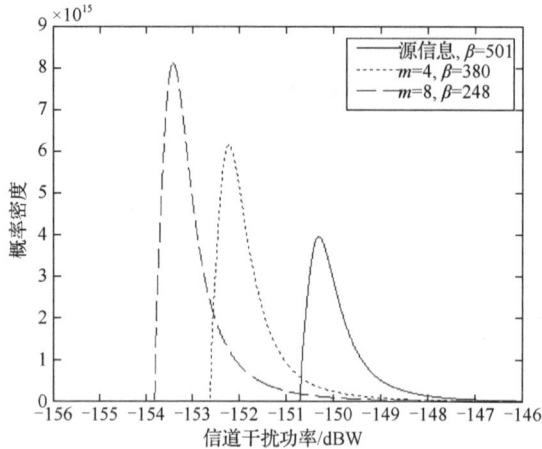

图 5-15　不同编码情况下基于全向天线的信道干扰

图 5-16 所示为基于定向天线的信道容量。定向天线的使用能够将发射信号控制在一定的角度范围内，减小了信道干扰的影响，因此与全向天线相比有效地增大了信道容量。同时，PPC 通过降低发射脉冲信号概率的方式，进一步减少了信道干扰的影响。因此经过编码后的有效信道容量要高于未经过编码的信道容量。

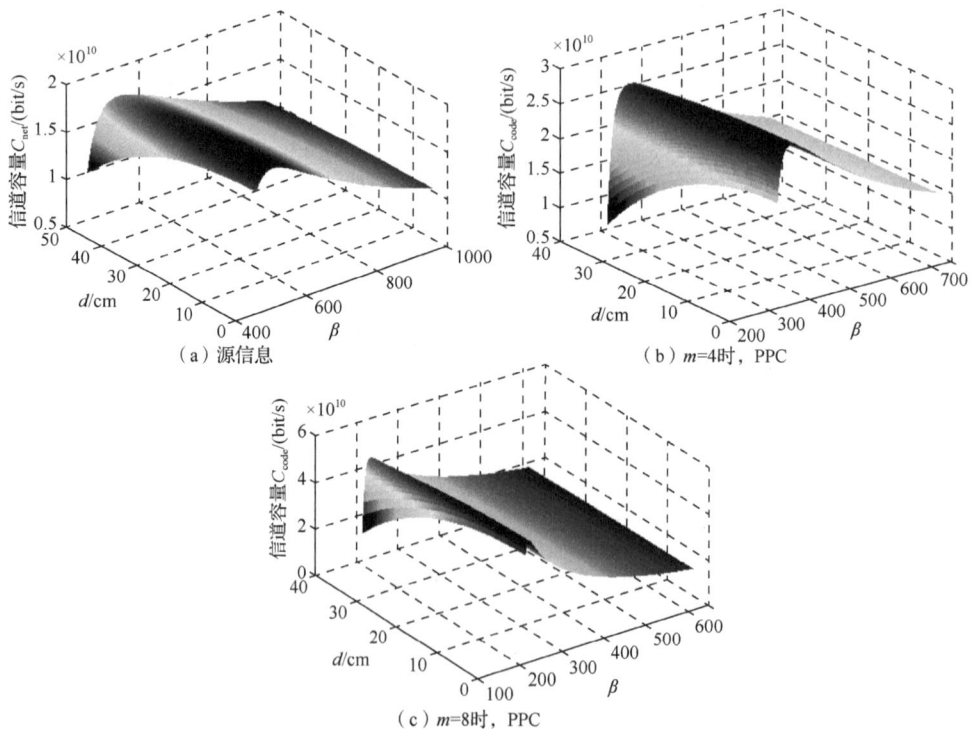

（a）源信息

（b）m=4时，PPC

（c）m=8时，PPC

图 5-16　不同编码状态下基于定向天线的信道容量

　　由上述分析可知，PPC 能够有效降低发射脉冲的概率，达到降低干扰的目的，同时其简单易操作的特性使其更适用于电磁纳米网络。在低码重信道编码的基础上，由于较大的信息传输时延严重影响网络信息传输性能，在基于信道容量分析的基础上提出了自适应的 β，可根据源信息单元的长度采用不同的 β。通过分析可知，PPC 和自适应时间扩散系数 β 的提出，不仅有效地降低了信道干扰，也保证了有效信道容量最大化。

5.4　小　　结

　　本章首先介绍了基于太赫兹波通信的 LOS 和 NLOS 传播模型，通过随机几何模型研究了干扰模型和覆盖概率。为了准确分析干扰，将总干扰分为邻近节点和波束成形 AP 的 LOS 传播干扰、邻近节点和波束成形 AP 的 NLOS 传播干扰，并且对这些干扰进行了建模。在提出的干扰模型的基础上，推导了太赫兹波通信的 SINR 和覆盖率的数学表达式。基于仿真结果对系统参数对干扰和覆盖率的影响进行了综合研究，得出如下结论：①使用具有较低分子吸收损耗的适当频率可以减少总路径损耗并提高覆盖率，如 0.67THz；②提高 AP 密度可以提高覆盖率；③使用较小的节点密度可以减少干扰并提高覆盖率；④使用小波束宽度的波束成形天线可以提高覆盖率，但需要良好的 MAC 协议解决波束对准问题和节点"面对"问题。

　　本章后续讨论了电磁纳米网络中的信道干扰抑制问题。首先研究了低码重信道编码，并在其基础上提出了适用于电磁纳米网络的脉冲相位编码，通过在发射端以信息编码的方式控制发射脉冲的概率，达到减少信道干扰对接收信号的影响。其次，对表征网络信息传输性能的有效信道容量进行分析，提出了自适应的时间扩散系数。自适应时间扩散系数的提出能够最大化有效信道容量，为未来电磁纳米网络传输速率的研究提供理论基础。最后通过对各种编码情况下的有效信道容量进行分析，脉冲相位编码和自适应时间扩散系数的使用不仅能够有效降低信道干扰，还能提高网络信息传输速率。

参 考 文 献

[1] Han C, Bicen A O, Akyildiz I F. Multi-wideband waveform design for distance-adaptive wireless communications in the terahertz band[J]. IEEE Transactions on Signal Processing, 2015, 64(4): 910-922.

[2] Petrov V, Moltchanov D, Koucheryavy Y. Interference and SINR in dense terahertz networks[C]//2015 IEEE 82nd Vehicular Technology Conference (VTC2015-Fall). IEEE, 2015: 1-5.

[3] Petrov V, Moltchanov D, Kustarev P, et al. On the use of integral geometry for interference modeling and analysis in wireless networks[J]. IEEE Communications Letters, 2016, 20(12): 2530-2533.

[4] Rappaport T S, Xing Y C, Kanhere O, et al. Wireless communications and applications above 100 GHz: opportunities and challenges for 6G and beyond[J]. IEEE access, 2019, 7: 78729-78757.

[5] Chen H H, Ma W L, Huang Z Y, et al. Graphene‐based materials toward microwave and terahertz absorbing stealth technologies[J]. Advanced Optical Materials, 2019, 7(8): 1801318.

[6] Ju S, Shah S H A, Javed M A, et al. Scattering mechanisms and modeling for terahertz wireless communications[C]//ICC 2019-2019 IEEE International Conference on Communications (ICC). IEEE, 2019: 1-7.

[7] ElSawy H, Hossain E, Haenggi M. Stochastic geometry for modeling, analysis, and design of multi-tier and cognitive cellular wireless networks: a survey[J]. IEEE Communications Surveys & Tutorials, 2013, 15(3): 996-1019.

[8] Zhang X C, Haenggi M. A stochastic geometry analysis of inter-cell interference coordination and intra-cell diversity[J]. IEEE Transactions on Wireless Communications, 2014, 13(12): 6655-6669.

[9] Haenggi M. Stochastic geometry for wireless networks[M]. Cambridge: Cambridge University Press, 2012.

[10] Di Renzo M. Stochastic geometry modeling and analysis of multi-tier millimeter wave cellular networks[J]. IEEE Transactions on Wireless Communications, 2015, 14(9): 5038-5057.

[11] Bai T, Heath R W. Coverage and rate analysis for millimeter-wave cellular networks[J]. IEEE Transactions on Wireless Communications, 2014, 14(2): 1100-1114.

[12] Hu X Y, Wong K K, Yang K,et al. UAV-assisted relaying and edge computing: scheduling and trajectory optimization[J]. IEEE Transactions on Wireless Communications, 2019,18(10): 4738-4752.

[13] Guo B N, Lim D, Qi F. Maclaurin series expansions for powers of inverse (hyperbolic) sine, for powers of inverse (hyperbolic) tangent, and for incomplete gamma functions, with applications to second kind Bell polynomials and generalized logsine function[J]. arXiv preprint arXiv:2101.10686, 2021.

[14] Liberti J C, Rappaport T S. A geometrically based model for line-of-sight multipath radio channels[C]//Proceedings of Vehicular Technology Conference-VTC. IEEE, 1996, 2: 844-848.

[15] Ma Y K, Yang S W, Chen Y K, et al. High-directivity optimization technique for irregular arrays combined with maximum entropy model[J]. IEEE Transactions on Antennas and Propagation, 2021, 69(7): 3913-3923.

[16] Petrov V, Komarov M, Moltchanov D, et al. Interference and SINR in millimeter wave and terahertz communication systems with blocking and directional antennas[J]. IEEE Transactions on Wireless Communications, 2017, 16(3): 1791-1808.

[17] Akyildiz I F, Jornet J M. Realizing ultra-massive MIMO (1024× 1024) communication in the (0.06–10) terahertz band[J]. Nano Communication Networks, 2016, 8: 46-54.

[18] Ghafoor S, Boujnah N, Rehmani M H, et al. MAC protocols for terahertz communication: a comprehensive survey[J]. IEEE Communications Surveys & Tutorials, 2020, 22(4): 2236-2282.

[19] Xia Q, Hossain Z, Medley M, et al. A link-layer synchronization and medium access control protocol for terahertz-band communication networks[C]//2015 IEEE Global Communications Conference (GLOBECOM). IEEE, 2015: 1-7.

[20] Jornet J M, Akyildiz I F. Joint energy harvesting and communication analysis for perpetual wireless nanosensor networks in the terahertz band[J]. IEEE Transactions on Nanotechnology, 2012, 11(3): 570-580.

[21] Jornet J M, Akyildiz I F. Fundamentals of electromagnetic nanonetworks in the terahertz band[J]. Foundations and Trends® in Networking, 2013, 7(2-3): 77-233.

[22] Abbasi Q H, Yang K, Chopra N, et al. Nano-communication for biomedical applications: a review on the state-of-the-art from physical layers to novel networking concepts[J]. IEEE Access, 2016, 4: 3920-3935.

[23] Akkari N, Jornet J M, Wang P, et al. Joint physical and link layer error control analysis for nanonetworks in the terahertz band[J]. Wireless Networks, 2016, 22(4): 1221-1233.

[24] 王怡, 王亚萍. M 分布星地激光通信链路相干正交频分复用系统误码性能研究[J]. 通信学报, 2020, 41 (10): 179-187.

[25] Jornet J M. Low-weight error-prevention codes for electromagnetic nanonetworks in the terahertz band[J]. Nano Communication Networks, 2014, 5(1-2): 35-44.

[26] Zhang R, Ma J J, An J P. Pulse-Based Intra-Body Nano-Communication at Terahertz and Optical Bands[C]//2020 IEEE International Conference on Plasma Science (ICOPS). IEEE, 2020: 217.

[27] Chen L, Nooshabadi S, Khoeini F, et al. An ultra-fast frequency shift mechanism for high data-rate sub-THz wireless communications in CMOS[J]. Applied Physics Letters, 2021, 118(24): 242103.

第 6 章

电磁纳米网络中节能编码设计

电磁纳米网络是采用纳米电磁通信方式的无线纳米传感器网络，由大量可相互通信的纳米传感器构成，由于纳米传感器可存储的能量极为有限，能量有效性成为电磁纳米网络中必须优先考虑的重要问题。本章从设计节能编码算法的角度出发，提高电磁纳米网络中的能量有效性，分别对源字等概率通信能耗最小化编码、源字非等概率通信能耗最小化编码、实时信息流通信能耗优化编码，以及联合太赫兹频段上信道容量性能的节能编码等算法的原理进行详细介绍，并通过仿真实验说明不同算法的优劣。

6.1 电磁纳米网络编码技术

在电磁纳米网络的编码研究方面，虽然已有一些研究成果[1-19]，但是依然处于初步阶段。编码是从源字集到码字集（码本）上的一种映射，信源编码的目的是通过减小冗余比特来提高每个符号的平均信息量，从而保障通信的有效性；信道编码的目的是通过增加冗余比特来保障通信的可靠性[1, 18]。在电磁纳米网络中，目前纳米节点的尺寸和能量储存能力是非常有限的，一般采用基于 TS-OOK[3, 17]调制方案的低码重信道编码框架，如图 6-1 所示。

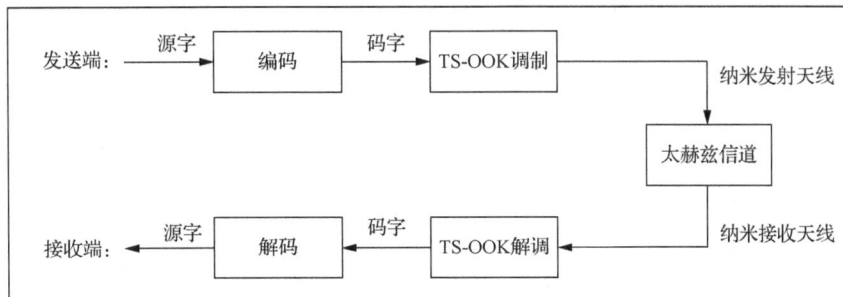

图 6-1 基于 TS-OOK 调制的低码重信道编码框架

发送端为源字编码长度较长的码字，然后进行 TS-OOK 调制并通过纳米发射天线发射到太赫兹频段上的信道；接收端通过纳米接收天线接收码字后，通过 TS-OOK 解调和解码操作得到源字。通过在发送端进行编码，减少所传输码字中的比特"1"的数量（即码重），从而减小平均码重（average code word weight，ACW），节省传输能耗。电磁纳米网络中的低码重信道编码一般采用大于源字长度 m 的码字长度（码长）n，增加了冗余比特，并通过减小高位传输概率降低太赫兹信道的分子吸收噪声和多用户干扰，从而降低误比特率（bit error rate，BER），保障通信可靠性，因此低码重信道编码通常被看作信道编码的一种常用方法。

在电磁纳米网络中，常用的编码根据码长是否固定可分为等长编码[2, 3, 9, 12-14, 16]和变长编码[10-11]；根据码重是否固定可分为常量码重编码[3, 9]和最大码重（maximum codeword weight，MCW）约束下的编码[2, 12, 13-14, 16]。变长编码比等长编码复杂，需要考虑唯一可译性、解码时延及缓存等问题[18]。而且，变长编码容易出错，只要有 1bit 接收出错，即使此后不再出错，其后的信息都可能被错误地解码[6, 15]。另外，变长编码构造算法的时间复杂度高[1, 10, 11, 14]，而纳米节点的能量储存能力、计算能力和处理能力都极其有限，难以有效支撑时间复杂度高的算法。因此，等长编码是目前比较适合用于电磁纳米网络的编码，代表性的研究有基于太赫兹信道容量性能的低码重信道（low-weight channel，LWC）编码[3]，兼顾通信可靠性和能量有效性的最小能量信道（minimum energy channel，MEC）编码[16]，基于能量有效性的最小传输能量（minimum transmission energy，MTE）编码[12]等。文献[1]综述了电磁纳米网络节能编码的研究进展，文献[6]对电磁纳米网络低码重信道编码进行了比较研究，文献[19]对基于编码的联合物理层和链路层的错误控制策略进行了分析。

6.1.1 源字等概率通信能耗最小化编码

针对源字等概率出现的场景，Erin 等[20]在 1999 年基于 OOK 调制方案提出最小能量编码（minimum energy coding，ME 编码）最小化无线通信网络的传输能耗模型。ME 编码在构建优化码本的基础上进行编码优化，即 ME 编码从所有可用码字中选出码重最小的若干码字构成码字集合（优化码本），并用码重较小的码字来匹配出现概率较高的源字（编码优化）。例如，对于给定的 5 个源字，若可用码字集合为 $\{000,001,010,100,011,101,110,111\}$，则 ME 编码优化码本可为 $\{000,001,010,100,011\}$、$\{000,001,010,100,101\}$、$\{000,001,010,100,110\}$ 中的任意一个。所以 ME 编码可选的优化码本一般是不唯一的，但相应的 ACW 均为最小值。ME 在编码优化时，若选优化码本为 $\{000,001,010,100,011\}$，则用"000"匹配出现概率最大的源字，用"011"匹配出现概率最小的源字，用"001"、"010"和"100"匹配其余源字。

针对源字出现概率未知的场景，Prakash 等[21]在 2003 年提出用于无线通信的最小化能量的编码（minimum energy-coding，ME-coding）。ME-coding 把长度等于 m 的 2^m 个源字匹配为长度等于 2^m-1 的码字，其中，全 0 码字（码重等于 0）与全 0 源字相匹配，其余码字（码重等于 1）与其他源字任意一一匹配。ME-coding 码本包含一个全 0 码字和 2^m-1 个仅包含一个在不同位置上的高位的码字。例如，当源字长度 $m=3$ 时，ME-coding、PPC、ACW-MC 的编码示例如表 6-1 所示[9]，其中 ACW-MC 为平均码重最小化编码（ACW-minimization coding）。由表 6-1 可知，源字长度 $m=3$ 的 ME-coding 码本的 ACW 为 $7/8=0.875$。对于给定的源字长度 m，ME-coding 码本的 ACW 等于 $(2^m-1)/2^m$，是所有等长唯一可译码中最小的，而其码长远大于其余编码。

表 6-1　ME-coding、PPC、ACW-MC 编码示例（$m=3$）

源字	ME-coding 码字	PPC 码字	ACW-MC 码字
000	0000000	00000001	00000
001	0000001	00000010	00001
010	0000010	00000100	00010
100	0000100	00001000	00100
011	0001000	00010000	01000
101	0010000	00100000	10000
110	0100000	01000000	00011
111	1000000	10000000	00110

ME-coding 在源字等概率出现的场景中，码本中的码字可与源字任意一一匹配；在源字非等概率的场景中，仅须将出现概率最高的源字匹配为全 0 码字，其余码字与源字任意一一匹配。ME-coding 码本具有最小的 ACW，因此在等长编码方法中发送端的传输能耗最小；但由于码长较长，会产生较多的接收端的接收能耗和电路能耗，以及发送端的电路能耗。

用于电磁纳米网络的 PPC 将长度为 m 的源字匹配为码长为 2^m 的码字，码本中的每个码字中仅包含一个比特"1"，即码字的码重恒为 1。PPC 在源字长度 $m=3$ 时，码字的长度 $n=2^m=8$，其编码示例如表 6-1 所示。由表 6-1 可知，源字长度 $m=3$ 的 PPC 的高位传输概率为 $1/8=0.125$，ACW 等于 1。PPC 降低了高位传输概率，因此信道容量性能较好。PPC 的平均码重稍大于 ME-coding，因此其传输能耗也稍大于 ME-coding；由于 PPC 的码长大于 ME-coding，PPC 会耗费更多的接收端的接收能耗和收发端的电路能耗。由于每个码字的码重都等于 1，PPC 可用于源字以任意概率出现的场景，码字可以与源字任意一一匹配。

Jornet 和 Akyildiz[5]首次提出在电磁纳米网络中使用低码重信道编码（LWC）。LWC 减少了纳米节点之间的干扰，提高了通信的可靠性，扩大了信道的容量性。在文献[19]中，Jornet 进一步表明 LWC 能够很好地减轻多用户干扰和分子吸收噪声，具有预防错误发生的能力。由于每个码字的码重都相等，LWC 可用于源字以任意概率出现的场景，码字可以与源字任意一一匹配。池凯凯等[13]针对源字等概率出现的场景提出了 MTE 编码。MTE 编码将源字一一匹配为更长的码字，通过建立综合优化源字长度和码长的优化问题模型，实现每比特能耗的最小化。实际上，对于给定的源字长度，每比特能耗的最小化可以直接表示为 ACW 的最小化。

上述编码使用比源字长度大的码长，减少了所需发送的比特"1"的数量，从而降低了传输能耗。但是，增大的码长导致接收时延和能耗的增大。对于电磁纳米网络短距离通信而言，虽然编码后较少的高位能够降低传输能耗，但是较大的码长将产生较多的接收能耗，所以总的通信能耗可能并不会降低。因此，需要综合考虑传输能耗和接收能耗的优化问题。本节提出的电磁纳米网络中优化通信能耗的平均码重最小化编码（ACW-MC），将源字一一匹配为较长的不同码字，进而减小码本的平均码重（ACW），以达到节省传输能耗的目的，并采用优化的码长以达到节省通信能耗的目的。

6.1.2　非等概率源字通信能耗最小化编码

ME 编码针对给定的源字出现概率、源字长度 m 和源字个数 K，从可用码字集中选择码重最小的 K 个码字构成优化码本；其编码方法是将出现概率较高的源字匹配为码重较小的码字。

针对源字非等概率出现的场景，Kocaoglu 等[16]提出用于电磁纳米网络的 MEC，通过最小化 ACW 实现对平均传输能耗的最小化。MEC 的编码方法类似于 ME 编码。MEC 通过满足不同码字之间的汉明距离约束，在最小化 ACW 的同时保障通信可靠性。但是，为了满足汉明距离约束，该编码的码长过大。例如，当源字长度 $m=4$，汉明距离 $d=3$ 时，MEC 的最小码长 $n=31$，是 ME-coding 码长的 2.067 倍。

ME-coding 针对源字统计特性未知的场景，其优化码本中包含一个全"0"码字和 2^m-1 个仅含一个比特"1"的码字（其码长等于 2^m-1）。在源字非等概率出现的场景中，采用 ME-coding 时，可以将出现概率最高的源字匹配为全 0 码字，其余源字则与码重为 1 的任意一个码字相匹配。ME 编码和 ME-coding 是针对传统无线网络的编码，但可修正应用到电磁纳米网络中。在电磁纳米网络的现有编码中，MEC、LWC、PPC、超低重码（superior lowest-weight codes，SLW）[11]和纳米网最小能量（nanonetwork minimum energy，NME）编码[15]等可用于源字非等概率出现的场景。

针对电磁纳米网络中源字非等概率出现的场景，MEC 没有给出确定的码本，但可根据码重枚举器构造满足汉明距离约束的码字构成优化码本。在得到优化码本后，MEC 的编码方法可类似于 ME 编码。SLW 的码本中除了包含一个全 0 码字之外，每个码字都仅包含 1 个高位，因此也可应用于源字非等概率出现的场景，可用全 0 码字匹配出现概率最大的源字，其余码字与其他码字任意一一匹配。LWC 采用常量码重[22]（码字中的比特"1"的个数为固定值），在源字非等概率出现的场景中，源字与码字之间可以任意一一匹配。PPC 也是一种常量码重编码，每个码字（码长等于 2^m）中仅有一个高位，即码字的码重恒为 1，在源字非等概率出现的场景中，每个源字都可以与任意一个码字相匹配。当源字长度 $m=3$ 时，ME 编码、ME-coding、MEC 和 SLW 应用于源字非等概率出现场景的源字与码字匹配关系表（编码表）如表 6-2 所示。

表 6-2　不同编码应用于源字非等概率出现场景的源字与码字匹配关系表（$m=3$）

源字	源字非等概率	ME 编码	ME-coding	MEC($d=4$)	SLW
111	0.20	0000	0000000	1100000000000000	0000000
110	0.16	0001	1000000	0011000000000000	1

续表

源字	源字非等概率	ME 编码	ME-coding	MEC($d=4$)	SLW
101	0.15	0010	0100000	0000110000000000	01
011	0.12	0100	0010000	0000001100000000	001
100	0.11	1000	0001000	0000000011000000	0001
010	0.09	1001	0000100	0000000000110000	00001
001	0.09	1010	0000010	0000000000001100	000001
000	0.08	0101	0000001	0000000000000011	0000001

在电磁纳米网络中，MTE 编码、前缀码（prefix-free codes，PFC）及其改进的编码[10]考虑了源字等概率出现的场景；MEC 和 NME 编码考虑了源字非等概率出现的场景，但它们与 MTE 编码、PFC 等编码都仅考虑了传输能耗；LWC 和 PPC 关注信道容量性能，并未考虑编码的能量有效性。在通信距离不足 10m 的无线通信中，接收能耗可能并不低于传输能耗。因此，在电磁纳米网络通信距离低于 10m 的场景下，通信能耗模型不仅需要综合考虑传输能耗和接收能耗，而且需要考虑码长的优化。在设计通信能耗最小化编码时，需要结合能耗模型，确定其优化码长[23]。

本节针对源字非等概率出现的场景，提出了电磁纳米网络中非等概率源字通信能量最小化编码（communication energy minimization coding，CEMC），包括码长给定的 CEMC 和码长优化的 CEMC。码长给定的 CEMC 先构建最大码重（MCW）约束下的优化码本，再将出现概率较高的源字匹配为码重较小的码字，从而实现优化编码，达到最小化加权平均码重（ACW）的目的，进而最小化传输能耗；在满足码长阈值约束和编码速率（源字长度与码长的比值）阈值约束的条件下建立通信能耗优化问题并求解得出优化码长，给出码长优化的 CEMC。

6.1.3 实时信息流通信能耗优化编码

电磁纳米网络现有编码基于 TS-OOK 调制方案，可分为等长编码和变长编码。在等长编码中，代表性的主要有以提升信道容量性能为目的的 LWC、兼顾通信可靠性和能量有效性的 MEC、以节省传输能耗为目的的 MTE 编码、以节省传输能耗和接收能耗为目的的 EMC 等。LWC 的码重是常量；在最大码重约束下的编码中，汉明距离等于 d 的 MEC 的最大码重 w_{max} 满足条件 $d/2 \leqslant w_{max} < d$；其他编码[2, 12, 14]的码重都不超过如下表示的最大码重 w_{max}：

$$w_{max} = \min \left\{ j : \binom{n}{0} + \binom{n}{1} + \cdots + \binom{n}{j} \geqslant K \right\} \quad (6\text{-}1)$$

式中，组合数 $\binom{n}{j}$ 表示在码长为 n 的码字集合中取含有 j 个高位的码字的种数[2]，K 表示源字的个数。

上述编码针对给定源字长度（设为 m）且源字个数固定为 $K = 2^m$ 的情况。在真实的电磁纳米网络通信场景中，一般应考虑如何在传输实时信息流时节省通信能耗。现有编码中，仅有 NME 编码针对实时信息流，但是 NME 编码仅讨论传输能耗的最小化。

NME 编码是基于 ME 编码的改进，其改进之处在于：对于码重相同的码字，NME 编码用比特"1"之间距离较大的码字匹配出现次数较大的源字，以降低太赫兹信道的分子吸收噪声并减小多用户干扰。这是 NME 编码与 ME 编码的唯一区别[15]。例如，码长为 3 且码重为 2 时，码字"101"的比特"1"之间的距离（等于 1）大于码字"011"或"110"（等于 0）的，则 NME 编码用"101"匹配出现次数较大的源字。

NME 编码的码长 n 等于源字长度 m，即 $n=m$，其码字集可以通过对源字集进行排序获得，因此，NME 编码字典中的码字并不需要传输。NME 编码仅考虑发送端能耗，其能耗等于所有码字的传输能耗与编码字典中源字的传输能耗之和[15]，计算如下：

$$En_{\mathrm{NME}} = \sum_{i=1}^{M} En_i^c n_i + \sum_{i=1}^{M} En_i^s \qquad (6\text{-}2)$$

式中，M 是实时信息流中可能出现的源字的种数，也是编码字典中码字的种数；En_i^c 是传输第 i 个码字的能耗，满足条件 $En_1^c \leqslant En_2^c \leqslant \cdots \leqslant En_i^c \leqslant \cdots \leqslant En_M^c$；$n_i$ 是匹配为第 i 个码字的源字的出现次数，且满足如下条件：$n_1 \geqslant n_2 \geqslant \cdots \geqslant n_i \geqslant \cdots \geqslant n_M$，$En_i^s$ 是传输第 i 个源字的能耗。

本节针对在电磁纳米网络的发送端和接收端之间传输实时信息流的场景，提出电磁纳米网络中实时信息流通信能量优化编码（energy optimization coding for communication, EOC），EOC 是改进的 NME 编码，其相比于 NME 编码有许多优点。

6.1.4 联合太赫兹信道容量性能的节能编码

文献[17]、[24]提出了太赫兹信道模型并对太赫兹信道的信道容量进行分析；文献[25]计算了非对称太赫兹信道采用 TS-OOK 调制方案时的可用信息速率；文献[26]假设纳米节点具有能量捕获能力，联合传播因子、高位传输概率、传输距离、脉冲幅度和节点密度等参数，研究了可具有永久生命期的电磁纳米网络的信道容量的最大化。

上述文献研究的是基于 TS-OOK 调制方案的单用户或多用户信道容量性能，并未涉及针对节能编码的信道容量性能研究。电磁纳米网络的现有编码一般将源字长度为 m 的源字匹配为码长为 n（$n \geqslant m$）的码字，其中仅有 LWC 和 PPC 关注编码的信道容量性能，但 LWC 和 PPC 未讨论编码的能量有效性；其他编码[2, 10-16]重点关注编码的能量有效性，并未考虑信道容量性能。文献[6]综述了若干编码的性能，并参照文献[25]简单计算了 TS-OOK 调制方案下的信息速率，但未考虑联合编码的信道容量性能和能量有效性。

目前，关注编码的信道容量性能的 LWC 和 PPC 都是常量码重编码，即码重等于某个常量。设 LWC 的码字的码重为 w，则其码长 n 需要满足条件 $\binom{n}{w} \geqslant 2^m$；PPC 可视为 LWC 的一种特例，其码字的码重等于 1，码长 $n=2^m$。LWC 通过控制码重来降低分子吸收噪声和多用户干扰，保证了可用信息速率，提高了通信可靠性，甚至具有预防错误发生的能力[3]。本节针对给定的源字长度，综合考虑编码的信道容量性能和能量有效性，提出联合太赫兹信道容量性能的节能编码（energy saving coding, ESC）。ESC 具有优化码长和平均码重（ACW），使编码具有较好的联合性能，即较高的节能率和信息速率。

6.2　电磁纳米网络的低码重信道编码

无线纳米传感器网络（WNSN）节能编码从理论到实际应用的深入研究极大地推动和促进了电磁纳米网络编码趋于完善与成熟。等长编码是电磁纳米网络的主要编码，典型代表有 LWC、MEC 和 MTE 编码等。这些编码通过减小 ACW 达到节省传输能耗的目的。通信可靠性和信道容量也是设计电磁纳米网络节能编码不可忽略的研究问题。电磁纳米网络节能编码需要进一步关注的研究问题包括完善编码理论和方法，建立完善的能耗模型，设计节能高效、实用的编码方法和算法，如何紧密结合太赫兹波通信特性和能量收集系统，如何兼顾通信可靠性和信道容量等其他网络性能等。本节介绍电磁纳米网络的编码研究现状和低码重信道编码。

6.2.1　纳米网络中的典型编码

目前，在电磁纳米网络中一般采用基于 TS-OOK 调制方案的低码重信道编码，将源字长度等于 m 的源字编码为码长等于 n（$n \geqslant m$）的码字。纳米网络的 ME 编码是基于 OOK 调制方案的。低码重信道编码减少所传输码字中的比特"1"的数量，即减小平均码重（ACW），从而节省传输能耗。例如，表 6-3 是 $m=2$，$n=3$ 的源字-码字匹配表（编码字典），编码前后的 ACW 分别为 1 和 0.75，因此编码后能够节约 25% 的传输能耗。需要注意的是，编码后增长的码长，将增加接收端能耗并产生较大的时延。

表 6-3　编码字典（$m=2$，$n=3$）

源字	ACW	码字	ACW
11		100	
10	$\dfrac{2+1+1+0}{4}=1$	010	$\dfrac{1+1+1+0}{4}=0.75$
01		001	
00		000	

在电磁纳米网络中，基于 TS-OOK 调制方案的编码可分为等长编码和变长编码。等长编码比变长编码更适用于电磁纳米网络。典型的电磁纳米网络等长编码包括 LWC、MEC、MTE 编码等。本小节重点关注各种编码的编码方法、码长与平均码重。这些编码及变长编码[11]根据文献[1]介绍如下。

1. 低码重信道编码（LWC）

LWC 既是电磁纳米网络等长编码的代表，又是常量码重编码的代表。PPC 的每个码字的码重恒为 1，可视为 LWC 的一种特例。LWC 的每个码字具有相同的码重（设为 w），因此 LWC 的 ACW 等于 w。由于采用常量码重，LWC 既可用于源字等概率出现的情况，又可用于源字非等概率出现的情况。

码长等于 n 且码重等于 w 的码字共有 $\binom{n}{w}$ 个[1, 3]：

$$\binom{n}{w} = \frac{n!}{(n-w)!w!} \tag{6-3}$$

对于长度等于 m 的 $K = 2^m$ 个源字，为保证源字与码字的一一匹配，LWC 的码长需要满足下式[27]：

$$\binom{n}{w} \geqslant 2^m \tag{6-4}$$

LWC 通过控制码重降低分子吸收噪声和多用户干扰，保障了可用信息速率和通信可靠性[3]。其实，减小 ACW 和码字错误概率（code word error rate，CER）的 LWC，可以节省传输能耗和码字重传能耗[1]。

2. 最小能量信道编码（MEC）

MEC 针对任意概率分布的源字集，通过最小化 ACW 节省传输能耗，其码本根据码重枚举器构造，编码方法类似于 ME 编码。两个码字间的汉明距离是指它们对应位上的码元取值不同的位的数量。例如，码字 "1001" 与 "0011" 的汉明距离为 2；编码的汉明距离是指任意两个码字间的汉明距离的最小值。因为汉明距离等于 d 的编码可以纠正 $(d-1)/2$ 个比特，因此，MEC 通过满足汉明距离约束来保障通信可靠性。

设 $K(K \leqslant 2^m)$ 个源字的出现概率为 $p_i(1 \leqslant i \leqslant K)$，其中最大出现概率记为 p_{max}，即 $p_{max} = \max(p_i)$。给定汉明距离为 d 的 MEC 的 ACW，记为 $\overline{w}_{MEC1}$，计算如下：

$$\overline{w}_{MEC1} = \begin{cases} (1-p_{max})d, & p_{max} > 1/2, \\ d/2, & p_{max} < 1/2, \quad d \bmod 2 = 0 \\ \lceil d/2 \rceil - p_{max}, & p_{max} < 1/2, \quad d \bmod 2 = 1 \end{cases} \tag{6-5}$$

式中，$d \bmod 2 = 0$ 表示 d 为偶数，$d \bmod 2 = 1$ 表示 d 为奇数。

对于同时给定汉明距离 d 和最大码重 w_{max}，在满足条件 $d/2 \leqslant w_{max} \leqslant d$ 时，MEC 的 ACW 记 $\overline{w}_{MEC2}$，计算如下：

$$\overline{w}_{MEC2} = \begin{cases} (d-2w_{max})p_{max} + w_{max}, & p_{max} > 1/2 \\ d/2, & p_{max} < 1/2, \quad d \bmod 2 = 0 \\ \lceil d/2 \rceil - p_{max}, & p_{max} < 1/2, \quad d \bmod 2 = 1 \end{cases} \tag{6-6}$$

为了满足汉明距离约束条件，在给定码字个数 K 下，MEC 的最小码长 n_{min} 表示如下：

$$n_{min} = \begin{cases} (K-2)d/2 + d, & p_{max} > 1/2 \\ \dfrac{d}{2}K, & p_{max} < 1/2, \quad d \bmod 2 = 0 \\ Kd/2 - 1, & p_{max} < 1/2, \quad d \bmod 2 = 1 \end{cases} \tag{6-7}$$

3. 最小传输能量（MTE）编码[1, 12]

MTE 编码针对源字等概率出现的场景，将长度等于 m 的 $K = 2^m$ 个源字匹配为码重不超过最大码重 w_{max} 的码字，从而最小化每比特的能耗。MTE 编码所确定的码字最大码重 w_{max} 计算如下：

$$w_{max} = \min \left\{ j : \binom{n}{0} + \binom{n}{1} + \cdots + \binom{n}{j} \geq K \right\} \tag{6-8}$$

基于最大码重的编码的码重都不能超过根据式（6-8）确定的最大码重 w_{max}，即各码字的码重 w_i 满足 $w_i \in [0, w_{max}]$（$1 \leq i \leq K$）。

为了与源字一一匹配，MTE 编码码字的个数也应为 K，其中码重为 $i(0 \leq i \leq w_{max}-1)$ 的码字有 $\binom{n}{i}$ 个，而码重为 $i = w_{max}$ 的码字个数为 $K - \sum_{i=0}^{w_{max}-1} \binom{n}{i}$，因此码重为 i 的码字出现的概率表示如下：

$$p_i = \begin{cases} \dfrac{\binom{n}{i}}{K} & , 0 \leq i \leq w_{max}-1 \\[4mm] \dfrac{\left(K - \sum_{i=0}^{w_{max}-1} \binom{n}{i} \right)}{K} & , i = w_{max} \end{cases} \tag{6-9}$$

因此，MTE 编码的 ACW，记为 $\overline{w}_{MTE}$，计算如下：

$$\overline{w}_{MTE} = \frac{1}{K} \left(\sum_{i=0}^{w_{max}-1} i \cdot \binom{n}{i} + w_{max} \left(K - \sum_{i=0}^{w_{max}-1} \binom{n}{i} \right) \right) \tag{6-10}$$

记单位脉冲能耗为 En_{tp}，MTE 编码每比特的平均能耗 En_b 计算如下：

$$En_b = \frac{En_{tp}}{K \cdot m} \left(\sum_{i=0}^{w_{max}-1} i \cdot \binom{n}{i} + w_{max} \left(K - \sum_{i=0}^{w_{max}-1} \binom{n}{i} \right) \right) \tag{6-11}$$

4. 变长编码

Chi 等[11]针对电磁纳米网络中源字等概率出现的场景所提出的前缀编码（PFC）是一种变长编码。PFC 在设置吞吐率（每码字的有用数据位与其传输时间的比值）大于预设阈值的基础上，最小化满足平均码长约束条件下的 ACW，从而最小化传输能耗。当 PFC 的 ACW 和平均码长都取最小值时，称为超低重码（SLW）。当源字长度等于 m 时，包含 $K = 2^m$ 个源字的 SLW 码本为 $\left\{ 1, 01, 001, \cdots, \overset{K-2}{\overbrace{0\cdots0}}1, \overset{K-1}{\overbrace{0\cdots0}} \right\}$，通过计算可得其 ACW 等于 $\dfrac{K-1}{K}$，而其平均码长等于 $\dfrac{K^2 + K - 2}{2K}$。例如，源字长度 $m = 3$ 时，SLW 编码字典如表 6-4 所示，其编码后的码字 ACW 等于 0.875，平均码长等于 4.375。因为构建 PFC 所采用的基于码重递减或码长递减的启发式算法的时间复杂度高，分别为 $O(K^3\log_2 K)$ 和 $O(K^4)$，所以 PFC 的编码设计一般需要作为离线问题进行处理，且一般仅用于源字长度小的场景。

表 6-4 SLW 的编码字典（$m=3$）

源字	码字	码字 ACW	平均码长
000	0000000		
001	0000001		
010	000001		
100	00001	$\dfrac{0+1+1+1+1+1+1+1}{8}=0.875$	$\dfrac{7+7+6+5+4+3+2+1}{8}=4.375$
011	0001		
101	001		
110	01		
111	1		

6.2.2 编码的通信可靠性

分子吸收噪声和多用户干扰是电磁纳米网络中太赫兹信道产生传输错误的主要原因。通过采取合理选择码重（如 LWC）和满足汉明距离约束条件（如 MEC）等措施可以保障通信的可靠性。LWC 通过控制编码的码重，可以减小甚至消除太赫兹信道的分子吸收噪声和多用户干扰，是一种预先阻止信道错误发生的编码，从而保障通信可靠性。文献[3]表明，LWC 不仅能检测和纠正传输错误，而且能预防传输错误的发生。一般而言，电磁纳米网络低码重信道编码减少比特"1"的传输，降低电磁纳米网络的分子吸收噪声和多用户干扰，也能保障一定的通信可靠性；另外，通过结合简单重传方法，可以进一步保障通信可靠性，但这将耗费更多的通信能量并会增大时延。

1. 无纠错能力编码的通信可靠性

对于等长编码，高位传输概率 $p(1)$ 可以用平均码重 $\overline{w}$ 与码长 n 的比值来表示，计算如下：

$$p(1)=\frac{\overline{w}}{n} \tag{6-12}$$

平均码重可按式（6-5）、式（6-6）进行计算，更一般的计算如下：

$$\overline{w}=\sum_{i=1}^{K}w_i p_i \tag{6-13}$$

式中，w_i 是第 $i(1\leqslant i\leqslant K)$ 个码字的码重；p_i 是该码字对应匹配的源字的出现概率，在源字等概率出现的场景下，$p_i=1/K$。

低位传输概率 $p(0)$ 可以表示为

$$p(0)=1-p(1)=(n-\overline{w})/n \tag{6-14}$$

对于无纠错能力的编码，根据式（6-5），通过控制高位传输概率可降低误比特率，从而降低误码率，提高通信可靠性。而且，可以通过码字重传等方法进一步保障通信可靠性。

2. 具有纠错能力编码的通信可靠性

汉明码是应用广泛的具有检错、纠错能力的一种编码[28-29]；通过增加一个冗余位，就可以校验数据的有效性；当冗余位更多时，还可以发现或纠正错误位。码字中的数据位有 l_{data} 比特时，汉明码的校验位数 k 应是满足条件 $2^k \geqslant k + l_{data} + 1$ 的最小整数。例如，$l_{data} = 7$ 时，$k = 4$。设干扰节点传输符号的概率为 p_t，干扰节点数为 n_i，则 MEC 发生冲突的概率 p_c 计算如下[16, 30]：

$$p_c = p_0(1 - (1 - p_t(1 - p_0))^{n_i}) \tag{6-15}$$

式中，$p_t = p(1)$，$p_0 = p(0)$。

通信可靠性可以通过接收端正确解码的概率（解码率）来衡量。由于最多产生 $n_{conflict} = \dfrac{d-1}{2}$ 个冲突，采用 MEC 时，接收端的解码率 p_d 可按下式计算：

$$p_d = \sum_{i=0}^{n_{conflict}} \binom{n_{min}}{i} p_c^i (1 - p_c)^{n_{min} - i} \tag{6-16}$$

式中，MEC 的最小码长 n_{min} 按式（6-7）计算。

文献[8]的研究结果表明，当 $p_c < 1 / K_{MEC}$ 时，随着汉明距离 d 增大，解码率 p_d 收敛于 1。因此，满足汉明距离约束条件的 MEC 具有纠错能力，通过保持较大的汉明距离，在源字个数为 $K_{MEC} < 1 / p_c$ 时，可以正确无误地解码。

6.2.3　编码信道容量

设离散二进制变量 $X = \{x \mid x \in [0,1]\}$ 为信源，$Y = \{y \mid y \in [0,1]\}$ 为信道输出。在单用户场景下，可用信息率 $I(X,Y)$（单位：bit/s）计算如下[3-4]：

$$I(X,Y) = \frac{m}{n} \frac{B}{\beta}(H(X) - H(X \mid Y)) \tag{6-17}$$

式中，β 为传播因子；B 为带宽；$H(X)$ 为信源熵；$H(X \mid Y)$ 为条件熵。

信源熵 $H(X)$ 计算如下：

$$H(X) = -p_1 \log_2 p_1 - p_0 \log_2 p_0 \tag{6-18}$$

式中，$p_1 = p(1)$ 和 $p_0 = p(0)$ 分别为高位传输概率和低位传输概率，分别按式（6-12）和式（6-14）计算。

条件熵 $H(X \mid Y)$ 计算如下：

$$H(X \mid Y) = \int_y \sum_{l=0}^{1} p_Y(Y \mid X = l) \cdot p_l \cdot \log_2 \left(\frac{\sum_{q=0}^{1} p_Y(Y \mid X = q) p_q}{p_Y(Y \mid X = l) p_l} \right) dy \tag{6-19}$$

式中，$l \in [0,1]$；$p_Y(Y \mid X = l)$ 为信道输入 $X = l$ 时，信道输出 Y 的概率，计算如下：

$$p_Y(Y \mid X = l) = S_I(i) * f_N(n_0 \mid X = l) \tag{6-20}$$

式中，"*"表示卷积；n_0代表噪声；$f_N(n_0 \mid X = l)$是在传输符号$l \in [0,1]$时，在接收端产生的分子吸收噪声的概率密度函数，其可建模为加性高斯有色噪声；$S_I(i)$为噪声功率谱密度函数。

在单用户场景下，编码后的信道容量C_{su}计算如下：

$$C_{su} = \max_X \left\{ \frac{m}{n} \frac{B}{\beta} (H(X) - H(X \mid Y)) \right\} \tag{6-21}$$

在多用户场景下，编码后的信道容量C_{mu}计算如下：

$$C_{mu} = \max_X \left\{ U \frac{m}{n} \frac{B}{\beta} (H(X) - H(X \mid Y)) \right\} \tag{6-22}$$

式中，U为网络中的用户（纳米节点）数。

6.3　源字等概率通信能耗最小化编码

针对源字等概率出现场景，ACW-MC将给定的源字长度为m的$K = 2^m$个源字一一匹配为长度为$n(n > m)$的码字，通过减小ACW达到节省传输能耗的目的。在此基础上，求解并采用优化的码长，达到节省通信能耗（包含发送端能耗和接收端能耗）的目的。为了与源字一一匹配，码字的个数应等于源字个数，即$K = 2^m$。码字个数在给定源字长度后是固定的，因此节省总的通信能耗可以从节省每码字的平均通信能耗的角度进行考虑。本节针对一般情况下的码长，考虑平均传输能耗的最小化，进一步建立包含发送端能耗和接收端能耗的通信能耗模型及其优化问题，求解优化码长。

6.3.1　编码方法与码本构建算法

由于平均传输能耗等于ACW与单位脉冲能耗（发送一个100fs脉冲的能耗）的乘积，平均传输能耗的最小化可以通过最小化ACW实现。ACW-MC的ACW可以表示为所有码字的码重之和与码字个数的比值，记为$\bar{w}_{ACW\text{-}MC}$，计算如下：

$$\bar{w}_{ACW\text{-}MC} = \frac{1}{n} \sum_{i=1}^{n} w_i \tag{6-23}$$

式中，w_i是第i个码字的码重，设第1个码字为全0码字，其码重等于0，即$w_1 = 0$。

对于具体的优化码本，最大码重（MCW）定义为码本中包含比特"1"最多的码字的码重。对于长度为m的$K = 2^m$个源字，采用码长为n的等长编码方法时，最大码重w_{max}是满足$C_n^0 + C_n^1 + \cdots + C_n^j \geq K$条件的最小$j$值[2, 12, 14]，表示如下：

$$w_{max} = \min \left\{ j : \sum_{w=1}^{j} C_n^w \geq K - 1 \right\} \tag{6-24}$$

式中，$C_n^w = \dfrac{n!}{(n-w)!w!}$，表示优化码本中码重为$w$且码长为$n$的码字个数[1, 2, 12]。

ACW-MC的编码方法：首先按码重升序（即从0到MCW）生成码字加入码本构建

出优化码本；然后建立源字与码字之间的一一匹配关系，得到编码字典。构建优化码本的算法如算法 6-1 所示。

算法 6-1　构建优化码本算法

输入：

源字长度 m，码字长度 n。

输出：

优化码本 C。

步骤：

步骤 1：初始化，码本 $C \leftarrow \varnothing$，计数器 $\mathrm{cnt} \leftarrow 0$，当前码重 $w \leftarrow 0$，码字个数 $K \leftarrow 2^m$；

步骤 2：计算 $w_{\max}$；

步骤 3：如果 $\mathrm{cnt} < K$ 转到步骤 4 否则转到步骤 7；

步骤 4：如果 $w < w_{\max}$ 转到步骤 5 否则转到步骤 6；

步骤 5：$\mathrm{cnt} \leftarrow \mathrm{cnt} + C_n^w$；

　　　　循环 $j = 1$ 到 $j = C_n^w$ 执行

　　　　　　　生成码重等于 w 的码字 $C_{w,j}$ 并添加到码本 C 中

　　　　结束循环

　　　　$w \leftarrow w+1$

　　　　转到步骤 4

步骤 6：$k \leftarrow K - \mathrm{cnt} \left(k = K - \sum\limits_{i=0}^{w_{\max}-1} C_n^i \right)$；

　　　　循环 $j = 1$ 到 $j = k$ 执行

　　　　　　　生成码重等于 $w = w_{\max}$ 码字 $C_{w,j}$ 并添加到码本 C 中

　　　　结束循环

　　　　$\mathrm{cnt} \leftarrow K$

　　　　转到步骤 3

步骤 7：退出程序：返回优化码本 $C = \{C_{0,1}, C_{1,1}, ..., C_{1,n}, C_{2,1}, ..., C_{w_{\max},k}\}$。

例如，当 $m = 3$、$n = 5$ 时，源字集合为 $\{000,001,010,100,011,110,101,111\}$，可求得最大码重等于 2，依序生成 1 个码重为 0 的码字（即 00000），5 个码重为 1 的码字（即 00001、00010、00100、01000 和 10000），2 个码重为 2 的码字（不唯一，如 00011 和 00110），可得 ACW 为 1.125。对于给定的源字长度 m 和码长 n，当 $m < n < 2^m$ 时，ACW-MC 的优化码本并不唯一，但此时每个优化码本的 ACW 均为最小。

ACW-MC 编码思想源于 ME 编码，类似于 MTE 编码。ACW-MC 与 MTE 编码的主要区别在于前者直接按算法 6-1 构建优化码本，后者从所有可能的 2^n 个码字中选择码字。由于 ACW-MC 等概率考虑出现的所有源字，一个码字可以匹配给任意一个源字。通常，可以将每个源字都匹配为一个包含更少高位的码字。因此，ACW-MC 优化码本是 ACW 最小的码字集合。

在按照算法 6-1 构建的优化码本中，码字的码重从 0 到 MCW 升序排列。通过建立源字与码字之间的一一匹配关系，可以通过在编码字典中查找的方法进行解码，从而降低解码复杂度。若将生成一个码字作为基本操作，则算法 6-1 的时间复杂度为 $O(K)$；由于所建立的匹配关系，在采用顺序查找时解码的时间复杂度也为 $O(K)$。在生成 $K = 2^m$ 个码字一一匹配长度为 m 的源字时，上述算法时间复杂度远低于构建变长码字集合的智能算法[11]，两者的时间复杂度分别为 $O(K^3 \log_2 K)$ 和 $O(K^4)$。

算法 6-1 的时间复杂度解释如下：首先，为了构建 ACW-MC 码本，$O(K)$ 的时间复杂度是不可避免的；事实上，为了匹配长度为 m 的所有源字，必须生成 $K = 2^m$ 个码字，因此时间复杂度必须为 $O(K)$。其次，由于纳米节点极其受限的大小和计算能力，且源字的长度 m 一般很小，使码字个数 $K = 2^m$ 较小，从而使算法运行时间也较少。最后，构建过程可以视为一个离线问题[11]，即在设计阶段就得到优化码本，从而保证算法有宽松的运行时间。从预期的实际应用来看，算法的执行可以转移到拥有更多资源和能力的纳米控制器中，即所提算法可以由尺寸远大于纳米节点，但具有更多能量和更强大处理能力的纳米控制器来完成。

根据算法 6-1 及式（6-23），ACW-MC 优化码本的 ACW 可以表示为

$$\bar{w}_{\text{ACW-MC}} = \frac{1}{K} \left(\sum_{i=0}^{w_{\max}-1} i \cdot C_n^i + w_{\max} \left(K - \sum_{i=0}^{w_{\max}-1} C_n^i \right) \right)$$

$$= \frac{1}{K} \left(K \cdot w_{\max} - \sum_{i=0}^{w_{\max}-1} (w_{\max} - i) C_n^i \right)$$

$$= \frac{1}{K} \left((K-1) w_{\max} - \sum_{i=1}^{w_{\max}-1} (w_{\max} - i) C_n^i \right) \quad （6-25）$$

由式（6-25）可知 ACW 由 MCW 和码长确定，由式（6-24）可知对于给定的源字长度，MCW 取决于码长，因此，码长对 ACW 有重要的影响。受文献[12]的启发，对于给定的源字长度，给出两个揭示码长对 ACW 影响的定理。

定理 6-1：对于任意给定的源字长度 m，当码长满足 $n \geq K - 1$ 条件时，ACW-MC 的 ACW 取得最小值，为 $\frac{K-1}{K}$。

证明：在 ACW-MC 的优化码本中，码字个数为 K。当码长满足 $n \geq K - 1$ 条件时，构成优化码本的码字集合为 $\{0\cdots0, 0\cdots01, 0\cdots10, \cdots, 010\cdots0, 10\cdots0\}$，即优化码本包含 1 个全 0 码字和 $K-1$ 个码重为 1 的码字，因此，K 个码字的总码重等于 $0 \times 1 + 1 \times (K-1) = K-1$，根据式（6-23），ACW-MC 优化码本的 ACW 的最小值为 $\frac{K-1}{K}$。证毕。

定理 6-2：对于任意给定的源字长度 m，当码长满足 $n \leq K - 1$ 条件时，ACW-MC 的 ACW 随着码长 n 的增加而单调递减。

证明：由定理 6-1 可知，对于 $n \geq K - 1$，ACW-MC 码本的 ACW 取最小值 $\frac{K-1}{K}$。也就是说，当 $n \geq K - 1$ 时，ACW 不会再减小。对于 $n \leq K - 1$，设 $\bar{w}(n)$、$\bar{w}(n-1)$ 分别

表示码长为 n 和 $n-1$ 时的 ACW，$w_{\max}$、$w_{\max\_pre}$ 为相应的 MCW。根据式（6-24），由于 $C_n^i > C_{n-1}^i$，有 $w_{\max} \leqslant w_{\max\_pre}$，则可设 $w_{\max\_pre} = w_{\max} + \delta$（$\delta \geqslant 0$）。由此，$\bar{w}(n-1)$ 可表示如下：

$$
\begin{aligned}
\bar{w}(n-1) &= \frac{1}{K}\left((K-1)w_{\max\_pre} - \sum_{i=1}^{w_{\max\_pre}-1}(w_{\max\_pre}-i)C_{n-1}^i \right) \\
&= \frac{1}{K}\left((K-1)(w_{\max}+\delta) - \sum_{i=1}^{w_{\max}+\delta-1}(w_{\max}+\delta-i)C_{n-1}^i \right) \\
&= \frac{1}{K}\left((K-1)w_{\max} - \sum_{i=1}^{w_{\max}+\delta-1}(w_{\max}-i)C_{n-1}^i + \delta\left(K-1-\sum_{i=1}^{w_{\max}+\delta-1}C_{n-1}^i\right) \right) \\
&= \frac{1}{K}\left(\begin{aligned} &(K-1)w_{\max} - \sum_{i=1}^{w_{\max}-1}(w_{\max}-i)C_{n-1}^i + \sum_{i=w_{\max}}^{w_{\max}+\delta-1}(i-w_{\max})C_{n-1}^i \\ &+ \delta\left(K-1-\sum_{i=1}^{w_{\max}+\delta-1}C_{n-1}^i\right) \end{aligned} \right)
\end{aligned} \tag{6-26}
$$

显然，$\displaystyle\sum_{i=w_{\max}}^{w_{\max}+\delta-1}(i-w_{\max})C_{n-1}^i \geqslant 0$，其中等号在 $\delta=1$ 或 $\delta=0$ 时成立。按照式（6-24），$K-1 \geqslant \displaystyle\sum_{i=1}^{w_{\max\_pre}-1}C_{n-1}^i = \sum_{i=1}^{w_{\max}+\delta-1}C_{n-1}^i$，因此有 $\delta\left(K-1-\displaystyle\sum_{i=1}^{w_{\max}+\delta-1}C_{n-1}^i\right) \geqslant 0$，其中等号在 $\delta=0$ 时成立，所以可得

$$
\begin{aligned}
\bar{w}(n-1) &\geqslant \frac{1}{K}\left((K-1)w_{\max} - \sum_{i=1}^{w_{\max}-1}(w_{\max}-i)C_{n-1}^i \right) \\
&> \frac{1}{K}\left((K-1)w_{\max} - \sum_{i=1}^{w_{\max}-1}(w_{\max}-i)C_n^i \right) \\
&= \bar{w}(n)
\end{aligned} \tag{6-27}
$$

从而 $\bar{w}(n-1) > \bar{w}(n)$，由此可知，当码长满足 $n \leqslant K-1$ 条件时，ACW-MC 的 ACW 随着码长 n 的增加而单调递减。证毕。

6.3.2　基于接收端/发送端的能耗模型与能耗优化

根据定理 6-1 和定理 6-2，若仅考虑最小化 ACW-MC 的 ACW，则优化码长最好取值为 $K-1$。但是，码长越大，数据包时延及接收能耗越大。因此，从节省总的通信能耗的角度出发，必须综合考虑发送端能耗与接收端能耗来确定优化码长。

将电磁纳米网络的通信能耗分为发送端能耗与接收端能耗两部分。其中，发送端能耗 En_{tx} 包括发送端电路能耗 En_{tc} 和传输能耗 En_{tt}；接收端能耗 En_{rx} 包括接收端电路能耗 En_{rc} 和接收能耗 En_{rr}。因此，每码字的平均通信能耗 En_{total}（以下简称通信能耗）可以表示为

$$\begin{cases} En_{\text{total}} = En_{\text{tx}} + En_{\text{rx}} \\ En_{\text{tx}} = En_{\text{tt}} + En_{\text{tc}} \\ En_{\text{rx}} = En_{\text{rr}} + En_{\text{rc}} \end{cases} \tag{6-28}$$

ACW-MC 是基于 TS-OOK 调制的节能编码，当传输比特"1"时，发送端发送一个 100 fs 的单位脉冲，其能耗表示为 En_{tp}；当传输比特"0"时，发送端保持静默，不会损耗能量。因此，发送端的传输能耗是 ACW-MC 优化码本的 ACW 与单位脉冲能耗 En_{tp} 的乘积，表示如下：

$$En_{\text{tt}} = En_{\text{tp}} \cdot \overline{w}_{\text{ACW-MC}} \tag{6-29}$$

式中，$\overline{w}_{\text{ACW-MC}}$ 按式（6-25）计算。

目前，基于石墨烯的纳米电子设备的能耗依然还未确认[31]，发送端电路损耗在调制和编码等操作上，且发送端电路能耗与 ACW、码长有关。设发送端每比特的电路能耗与单位脉冲能耗之间是线性关系，因此，发送端的电路能耗 En_{tc} 可以表示为平均码重 $\overline{w}_{\text{ACW-MC}}$ 和码长 n 的函数，表示如下：

$$En_{\text{tc}} = En_{\text{tp}}(\alpha \cdot \overline{w}_{\text{ACW-MC}} + \rho n) \tag{6-30}$$

式中，α、ρ 是揭示发送端电路能耗与 $\overline{w}_{\text{ACW-MC}}$、$n$ 之间关系的两个常量参数（$0 < \alpha \leq 0.1$，$0 < \rho \leq 0.01$）。

使用 TS-OOK 调制时，接收端检测比特"1"的能耗表示为 En_{rb}，其值约为单位脉冲能耗 En_{tp} 的 10%；接收端检测比特"0"所损耗的能量与检测比特"1"的能耗相同，也为 En_{rb} [2, 14, 32]。所以接收端电路损耗在检测、解调和解码等操作上，并将接收端电路能耗和接收能耗一起考虑为码长 n 的函数。同样的，设接收端接收每比特的能耗与单位脉冲能耗之间也是线性关系。因此，对于给定的码长 n，接收端电路能耗可以表示为

$$En_{\text{rx}} = En_{\text{rr}} + En_{\text{rc}} = \eta_{\text{EER}} \cdot n \cdot En_{\text{tp}} \tag{6-31}$$

式中，η_{EER} 是一个常量参数，表示接收 1bit 的能耗与单位脉冲能耗的比值，即收发能耗比（energy efficiency ratio，EER）（$0 < \eta_{\text{EER}} < 0.1$）。联合式（6-29）、式（6-30）和式（6-31），可以将 En_{total} 表示为

$$\begin{aligned} En_{\text{total}} &= En_{\text{tp}}((1+\alpha)\overline{w}_{\text{ACW-MC}} + (\rho + \eta_{\text{EER}})n) \\ &= En_{\text{tp}}((1+\alpha)\overline{w}_{\text{ACW-MC}} + \beta \cdot n) \end{aligned} \tag{6-32}$$

式中，$\beta = \rho + \eta_{\text{EER}}$。

根据式（6-32），对于确定的 En_{tp}、α 和 β，通信能耗由 ACW 和码长决定。较大的码长有利于发送端节省传输能耗，但不利于节省收发端的电路能耗及接收端的接收能耗，对于给定的源字长度，ACW 由码长决定，因此，通信能耗的最小化问题的关键在于码长。

将式（6-25）代入式（6-32），通信能耗可以表达为

$$En_{\text{total}} = En_{\text{tp}}\left(\frac{1+\alpha}{K}\left((K-1)w_{\max} - \sum_{i=1}^{w_{\max}-1}(w_{\max}-i)C_n^i\right) + \beta n\right) \tag{6-33}$$

设接收比特在时间上相互独立，将误比特率记为 p_{BER}，误码率记为 p_{CER}，则 p_{CER} 表

示如下：

$$p_{CER} = 1 - (1 - p_{BER})^n \qquad (6\text{-}34)$$

式中，p_{BER}[14, 19]可以表示如下：

$$
\begin{aligned}
p_{BER} &= \sum_{y=0, y \neq x}^{1} \sum_{x=0}^{1} P_X(X = x) P_Y(Y = y \mid X = x) \\
&= P_X(X = 0) P_Y(Y = 1 \mid X = 0) + P_X(X = 1) P_Y(Y = 0 \mid X = 1) \qquad (6\text{-}35)
\end{aligned}
$$

式中，$x, y \in [0,1]$；$P_X(X = x)$ 是传输符号 $X = x$ 的概率，也是由 ACW 和码长决定的；$P_Y(Y = y \mid X = x)$ 是当传输符号 $X = x$ 时接收到符号 $Y = y$ 的概率[3]。关于在考虑太赫兹信道特性的基础上如何计算误比特率的详情，可以参考文献[19]。

采用 TS-OOK 调制时，可以用简单的重传机制保证电磁纳米网络的通信可靠性。在误比特率为 p_{BER} 时，码字平均重传次数为 $\dfrac{1}{(1 - p_{BER})^n}$，因此通信能耗可以表示为

$$En_{total} = \frac{En_{tp}}{(1 - p_{BER})^n} \left(\frac{1 + \alpha}{K} \left((K-1) w_{max} - \sum_{i=1}^{w_{max}-1} (w_{max} - i) C_n^i \right) + \beta n \right) \qquad (6\text{-}36)$$

ACW-MC 的通信能耗与码长密切相关，为了优化电磁纳米网络的通信能耗，需要合理设定码长，定理 6-3 给出了优化码长必须满足的约束条件。

定理 6-3：ACW-MC 的优化码长 n^* 满足约束条件 $m \leqslant n^* \leqslant K - 1$。

证明：由于需要将源字与码字的匹配一一对应，因此码字个数不能少于源字个数，则码字长度必须不小于源字长度，即 $m \leqslant n^*$ 约束条件成立。根据定理 6-1，当码长满足 $n = K - 1$ 条件时，平均码重即可取最小值 $\dfrac{K-1}{K}$。设 $n^* > K - 1$，则有

$$
\begin{aligned}
En_{total} &= En_{tp} \left((1 + \alpha) \overline{w}_{ACW\text{-}MC} + \beta n^* \right) \\
&\geqslant En_{tp} \left((1 + \alpha) \frac{K-1}{K} + \beta n^* \right) \\
&> En_{tp} \left((1 + \alpha) \frac{K-1}{K} + \beta (K-1) \right) \\
&= En_{ME\text{-}coding} \qquad (6\text{-}37)
\end{aligned}
$$

即 ACW-MC 的通信能耗大于由 ME-coding（其 ACW 等于 $\dfrac{K-1}{K}$，码长等于 $K-1$）采用式（6-32）计算所得的通信能耗 $En_{ME\text{-}coding}$，这与 ACW-MC 的通信能耗最小相矛盾，因此优化码长必须满足约束条件 $n^* \leqslant K - 1$。证毕。

因此，最小化通信能耗的优化码长可以在 m 到 $K - 1$ 范围内找到，其中 $n = m$ 是未编码（non-coding，NC）的条件。根据定理 6-1，当码长满足 $n \leqslant K - 1$ 条件时，ACW 取得最小值 $\dfrac{K-1}{K}$，即取决于 ACW 和码长的传输能耗可以在 $n \leqslant K - 1$ 时达到最小值。但是码长越长，接收端的能耗和发送端的电路能耗就越大，因此码长不宜超过 $K - 1$。另外，接收端的能耗应小于发送端的能耗，即接收端与发送端的能耗比值应小于 1

（$0 < En_{rx} / En_{tx} < 1$）。

将式（6-24）中的 w_{max} 简单设为 w，以 $\mathbf{Z}^+$ 表示正整数集合，则通信能耗优化问题可以表示如下：

$$
\begin{cases}
(n^*, w^*) = \arg\min_{n,w} En_{tp}\left(\dfrac{1+\alpha}{K}\left((K-1)w - \sum_{i=1}^{w-1}(w-i)C_n^i\right) + \beta n\right) \\
\text{s.t.} \quad m, n \in \mathbf{Z}^+ \\
\qquad K = 2^m \\
\qquad n \in \{m, m+1, \cdots, K-1\}
\end{cases}
\tag{6-38}
$$

通过求解此优化问题，可以得到最小化通信能耗的优化码长和相应的 MCW。对于给定的源字长度，在求解得到优化码长和相应的 MCW 之后，可按 6.2.3 节的编码方法进行编码，从而达到最小化通信能耗的目的。

6.3.3 仿真实验与结果分析

为了验证上述编码机制性能，在 MATLAB 分析软件中进行仿真实验，若干参数值设置如下：发送每个 100fs 脉冲的能耗为 1 个单位能耗（如 1aJ），即 $En_{tp} = 1$；$\alpha = 0.1$，$\beta = 0.1$，$\eta_{EER} = 0.09$，$\rho = 0.01$。

图 6-2 所示为不同源字长度 m 和码长 n 情况下的平均码重（ACW）。对于给定的源字长度 m，当 $n < 2^m - 1$ 时，ACW 随着码长 n 的增大而单调递减。当 $n \geq 2^m - 1$ 时，ACW 保持不变，理由详见定理 6-1。对于两个不同的源字长度 m，ACW 随着 m 增加而增大，原因如下：当源字长度分别为 m 和 $m+1$ 时，有 $\dfrac{2^{m+1}-1}{2^{m+1}} - \dfrac{2^m-1}{2^m} = \dfrac{1}{2^{m+1}} > 0$。显然，对于 ACW 的最小化而言，码长 n 满足 $n \geq 2^m - 1$ 是最好的。但是，需要注意的是，更大的码长损耗更多的接收端的能耗和发送端的电路能耗，从而产生更多的通信能耗。

图 6-3 所示是不同源字长度 m 和码长 n 情况下的通信能耗情况。通信能耗随着源字长度 m 增大而增加；对于固定的源字长度，通信能耗在码长较小时呈递减趋势，而在码长较大时呈递增趋势，在个别情况下，由于传输能耗的减少量超过接收能耗和电路能耗的增量，较大的码长可能导致较小的通信能耗。由于发送端传输能耗由 ACW 决定，因此传输能耗的变化趋势与图 6-2 所示的 ACW 情况相同，更大的源字长度 m 导致更大的传输能耗，而对于给定的源字长度 m，传输能耗随码长增大而减小。在码长 $n \geq 2^m - 1$ 时，传输能耗保持为常量值，但通信能耗依然随着码长增大而增加。因此，设计通信能耗优化编码时，需要在满足 $m < n \leq 2^m - 1$ 约束的情况下，求得最小化通信能耗的优化码长。

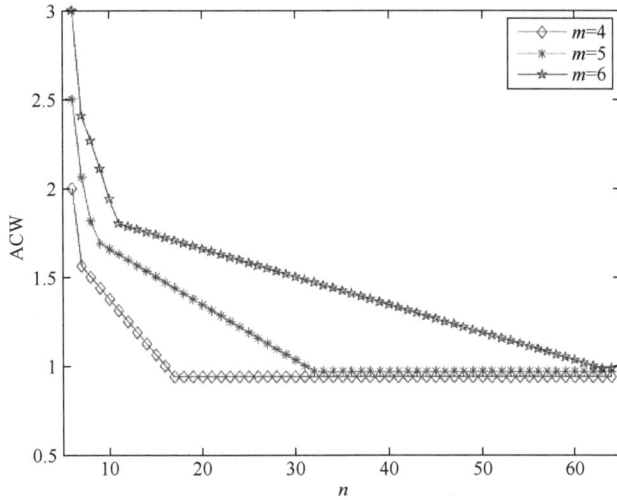

图 6-2　不同源字长度 m 和码长 n 情况下的 ACW

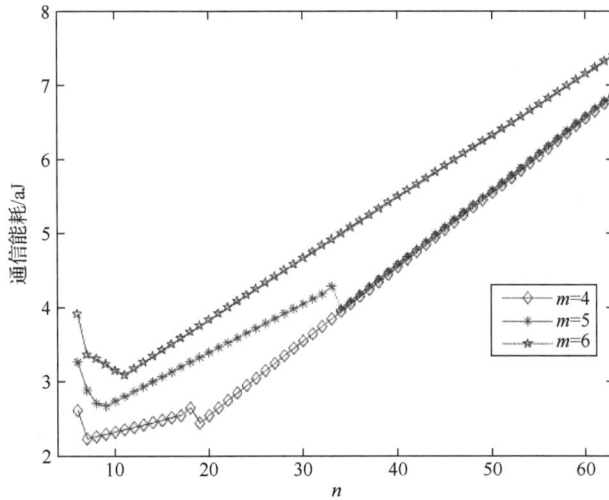

图 6-3　不同源字长度 m 和码长 n 情况下的通信能耗

图 6-4 所示是求解式（6-35）优化问题的结果。图中显示的是最小化通信能耗的优化码长及相应的接收端能耗与发送端能耗的比率。由图 6-4 可知，存在一个实现最小化通信能耗的优化码长。对于较大的源字长度，优化码长可能较小，如在源字长度 $m=19$ 和 $m=20$ 时，优化码长分别为 37 和 32。另外，最小化通信能耗时的接收端能耗与发送端能耗的比率是小于 1 的。对于相邻的两个 m，较小的 m 可能需要更多的接收端能耗和更少的发送端能耗，因此导致了图中的曲线波动。例如，当源字长度 $m=19$ 和 $m=20$ 时，接收端能耗分别为 3.33 和 2.88，而发送端能耗分别为 5.7234 和 6.6154，接收端能耗与发送端能耗的比率分别为 3.33/5.7234=0.5818 和 2.88/6.6154=0.4353。此外，常量参数（如 α 和 β 等）的值应在未来工作中继续研究，使其更适用于电磁纳米网络。

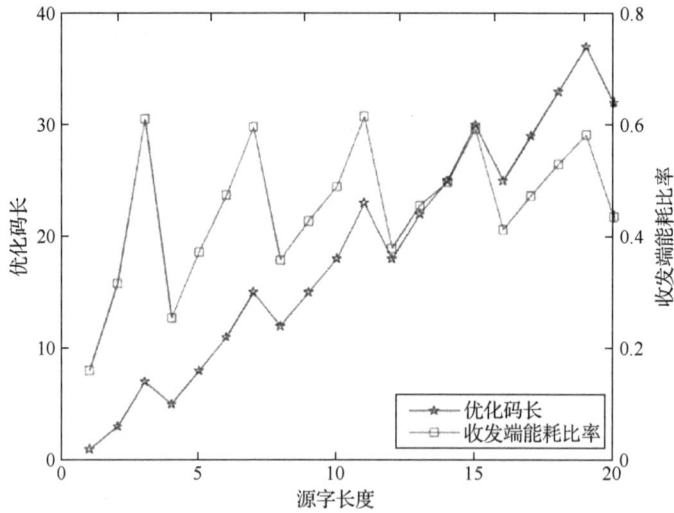

图 6-4　优化码长及相应的收发端能耗比率

图 6-5 所示是源字长度 $3 \leqslant m \leqslant 12$ 时，ACW-MC 优化的通信能耗（码长等于优化码长）与 PPC、ME-coding 和 NC 等的通信能耗的节能百分比（节能率）情况。ACW-MC 取得了较好的节能效果，较之 NC，节能率为 20%～25%；与 PPC 和 ME-coding 等码长较大的编码比较，节能率呈递增趋势，当源字长度 $m > 6$ 时，较之这两种编码节能率大于 70%。

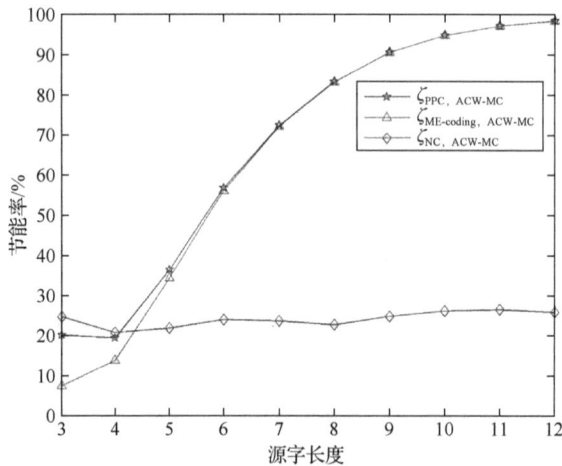

图 6-5　ACW-MC 较之 PPC、ME-coding、NC 节能率

其中，节能率 ζ 计算如下

$$\zeta = \frac{En_{\text{other}} - En_{\text{total}}}{En_{\text{other}}} \times 100\% \tag{6-39}$$

式中，En_{other} 为其他编码（PPC、ME-coding、NC 等）的通信能耗；En_{total} 为 ACW-MC 的通信能耗。

如图 6-6 所示，当 $m = 32$ 时，对 ACW-MC、LWC 和 NC 的通信能耗进行比较。根据文献[3]和文献[5]，所设计的常量码重 w 必须满足条件 $C_n^w \geqslant K = 2^m$，并且 LWC 对不同的码长 n 取满足条件的最小 w 值，从而使其 ACW（即 $\overline{w}$）最小。由图 6-6 可知，ACW-MC 的通信能耗小于 LWC 和 NC，因为 ACW-MC 的平均码重小于后两者；当 $n \geqslant 37$ 时，LWC 的能耗低于未编码的情况，即 LWC 在采用较小的常量码重时也具有一定的能量有效性。

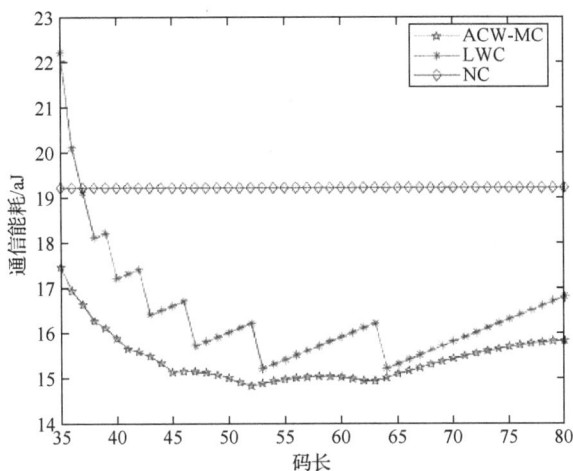

图 6-6　ACW-MC、LWC 和 NC 的通信能耗比较情况

考虑误比特率为 p_{BER} 时 ACW-MC 的能耗情况。不同的误比特率和源字长度情况下的最小化通信能耗如图 6-7 所示。较大的误比特率耗费更多的能量，因为较大的误比特率导致较多的平均码字重传次数，从而使通信能耗增多。由于较大的源字长度使发送端能耗增加或接收端能耗增多或两者都增加，通信能耗一般随着源字长度增大而增加。但对于相邻的两个源字长度，较大的源字长度可能耗费的通信能耗更少，当误比特率为 0.01 时，源字长度 $m = 20$ 的通信能耗小于 $m = 19$ 的，原因是前者的码长小于后者，节省了收发端电路能耗与接收端接收能耗。

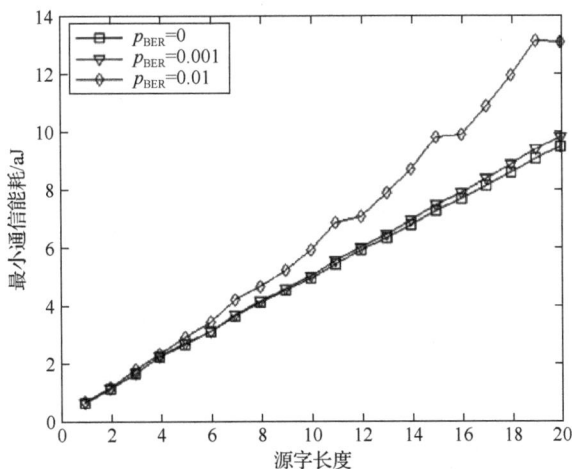

图 6-7　不同误比特率和源字长度情况下的最小通信能耗

MEC 和 ACW-MC 的最小化 ACW 和相应码长的比较情况如表 6-5 所示。其中，$\overline{w}_{\text{MEC}}$、$\overline{w}_{\text{ACW-MC}}$ 分别表示 MEC 和 ACW-MC 的 ACW，n_{MEC}、$n_{\text{ACW-MC}}$ 分别表示它们相应的最小码长。对于给定的源字长度 m，ACW-MC 在 ACW 与码长方面都优于 MEC。但是，在考虑存在误比特率的情况下，ACW-MC 并不总是优于 MEC，因为 ACW-MC 为了保证所传输的符号能被正确接收需要重传码字而损耗更多能量。

表 6-5 ACW-MC 与 MEC（d=3）的比较情况

m	$\overline{w}_{\text{ACW-MC}}$	$\overline{w}_{\text{MEC}}$	$n_{\text{ACW-MC}}$	n_{MEC}
4	0.9375	1.9375	15	31
5	0.9688	1.9688	31	63
6	0.9844	1.9844	63	127

图 6-8 所示为 ACW-MC 与具有纠错能力的 MEC 的能耗比较情况。其中，两者在源字长度 m、码长 n、汉明距离 d 等相关参数的设置见图例。ACW-MC 码的汉明距离 $d=1$，并不具有纠错能力；MEC 码通过保证 $d>1$ 在最小化能耗的同时能保证通信可靠性。

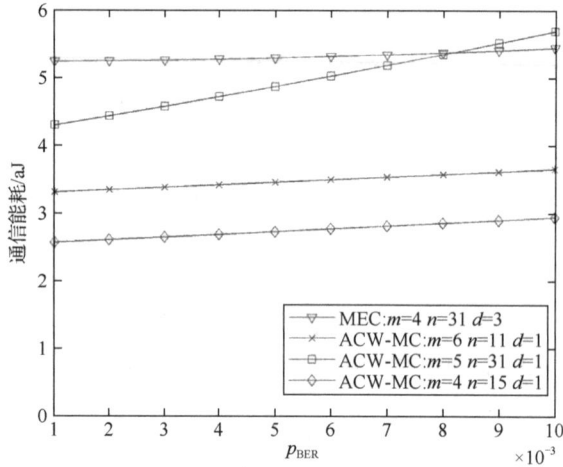

图 6-8 ACW-MC 和 MEC 在不同误码率下的通信能耗比较

由图可知，当 $p_{\text{BER}} \in [0.001, 0.01]$ 时，ACW-MC（$m=6, n=11, d=1$）和 ACW-MC（$m=4, n=15, d=1$）的通信能耗低于 MEC（$m=4, n=31, d=3$），主要原因在于 ACW-MC 的码长相对更小，可以节省发送端的电路能耗及接收端的接收能耗，而且，MEC 较大的 ACW 将产生更多的传输能耗。例如，MEC（$m=4, n=31, d=3$）的 ACW 为 1.9375，而 ACM-MC（$m=4, n=15, d=1$）的 ACW 为 0.9375。当误比特率较大时，ACW-MC（$m=5, n=31, d=1$）的通信能耗高于 MEC（$m=4, n=31, d=3$）。例如，$p_{\text{BER}} > 0.008$ 的情况，当误比特率增大（如 $p_{\text{BER}} > 0.01$）时，这种情况更加明显。原因如下：当误比特率较大时，ACW-MC 方法里的误码率也较大，为保证接收端正确接收码字，所需的平均码字重传次数也较大，从而消耗更多的码字重传能量。因此，ACW-MC 更适用 $p_{\text{BER}} < 0.01$ 的电磁纳米网络的场景。图 6-9 所示是 $0.01 \leqslant p_{\text{BER}} \leqslant 0.1$ 时，较之 MEC

（ $m=4, n=31, d=3$ ），ACW-MC（ $m=6, n=11, d=1$ ）、ACW-MC（ $m=4, n=15, d=1$ ）的节能率情况。由图 6-9 可知，节能率都超过 30%，而在 $p_{BER} \geqslant 0.05$ 时，节能率都超过40%；当 BER 较大时（如 $p_{BER} > 0.06$ ），码长较小（ $n=11$ ）的 ACW-MC 节能效果更佳。原因在于 ACW-MC 的码长更小，消耗的接收能耗更少。

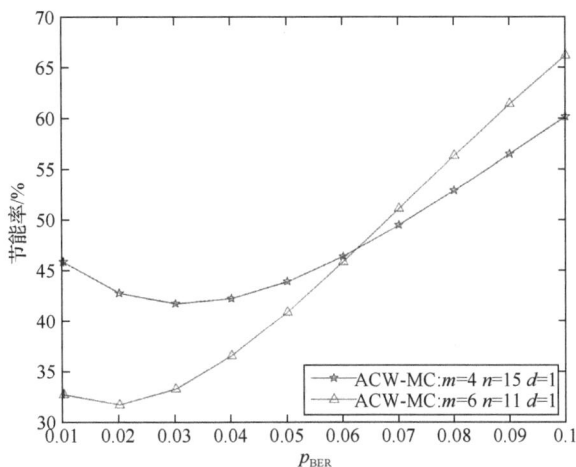

图 6-9　ACW-MC 较之 MEC 的节能率（ $0.01 \leqslant p_{BER} \leqslant 0.1$ ）

6.4　源字非等概率通信能耗最小化编码

在源字非等概率场景中，主要包括两种不同情况下的编码方法，以及考虑传输能耗和接收能耗的通信能耗模型。码长给定的 CEMC：对于给定源字长度和码字长度，接收能耗是固定的。CEMC 通过最小化 ACW 以降低传输能耗，编码思想是匹配高概率的源字为码重较小的码字。码长优化的 CEMC：考虑不同情况下的优化码长，以最小化通信能耗。优化码长的选择受到码长阈值和编码速率阈值的限制，通信能耗最小化问题可以采用穷举法求解。通信能耗模型：考虑传输能耗和接收能耗，建立通信能耗模型，其中传输能耗由 ACW 与单位脉冲能耗的乘积表示，接收能耗与码长的乘积有关，并考虑重传机制以保证通信可靠性，平均码字重传次数与误比特率有关。本节介绍在源字非等概率下电磁纳米网络中的编码方法和通信能耗模型，以便在不同情境下选择合适的编码方案和码长来最小化通信能耗。

6.4.1　编码介绍与通信能耗模型

电磁纳米网络采用 TS-OOK 调制方案，在源字非等概率出现的场景中，可借鉴基于 OOK 调制方案的 ME 的编码思想。CEMC 的编码思想与 ME 相同，即将出现概率较大的源字匹配为码重较小的码字。

1. 码长给定的 CEMC[2, 12, 14]

对于源字非等概率出现的场景,在给定源字长度 m 和码字长度 $n(n > m)$ 时,接收能耗是固定的。码长给定的 CEMC 通过最小化 ACW 最小化传输能耗,从而节省通信能耗,其编码方案如下:

(1)求出拟用码字的最大码重(MCW) w_{max};

(2)按照码重从 0 到 w_{max} 的顺序,逐个生成码字加入码本从而构建优化码本;

(3)将出现概率较高的源字匹配为码重较小的码字,从而实现最小化 ACW 的目的。

拟用码字的最大码重 w_{max} 是满足条件 $C_n^0 + C_n^1 + \cdots + C_n^j \geq K$ 的最小 j 值的计算如下:

$$w_{max} = \min\{j : C_n^0 + C_n^1 + \cdots + C_n^j \geq K\} \tag{6-40}$$

式中,组合数 $C_n^w = \dfrac{n!}{(n-w)!w!}(0 \leq w \leq j)$ 表示码长为 n 且码重为 w 的可用码字个数。

表 6-6 是给定码长的 CEMC 的源字-码字匹配表(如第一列所示的源字已按出现概率的非递增排序),其中 $m = 3$。对于给定的源字长度 $m = 3$,按式(6-40)可求得码长 $n = 5$ 时 MCW 等于 2,而码长 $n = 7$ 时 MCW 等于 1,生成的优化码本如表中第二、三列所示。需要注意的是,当码长满足条件 $m < n < 2^m - 1$ 时,CEMC 的优化码本通常是不唯一的,如 $n = 5$ 时表 6-6 中第二列的最后两个码字可替换为 00011、00110,但各自可用优化码本的 ACW 是相等的。

表 6-6　给定码长的 CEMC 的源字-码字匹配表（ $m=3$ ）

源字	码字（ $n=5$ ）	码字（ $n=7$ ）
000	00000	0000000
001	10000	1000000
010	01000	0100000
011	00100	0010000
100	00010	0001000
101	00001	0000100
110	11000	0000010
111	01100	0000001

构建 CEMC 的优化码本可采用算法 6-1。首先将优化码本初始为空集,然后依次将所生成的码重从 0 到 $w_{max} - 1$ 的所有码字都加入优化码本中,此时优化码本中共有 $\sum_{i=0}^{w_{max}-1} C_n^i$ 个码字,最后生成码重为 w_{max} 的 $K - \sum_{i=0}^{w_{max}-1} C_n^i$ 个码字加入优化码本中。由此得到的优化码本可表示如下:

$$\begin{cases} C = \{C_1, C_2, \cdots, C_i, \cdots, C_K\} \\ \text{s.t.} \quad w_1 \leq w_2 \leq \cdots \leq w_i \leq \cdots \leq w_K \end{cases} \tag{6-41}$$

式中, $w_i(1 \leq i \leq K)$ 为码字 C_i 的码重,且满足条件 $0 \leq w_i \leq w_{max}$。

在源字非等概率出现的场景下,当码长给定时,CEMC 编码算法如算法 6-2 所示,主要包括如下三个步骤：

（1）确定优化码本；

（2）对源字按出现概率 $p_i(1 \leqslant i \leqslant K)$ 非递增排序，得到 $p_1 \geqslant p_2 \geqslant \cdots \geqslant p_i \geqslant \cdots \geqslant p_K$；

（3）将出现概率为 p_i 的源字 S_i 匹配为已按码重 w_i 非递减排序的码字 C_i，得到源字-码字匹配表（编码字典）。

算法 6-2　CEMC 编码算法

输入：

源字长度 m，码字长度 n。

输出：

源字-码字匹配表

处理步骤：

步骤1：根据算法 6-1 得到最大码重不超过 $w_{\max}$ 的优化码本 $C = \{C_1, C_2, \cdots, C_i, \cdots, C_K\}$，其中，各个码字的码重已按非递减排列；

步骤2：对源字的出现概率按非递增排序，得到源字集 $S = \{S_1, S_2, \cdots, S_i, \cdots, S_K\}$；

步骤3：将匹配关系 $(S_i, C_i)(1 \leqslant i \leqslant K)$ 逐个加入源字-码字匹配表中；

步骤4：返回源字-码字匹配表。

根据算法 6-2，对于给定码长的 CEMC，其最小化的 ACW 计算如下：

$$w_{\min} = \sum_{i=1}^{K} w_i \cdot p_i \tag{6-42}$$

式中，w_i 为第 i 个码字的码重；p_i 是匹配为第 i 个码字的源字的出现概率，且满足如下条件：$w_1 \leqslant w_2 \leqslant \cdots \leqslant w_i \leqslant \cdots \leqslant w_K$，$p_1 \geqslant p_2 \geqslant \cdots \geqslant p_i \geqslant \cdots \geqslant p_K$。表 6-7 给出了 $m=2$，$n=3$ 时的编码示例。

表 6-7　编码示例（$m=2$，$n=3$）

源字	源字概率	码字	码重
S_1	$p_1 = 0.4$	000	$w_1 = 0$
S_2	$p_2 = 0.3$	001	$w_2 = 1$
S_3	$p_3 = 0.2$	010	$w_3 = 1$
S_4	$p_4 = 0.1$	100	$w_4 = 1$

2. 码长优化的 CEMC

在电磁纳米网络的太赫兹波通信中，由于传输路径损耗和分子吸收噪声的影响，单个纳米节点的有效传输距离非常短，接收能耗不容忽视。ME、ME-coding、MTE 和 MEC 等编码通过减少所传输的高位数量，节省了发送端的传输能耗。但是，由于接收增长的码字使接收端的接收能耗增多，在电磁纳米网络短距离通信中，并不一定能够节省通信能耗[2]。

在电磁纳米网络中采用给定码长的编码时，因为编码后的 ACW 减小，所以能够节省传输能耗。但是，编码后较大的码长将导致接收能耗增大，从而使通信能耗（包含传输能耗和接收能耗）可能升高。由于通信能耗与码长直接相关，可以通过优化码长来最小化通信能耗。

本节从电磁纳米网络发送端和接收端的平均能耗的角度出发，建立综合考虑传输能耗和接收能耗的通信能耗模型。由于基于石墨烯的纳米节点的电路能耗依然是未知数[31]，本节不考虑收发端的电路能耗。纳米节点在传输比特"0"时保持静默不会消耗能量，仅在通过发送 100fs 高斯脉冲传输比特"1"时消耗能量，因此传输能耗可以表示为 CEMC 优化码本的 ACW 与单位脉冲能耗 En_{tp} 的乘积。由于接收端无论接收比特"1"或比特"0"都会产生能耗[2, 32]（设为 En_{rb}），接收能耗可以表示为码长 n 与 En_{rb} 的乘积。本节将 En_{rb} 与 En_{tp} 的比值定义为收发能耗比 η_{EER}，即 $\eta_{EER} = En_{rb} / En_{tp}$，则有 $En_{rb} = \eta_{EER} \cdot En_{tp}$。因此，CEMC 的通信能耗 En_{cemc} 可以表示如下[2]：

$$En_{tx\_cemc} = En_{tp} \cdot w_{min}$$

$$En_{rx\_cemc} = n \cdot En_{rb}$$

$$En_{cemc} = En_{tx\_cemc} + En_{rx\_cemc} = En_{tp}(w_{min} + \eta_{EER} \cdot n) \tag{6-43}$$

式中，En_{tx_cemc}、En_{rx_cemc} 分别表示传输能耗、接收能耗；w_{min} 是最小化的 ACW，可按式（6-42）计算。因此，当收发能耗比 η_{EER} 和单位脉冲能耗 En_{tp} 一定时，En_{cemc} 由 n 及 w_{min} 确定。

将式（6-42）代入式（6-43）中，可得 CEMC 的通信能耗表示如下：

$$En_{cemc} = En_{tp}\left(\sum_{i=1}^{K} w_i \cdot p_i + \eta_{EER} \cdot n\right) \tag{6-44}$$

定理 6-4：CEMC 的优化码长 n^* 满足约束条件 $n^* \leqslant K-1$。

证明：当码长 $n = K-1$ 时，在码本中包含一个全 0 码字和 $K-1$ 个仅有一个比特"1"的码字的情况下，码本的平均码重取最小值 $(K-1)/K$；当码长 $n > K-1$ 时，码本依然可以由一个全 0 码字和 $K-1$ 个仅有一个比特"1"的码字构成，平均码重依然等于 $(K-1)/K$，但码长变大使接收能耗增加，从而使通信能耗大于 $n = K-1$ 时的通信能耗。因此，对于任意的码长 $n > K-1$，都不可能最小化通信能耗。证毕。

CEMC 的优化码长 n^* 是通信能耗最小化时的码长，计算如下：

$$n^* = \min_{n \leqslant K-1} En_{tp}\left(\sum_{i=1}^{K} w_i \cdot p_i + \eta_{EER} \cdot n\right) \tag{6-45}$$

因为 CEMC 不具有纠错能力，所以其采用简单重传机制来保障编码的通信可靠性，即在传输过程中发生错误时，通过若干次重传的方法，保证接收端正确接收码字。当误比特率为 p_{BER} 时，平均码字重传次数等于 $1/(1-p_{BER})^n$，因此，通信能耗可以表示为

$$En_{cemc} = \frac{En_{tp}}{(1-p_{BER})^n}(w_{min} + \eta_{EER} \cdot n) \tag{6-46}$$

此时，优化码长可计算如下：

$$n^* = \min_{n \leqslant K-1} \frac{En_{tp}}{(1-p_{BER})^n}\left(\sum_{i=1}^{K} w_i \cdot p_i + \eta_{EER} \cdot n\right) \tag{6-47}$$

对于已知的源字长度 m 和码长 n，编码速率为 m/n。ME-coding 用长度为 2^m-1 的码字一一匹配长度为 m 的源字，其编码速率为 $m/(2^m-1)$，当 m 较大时，编码速率很小，不适用于有一定码长阈值或编码速率阈值要求的场景。

为了与源字一一匹配，CEMC 的码长需要满足条件 $n \geqslant m$，其中 $m=n$ 是未编码的情形。若同时考虑码长阈值要求 $n \leqslant N$（N 为最大码长）和编码速率阈值要求 $m/n \geqslant \rho$（ρ 为最小编码速率），则 CEMC 的最大码长 $n_{\max}$ 计算如下：

$$n_{\max} = \min\{K-1, N, m/\rho\} \tag{6-48}$$

对于源字非等概率出现的场景，在码长阈值和编码速率阈值约束条件下，CEMC 通信能耗最小化的优化问题表示如下：

$$\begin{cases} n^* = \min_{n \leqslant n_{\max}} En_{\mathrm{tp}}\left(\sum_{i=1}^{K} w_i \cdot p_i + \eta_{\mathrm{EER}} \cdot n\right) \\ \text{s.t.}\quad w_{\max} = \min\{j : C_n^0 + C_n^1 + \cdots + C_n^j \geqslant K\} \\ \qquad w_i \leqslant w_{\max} \\ \qquad w_1 \leqslant w_2 \leqslant \cdots \leqslant w_i \leqslant \cdots \leqslant w_K \\ \qquad p_1 \geqslant p_2 \geqslant \cdots \geqslant p_i \geqslant \cdots \geqslant p_K \\ \qquad n_{\max} = \min\{K-1, N, m/\rho\} \end{cases} \tag{6-49}$$

由于电磁纳米网络的纳米节点能量有限，源字长度 m 一般取较小值，此优化问题可采用穷举法求解，从而得到通信能耗最小化时的优化码长 n^*。当 m 较大时，此优化问题可作为离线问题在编码设计阶段进行处理。

因此，在给定源字长度的情况下，针对源字非等概率出现的场景，码长优化的 CEMC 的编码过程可以表示如下：

（1）针对不同的情况，分别根据式（6-45）或式（6-47）求出优化码长 n^*；

（2）根据式（6-40）求出最大码重 $w_{\max}$；

（3）根据算法 6-2 得到最小化通信能耗的编码字典。

6.4.2　仿真实验与结果分析

为评估 CEMC 的性能，并分析码长、收发能耗比、误比特率、高位传输概率等参数对 CEMC 的影响，在 MATLAB 分析软件中进行仿真实验。在仿真实验中，单位脉冲能耗等于一个单位能耗（如 1aJ），即 $En_{\mathrm{tp}}=1$；对于码长给定的场景，源字出现概率一般服从泊松分布；对于码长优化的场景，源字出现概率一般服从均匀分布，收发能耗比 $\eta_{\mathrm{EER}}=0.1$。

1. 码长给定的场景

图 6-10 所示是 CEMC 与未编码（NC）的通信能耗比较情况，其中源字长度 $m=4$，收发能耗比 $\eta_{\mathrm{EER}}=0.05$，码长阈值 $N^*=8$，编码速率阈值 $\rho=0.5$。由图可知，NC 的通信能耗是固定值，因为 ACW 和码长不变，传输能耗和接收能耗都不变，从而通信能耗不变；CEMC 的能耗在码长 $n<8$ 时呈下降趋势，原因在于码长增大时接收能耗的增量

小于传输能耗的减量，从而通信能耗逐渐减少；当码长 $n \geq 8$ 时，由于码长阈值和编码速率阈值的约束，码长不再变化，因此传输能耗和接收能耗都不变，从而通信能耗保持不变。

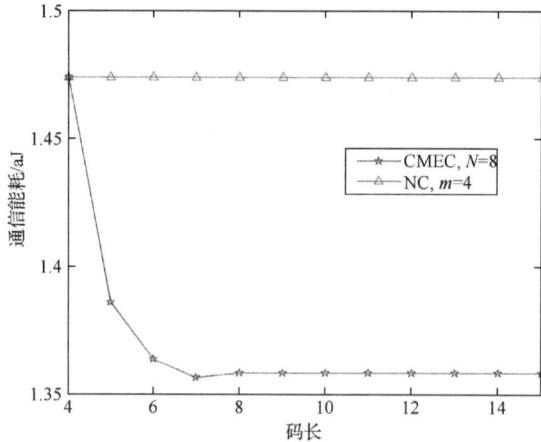

图 6-10 CEMC 与 NC 的通信能耗比较图

图 6-11 和图 6-12 所示是不同误比特率下的通信能耗情况，其中，源字长度 $m = 6$，码长 $n = 9$。两个图中的误比特率分别满足条件 $p_{BER} \leq 0.01$ 和 $p_{BER} \geq 0.01$。由图 6-11、图 6-12 可知，不同收发能耗比下的曲线都呈递增趋势。对于相同的传输能耗和误比特率，收发能耗比越高接收能耗就越大，从而通信能耗越大；对于相同的收发能耗比，较大的误比特率产生较多的通信能耗，因为较大的误比特率使得接收端正确接收码字的平均重传次数变大，从而产生了更多的码字重传能耗。另外，比较图 6-11 和图 6-12 可知，误比特率更大时通信能耗增长速度更快，原因在于较大的误比特率导致较大的误码率，从而产生更多的码字重传能耗。

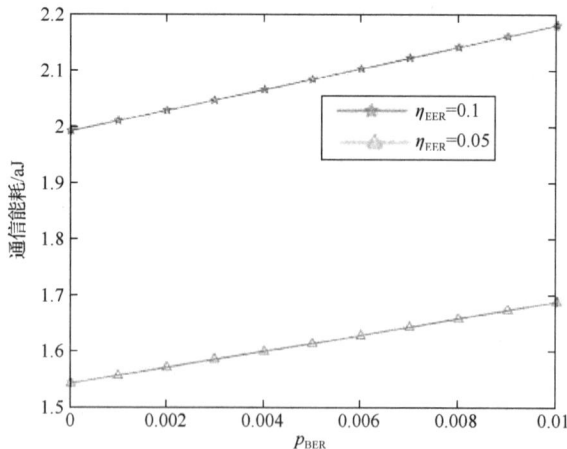

图 6-11 不同误比特率（ $p_{BER} \leq 0.01$ ）下的通信能耗

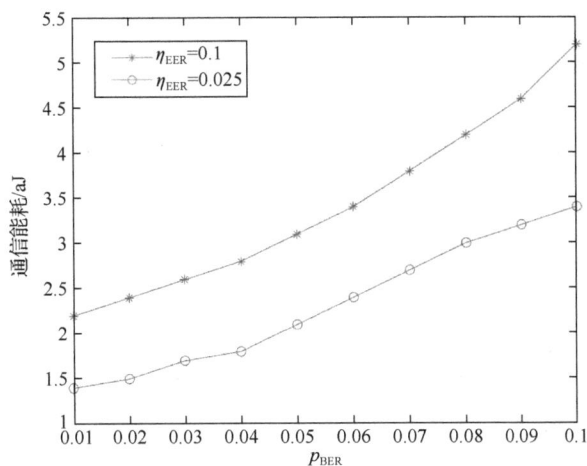

图 6-12　不同误比特率（$p_{BER} \geqslant 0.01$）下的通信能耗

图 6-13 所示是在不同码长情况下，CEMC 与 PPC 和 NC 的节能率比较的结果，其中，源字长度 $m = 4$，收发能耗比 $\eta_{EER} = 0.08$。

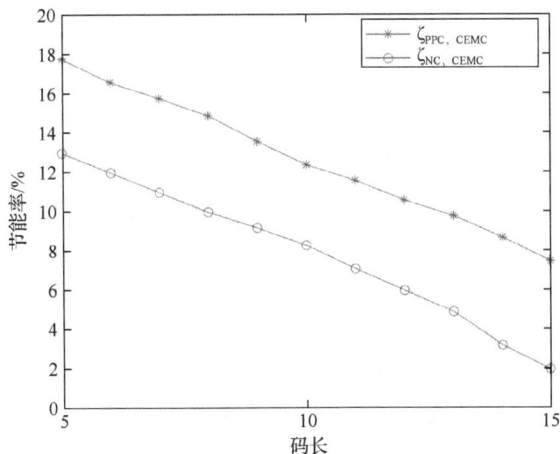

图 6-13　CEMC 较之 PPC、NC 节能率

节能率 ζ 计算如下：

$$\zeta = \frac{En_{other} - En_{cemc}}{En_{other}} \times 100\% \qquad (6\text{-}50)$$

式中，En_{other} 是 NC 及 PPC 等编码的通信能耗；En_{cemc} 是 CEMC 的通信能耗。

由图 6-13 可知，随着码长增大，CEMC 较之两者的节能率都呈递减趋势。原因是当 PPC 和 NC 的码长和 ACW 都是固定值时，其通信能耗不变；CEMC 的接收能耗随码长增大而增多，从而通信能耗增多，这就导致了节能率的下降。

2. 码长优化的场景

图 6-14 所示是求解式（6-50）的优化问题（未含码长阈值和编码速率阈值约束）所得的优化码长 n^* 与相应的最大码重 w_{max}，其中，源字个数 $K = 2^m$，源字长度 m 满足条件 $2 \leqslant m \leqslant 16$。例如，当 $m = 13$ 时，优化码长 $n^* = 22$ 使通信能耗最小化，此时最大码重 $w_{max} = 4$。由于考虑同时优化传输能耗与接收能耗，优化码长 n^* 并非随着源字长度 m 的增加而增加。另外，由图 6-14 可知，当源字长度不同时，最大码重可能是相同的。

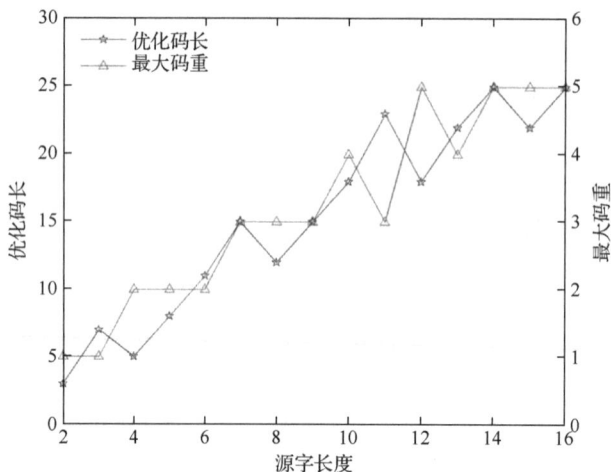

图 6-14　最小化通信能耗的优化码长与最大码重

图 6-15 所示是在不同源字长度时，CEMC、ME-coding 和 NC 的通信能耗对比情况。由图可知，三者的通信能耗都呈递增趋势，而且 ME-coding 的通信能耗随源字长度的增加而快速增长。原因在于这三种编码方案的传输能耗和接收能耗都随源字长度增大而增多，这就造成了通信能耗的增加；并且 ME-coding 的码长随源字长度增加而快速增大，因此接收能耗快速增长，从而导致通信能耗快速增长。从上述分析还可以得到以下结论：CEMC 在源字长度较小（$m \leqslant 3$）时，其通信能耗与 ME-coding 的通信能耗相同，因为此时的优化码长与 ME-coding 的优化码长相同，两者的优化码本相同；随着源字长度增大，ME-coding 的通信能耗大于 CEMC 的通信能耗。另外，虽然 NC 的码长小于 CEMC 的优化码长，但是其 ACW 比 CEMC 的大，因此 NC 的通信能耗大于 CEMC。所以，CEMC 较之具有最小码长的 NC 及具有最小 ACW 的 ME-coding 都具有较好的节能效果。图 6-16 描述了 CEMC 较之 ME-coding 和 NC 的节能率；对于不同源字长度，CEMC 较之 NC 的节能率都在 10% 以上；对于 CEMC 较之 ME-coding 的节能率，当 $m \leqslant 3$ 时为 0，当 $m > 3$ 时，CEMC 较之 ME-coding 的节能率高于 CEMC 较之 NC 的节能率，且随源字长度递增而增大。

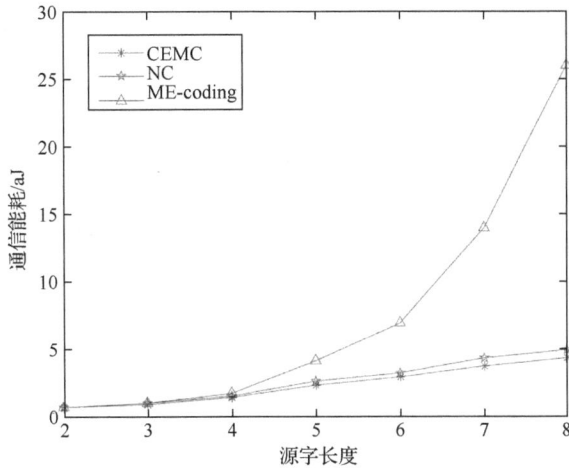

图 6-15　CEMC、ME-coding 和 NC 的通信能耗比较

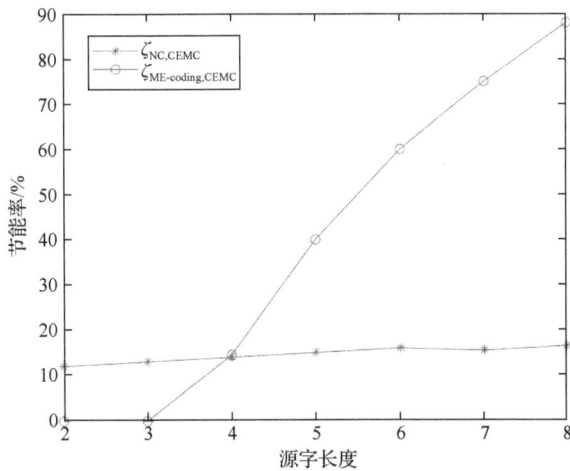

图 6-16　CEMC 较之 ME-coding 和 NC 的节能率

　　图 6-17 所示是 PPC 和 SLW 的节能率比较情况。由于用于提高信道容量的 PPC 未能考虑能量有效性，使用了较大的码长（等于 2^m），虽然其 ACW 较小（等于 1），但是 PPC 在不同的源字长度的情况下，都具有 12% 以上的节能率。SLW 的 ACW 与 ME-coding 相同，是 ACW 最小的变长编码，图中节能率为 0 表示没有节能效果。当源字长度 $m \geqslant 5$ 时，SLW 的节能率随源字长度的增大而增大。

　　图 6-18 所示是求解优化问题式（6-46）所得的 CEMC 优化码长。其中，源字长度 m 满足条件 $2 \leqslant m \leqslant 20$，码长阈值 $N^* = 3m$，编码速率阈值分别为 $\rho = 0.25$ 和 $\rho = 0.75$。由图 6-18 可知，对于较大的编码速率阈值（$\rho = 0.75$），优化码长随源字长度增大而增大；对于较小的编码速率阈值（$\rho = 0.25$），随着源字长度增大，优化码长可能增大，也可能减小。

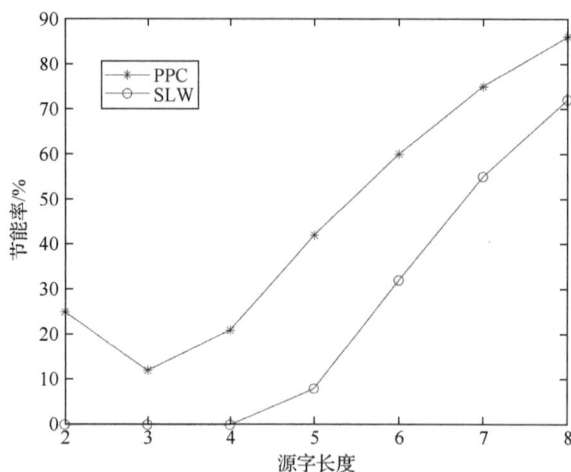

图 6-17 PPC 和 SLW 的节能率比较

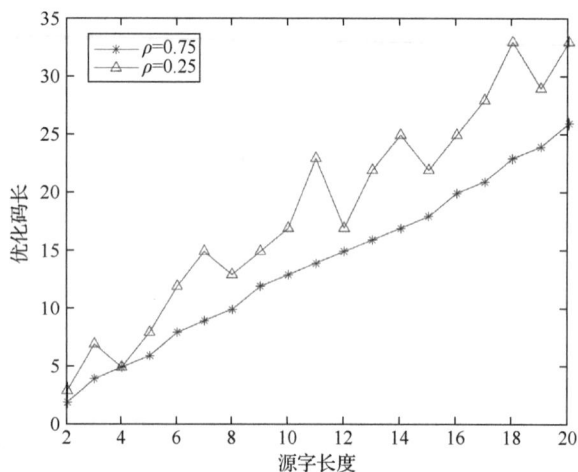

图 6-18 码长阈值和编码速率阈值约束下的 CEMC 优化码长

　　码长阈值和编码速率阈值约束下的 CEMC 通信能耗如图 6-19 所示。由图 6-19 可知，通常较大的编码速率阈值产生较多的通信能耗，因为较大的编码速率阈值导致较小的优化码长和较大的 ACW；其中，较大的 ACW 消耗更多的传输能量，较小的优化码长通常使接收能耗的减量小于传输能耗的增量，因此通信能耗较多。

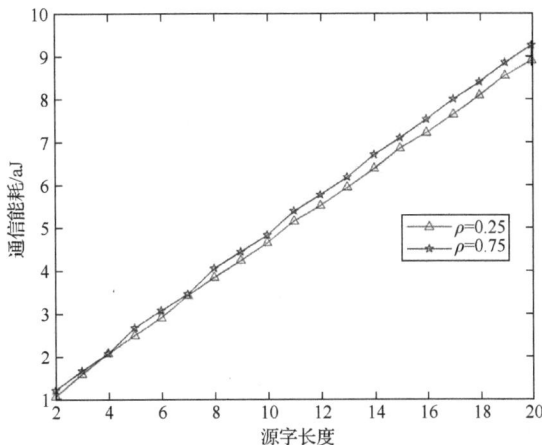

图 6-19　码长阈值和编码速率阈值约束下的 CEMC 通信能耗

6.5　实时信息流通信能耗优化编码

实时信息流通信能耗优化编码（EOC）是一种改进的编码方法，用于实时信息流通信能耗的优化。它综合考虑发送端能耗和接收端能耗，以及在编码字典中对码重相同的码字进行加权排序。EOC 根据实时信息流的长度、源字长度和码长来构建编码字典。编码字典中的码字按码重非递减排序，对于相同码重的码字，按相邻高位之间距离的加权平均值进行非递增排序。在实时信息流能耗模型中，EOC 考虑发送端能耗和接收端能耗，包括码字传输能耗和编码字典传输能耗。发送端能耗受到实时信息流的种数、码字的码重和出现次数的影响；接收端能耗与编码字典的码重有关。通过优化源字长度和码长，最小化通信能耗。求解最小化通信能耗的优化问题，获得最优的源字长度和码长。总的来说，EOC 是一种改进的编码方法，旨在优化实时信息流通信能耗，通过综合考虑发送端能耗和接收端能耗，以及对编码字典的优化，实现更高效的通信。

6.5.1　编码介绍

NME 只考虑了发送端能耗而未考虑接收端能耗，本节提出的 EOC，关注实时信息流划分之后长度为 m 的 2^m 种源字不一定都出现（即源字种数 $M \leqslant 2^m$）的场景。EOC 是改进的 NME，其改进之处在于：①采用比源字长度大的码长，通过源字长度和码长的综合优化实现通信能耗的优化；②在能耗方面综合考虑发送端能耗和接收端能耗，其中包含了实时信息流（数据）和编码字典的收发能耗；③对于码重相同的码字，按码字中相邻高位之间距离的加权平均值非递增排序，进一步降低分子吸收噪声和多用户干扰。

1. 编码方案

设实时信息流的长度为 L，源字长度为 m，码字的码长为 n，且满足条件 $n > m$。

如果实时信息流恰好能分为 M 种源字，那么将有 L/m 个源字，则 EOC 需要传输 N 个码字；例如，当实时信息流的长度 $L=100$，源字长度 $m=2$，能恰好分为 $M=4$ 种源字，则需要传输的码字有 50 个；否则，将产生一个长度小于 m 的源字，此时可对该源字进行单独处理（如直接作为一个码字）或其他一些特殊处理（如增加比特"0"使其长度等于 m），此时，EOC 需传输 $\lceil L/m \rceil$ 个码字。

对于给定的源字长度 m 和码长 n（可通过求解能耗优化问题得到），在根据实时信息流统计得到各种源字出现次数的基础上，EOC 的编码过程如下：首先，构建最大码重约束下的优化码本；然后，将码字按码重非递减排序，而对于相同码重 $w^s(1 \leqslant w^s \leqslant w_{\max})$ 的码字则按码字中相邻高位之间距离的加权平均值 $d_j^{w^s}(j=1,2,\cdots)$ 进行非递增排序；最后，将源字按出现次数 n_i 非递增排序，并与排序后的码字一一依序匹配，得到编码字典。

显然，码重为 $w^s(1 \leqslant w^s \leqslant w_{\max})$ 的码字中有 $k=w^s-1$ 组相邻高位；令相邻高位的距离 $d_{ji}(1 \leqslant i \leqslant k)$ 为相邻比特"1"之间的比特"0"的个数。若将 d_{ji} 按非递增进行排序，并为较大的相邻高位的距离赋予较大的权重参数 $\theta_{ji}(1 \leqslant i \leqslant k)$，则相邻高位之间距离的加权平均值 $d_j^{w^s}(j=1,2,\cdots)$ 计算如下：

$$d_j^{w^s} = \sum_{i=1}^{k} d_{ji}\theta_{ji} \qquad (6\text{-}51)$$

式中，$d_{j1} \geqslant d_{j2} \geqslant \cdots \geqslant d_{jk}$；$\theta_{j1} \geqslant \theta_{j2} \geqslant \cdots \geqslant \theta_{jk}$；$k=w^s-1$。

例如，对于码长为 6 的三个码字 011001、101001 和 110001，有 $w^s=3$，$k=2$，依次可设：$\theta_{11}=0.6, \theta_{12}=0.1, \theta_{21}=0.6, \theta_{22}=0.3, \theta_{31}=0.8, \theta_{32}=0.1$，$d_1^3=d_{11} \cdot \theta_{11}+d_{12} \cdot \theta_{12}=2 \times 0.6+0 \times 0.1=1.2, d_2^3=d_{21} \cdot \theta_{21}+d_{22} \cdot \theta_{22}=2 \times 0.6+1 \times 0.3=1.5, d_3^3=d_{31} \cdot \theta_{31}+d_{32} \cdot \theta_{32}=3 \times 0.8+0 \times 0.1=2.4$，则按 $d_j^{w^s}$ 非递增排列的这 3 个码重相同的码字的顺序为 110001、101001 和 011001。因此，EOC 相邻高位间距加权平均的方法既能满足 NME 按最大相邻高位间距的要求，又能区分最大相邻高位间距相同的情况。

2. 实时信息流能耗模型及其优化

目前，尚无精确的纳米节点电路能耗模型，文献[26]中将收发端的电路能耗设为常数，因此，本节不考虑收发端的电路能耗。EOC 的通信能耗 En_{eoc} 等于发送端能耗 En_{tx_eoc} 与接收端能耗 En_{rx_eoc} 之和，计算如下：

$$En_{eoc} = En_{tx\_eoc} + En_{rx\_eoc} \qquad (6\text{-}52)$$

发送端能耗 En_{tx_eoc} 包括码字传输能耗及字典传输能耗，计算如下：

$$En_{tx\_eoc} = En_{tp}\left(\sum_{i=1}^{M} w_i^c n_i + \sum_{i=1}^{M}(w_i^s+w_i^c) \right)$$
$$= En_{tp}\left(\sum_{i=1}^{M} w_i^c(n_i+1) + \sum_{i=1}^{M} w_i^s \right) \qquad (6\text{-}53)$$

式中，En_{tp} 是单位脉冲能耗；M 是源字的种数；w_i^c 是第 i 种码字的码重，满足条件 $w_1^c \leqslant w_2^c \leqslant \cdots \leqslant w_i^c \leqslant \cdots \leqslant w_M^c$；$n_i$ 是匹配为第 i 种码字的源字的出现次数，且满足如下

条件：$n_1 \geqslant n_2 \geqslant \cdots \geqslant n_i \geqslant \cdots \geqslant n_M$；$w_i^s$ 是第 i 种源字的码重；$\sum\limits_{i=1}^{M} w_i^c n_i$ 表示所需传输的实时信息流中码字的总码重；$\sum\limits_{i=1}^{M}(w_i^s + w_i^c)$ 表示编码字典的码重，即 EOC 需要同时传输编码字典中的源字及码字。

在电磁纳米网络中采用 TS-OOK 调制方案，发送端仅在发送高位时产生传输能耗，但接收端无论接收高位还是低位都会产生相同的接收能耗[2, 32]。根据文献[2]，可设纳米节点接收每个比特的能耗 $En_{\text{rb}} = \eta_{\text{EER}} En_{\text{tp}}$。EOC 接收 N 个码字和 M 种源字及其对应码字构成的编码字典的接收端能耗 $En_{\text{rx\_eoc}}$ 计算如下：

$$
\begin{aligned}
En_{\text{rx\_eoc}} &= En_{\text{rb}}(Nn + M(m+n)) \\
&= \eta_{\text{EER}} En_{\text{tp}}(mM + n(M+N))
\end{aligned}
\tag{6-54}
$$

因此，EOC 的通信能耗 En_{eoc} 可表示如下：

$$
En_{\text{eoc}} = En_{\text{tp}}\left(\sum\limits_{i=1}^{M} w_i^c(n_i + 1) + \sum\limits_{i=1}^{M} w_i^s + \eta_{\text{EER}}(mM + n(M+N)) \right)
\tag{6-55}
$$

从另一个角度考虑，EOC 的通信能耗 En_{eoc} 也可以表示为数据收发能耗 En_{data} 与字典收发能耗 En_{dict} 之和，En_{data} 和 En_{dict} 计算如下：

$$
En_{\text{data}} = En_{\text{tp}}\left(\sum\limits_{i=1}^{M} w_i^c n_i + \eta_{\text{EER}} nN \right)
\tag{6-56}
$$

$$
En_{\text{dict}} = En_{\text{tp}}\left(\sum\limits_{i=1}^{M}(w_i^s + w_i^c) + \eta_{\text{EER}} M(m+n) \right)
\tag{6-57}
$$

为了优化 EOC 的通信能耗，需要求得最小化通信能耗的源字长度和码长，因此，EOC 的通信能耗优化问题表示如下：

$$
\begin{cases}
(m^*, n^*) = \arg\min En_{\text{tp}}\left(\sum\limits_{i=1}^{M} w_i^c(n_i + 1) + \sum\limits_{i=1}^{M} w_i^s + \eta_{\text{EER}}(mM + n(M+N)) \right) \\
\text{s.t.} \quad m, n \in \mathbf{Z}^+ \\
\qquad M \leqslant 2^m \\
\qquad N = \lceil L/m \rceil \\
\qquad w_1^c \leqslant w_2^c \leqslant \cdots \leqslant w_i^c \leqslant \cdots \leqslant w_M^c \\
\qquad n_1 \geqslant n_2 \geqslant \cdots \geqslant n_i \geqslant \cdots \geqslant n_M \\
\qquad n \in \{m+1, \cdots, 2^m - 1\}
\end{cases}
\tag{6-58}
$$

通过求解上述优化问题，可得最小化通信能耗的优化源字长度 m^* 和优化码长 n^*。例如，当随机生成的实时信息流（高位和低位均匀分布）的长度 $L = 2.772 \times 10^4$（约 3.38KB）时，可求得 $m^* = 6$、$n^* = 11$，相应的最小化通信能耗为 $1.3489 \times 10^3 \text{aJ}$。

3. 编码算法

在求得优化的源字长度 m^* 和码长 n^* 之后，EOC 的编码算法如算法 6-3 所示。

算法 6-3　EOC 编码算法

输入：

实时信息流 RS。

输出：

编码字典 CS。

处理步骤：

步骤 1：将 RS 按优化的源字长度 m^* 进行划分，得到源字集合（共 M 种）。

步骤 2：统计各种字的出现次数，并将源字的出现次数按非递增排序，得到源字的出现次数统计表 $SN = \{(S_i, n_i) \mid n_1 \geq n_2 \geq \cdots \geq n_M\}$。

步骤 3：按优化的码长 n^* 在满足最大码重约束下构造码字集合，其中各码字按码重非递减排序；若有多个码字的码重相同（设为 w^*），则按式（6-51）中 $d_j^{w^*}$ 的非递增进行排序，得到码字集合 $C = \{C_1, C_2, \cdots, C_i, \cdots, C_M\}$，各码字的码重满足约束条件 $w_1 \leq w_2 \leq \cdots \leq w_M$。

步骤 4：分别从 SN 和 C 中选择源字 S_i 和码字 C_i，构成匹配关系 $(S_i, C_i)(1 \leq i \leq M)$，依次加入 CS 中。

步骤 5：返回 CS。

算法 6-3 的时间复杂度主要取决于所用排序算法的时间复杂度，通常为 $O(M\log_2 M)$ 或 $O(M^2)$。由于 EOC 优化的源字长度 m^* 一般取较小值（$m^* < 10$），$M \leq 2^{m^*} < 1024$，因此该算法适用于纳米节点能量储存能力和计算能力都极其有限的电磁纳米网络。

需要注意的是，在根据优化的源字长度和码长确定编码字典之后，可以考虑在传输实时信息流之前，使接收端预先获得编码字典，从而不必消耗编码字典的收发能量。

6.5.2　仿真实验与结果分析

仿真实验使用 JavaHAWKS、Nano-sim 和 MATLAB 等仿真软件。仿真实验中，长度为 L 的实时信息流随机生成，其比特"1"和比特"0"符合均匀分布。设每发送一个 100 fs 的高斯脉冲消耗的能量，即单位脉冲能耗 $En_{tp} = 0.1aJ$，每比特的接收能耗 $En_{rb} = 0.01aJ$。

图 6-20 所示为给定不同的源字长度时 EOC 的优化码长，其中，$L = 2.772 \times 10^4$，使实时信息流根据源字长度集合 $\{2, 3, \cdots, 11\}$ 中的任一源字长度划分时都能恰好分成 $N = L / m$ 个码字。由图可知，当源字长度 $m \leq 7$ 时，较大的源字长度其优化码长可能较小；当源字长度 $m > 7$ 时，优化码长随源字长度增大而增大，导致接收能耗增大，不利于通信能耗优化。因此，EOC 的源字长度宜取较小值。

图 6-21 所示为给定不同的源字长度时 EOC 的编码字典收发能耗在通信能耗中的占比情况，其中，能耗占比定义为 $\alpha = (En_{dict} / En_{eoc}) \times 100\%$。由图可知，$L$ 越大则 α 越小，当 $L = 1.386 \times 10^7$ 时，数据量约为 1.65MB，$\alpha < 0.3\%$；当源字长度 $m \leq 7$ 时，对于不同的 L，都有 $\alpha < 0.5\%$。因此，这些情况下的编码字典收发能耗几乎可以忽略。

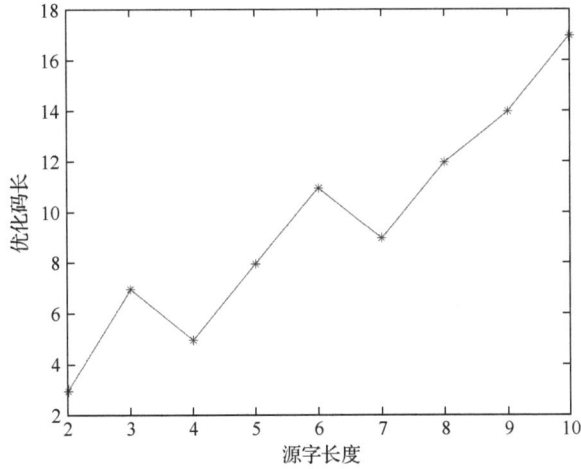

图 6-20　给定不同源字长度的 EOC 优化码长

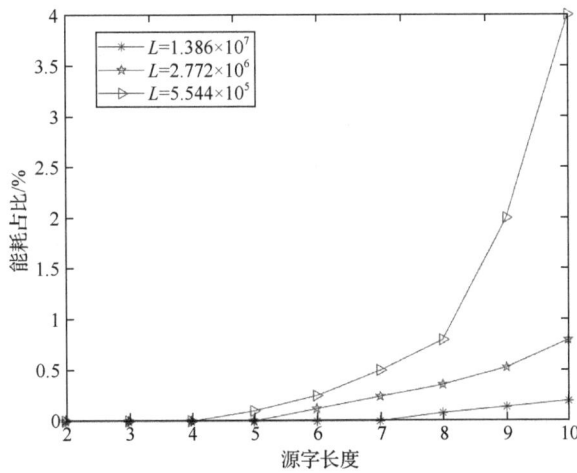

图 6-21　EOC 的编码字典收发能耗的占比

综上所述，EOC 更适用于实时信息流长度大的场景。需要注意的是，当源字种数 M 较大时，编码字典包含较多的源字和码字，从而使编码字典收发能耗较大。

图 6-22 所示为不同源字长度下 EOC、NME 和 NC（未编码）的通信能耗比较情况，其中，$L = 2.772 \times 10^4$。

由图 6-22 可知，EOC 的通信能耗低于 NME 和 NC；NC 的通信能耗 En_{non} 为常量，因为 En_{non} 直接由实时信息流所包含的高位和 L 决定，计算如下：

$$En_{non} = En_{tp}\left(\sum_{i=1}^{N} w_i + \beta L \right) \tag{6-59}$$

式中，w_i 表示第 i 个源字中的码重。

当 $L = 2.772 \times 10^4$ 时,不同源字长度下 EOC 较之 NME 和 NC 的节能率情况如图 6-23 所示。EOC 较之 NC 的节能率满足条件 $10.4\% < \zeta < 18.9\%$,EOC 较之 NME 的节能率满足条件 $8.3\% < \zeta < 14.8\%$,因此具有较好的能量有效性。

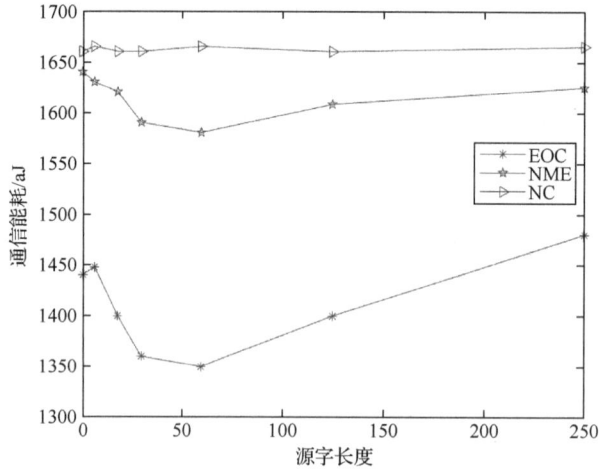

图 6-22　不同源字长度下 EOC、NME 和 NC 的通信能耗比较

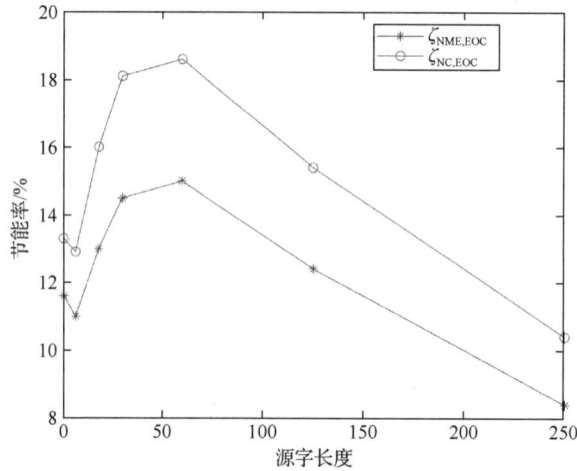

图 6-23　不同源字长度下 EOC 较之 NME 和 NC 的节能率

本节节能率 ζ 定义如下:

$$\zeta = \frac{En_{\text{other}} - En_{\text{eoc}}}{En_{\text{other}}} \times 100\% \tag{6-60}$$

式中,En_{other} 为式(6-50)中的 En_{cemc} 或式(6-59)中的 En_{non}。

当 $L \in [1.2 \times 10^3, 9 \times 10^3]$ 和 $L \in [1.2 \times 10^4, 4 \times 10^5]$ 时,求解如式(6-58)所示的能耗优化问题,可得 EOC 的优化的源字长度和码长如图 6-24 和图 6-25 所示。由图 6-24 中可知,当 $L \in [1.2 \times 10^3, 9 \times 10^3]$ 时,EOC 的优化源字长度满足条件 $2 \leqslant m^* \leqslant 5$,优化码长满足条件 $3 \leqslant n^* \leqslant 8$;由图 6-25 中可知,当 $L \in [1.2 \times 10^4, 4 \times 10^5]$ 时,EOC 的优化源字长度

满足条件 $5 \leqslant m^* \leqslant 8$，优化码长满足条件 $8 \leqslant n^* \leqslant 11$。因此，EOC 优化的源字长度一般取较小值（满足条件 $m^* < 10$），且优化码长也取较小值。因为当优化的源字长度和码长取较小值时，源字种数较少使得相应的编码字典收发能耗较小，数据收发能耗也较小。

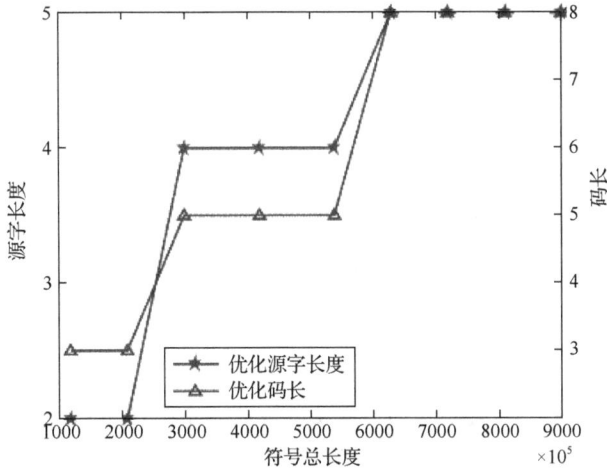

图 6-24　不同实时信息流长度下的优化的源字长度和码长，$L \in [1.2 \times 10^3, 9 \times 10^3]$

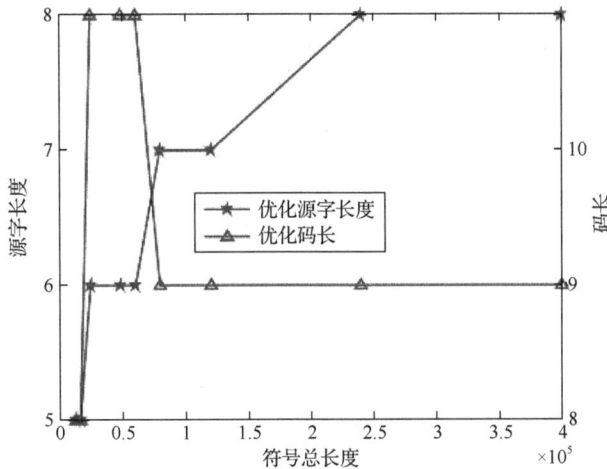

图 6-25　不同实时信息流长度下的优化的源字长度和码长，$L \in [1.2 \times 10^4, 4 \times 10^5]$

不同实时信息流长度下 EOC、NME 和 NC 通信能耗比较情况如图 6-26 所示。由图可知，在通信能耗方面，NC 最大，NME 次之，EOC 最小。因此，EOC 的节能效果优于 NME 和 NC。另外，随着 L 的增加，三者的通信能耗都呈递增趋势，因为数据量越大，通信能耗越多。

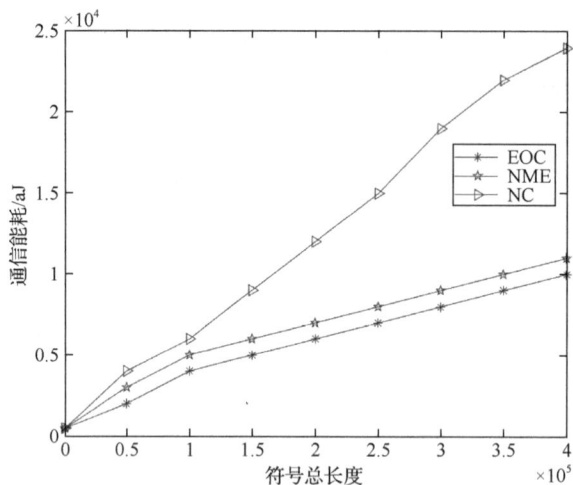

图 6-26　不同实时信息流长度下的 EOC、NME 和 NC 的通信能耗比较

6.6　联合太赫兹信道容量性能的节能编码

电磁纳米网络采用 TS-OOK 调制方案，传播因子（propagation factor）定义为相邻比特之间的传输时间间隔与脉冲宽度的比值，信道输出的传输概率是发送端传输符号时接收端接收到该符号的概率。在单用户场景下，根据香农定理，单用户信道容量可以通过信源熵和条件熵计算。在多用户场景下，考虑全局干扰，其信道容量与高位传输概率相关。ESC 编码方案涉及选择码长和构建编码字典，ESC 的能量有效性是通过节能率来衡量的，其中节能率涉及码长、码字的平均码重（ACW）等。ESC 的目标是最大化编码后的信息速率和节能率的乘积。通过优化码长和 ACW 来最大化高位传输概率，以达到最佳的信道容量性能和能量有效性。本节讨论节能编码在不同用户场景下的信道容量分析，以及 ESC 编码方案的能量有效性和优化模型，旨在提高通信系统的信道容量性能和能量有效性。

6.6.1　不同用户场景下的信道容量分析

本小节主要关注不同用户场景下的信道容量分析，从单用户到多用户场景，涵盖信道容量和信息速率的计算，以深入探讨信道容量性能。

1. 二元非对称信道的传输概率

电磁纳米网络采用 TS-OOK 调制方案，通过发送一个脉冲持续时间（脉冲宽度）为 T_p 的高斯飞秒脉冲传输比特"1"（高位），通过保持静默传输比特"0"（低位）。本节将传播因子 β 定义为相邻比特之间的传输时间间隔 T_s 与脉冲宽度 T_p 的比值，即 $\beta = T_s / T_p$，其中，T_p 以飞秒（fs）为单位。

设二元非对称信道（binary asymmetric channel，BAC）的信源信息为 X，信道输出为 Y。当发送端传输符号 $X=x$ 时，接收端接收到符号 $Y=y$ 的概率，即传输概率 $p_Y(Y=y\,|\,X=x)^{[27]}$ 表示如下：

$$\begin{cases} p_Y(Y=0\,|\,X=0)=\int_{t_1}^{t_2}f_Y(y\,|\,X=0)\mathrm{d}y \\ p_Y(Y=1\,|\,X=0)=1-p_Y(Y=0\,|\,X=0) \\ p_Y(Y=0\,|\,X=1)=\int_{t_1}^{t_2}f_Y(y\,|\,X=1)\mathrm{d}y \\ p_Y(Y=1\,|\,X=1)=1-p_Y(Y=0\,|\,X=1) \end{cases} \tag{6-61}$$

式中，$f_Y(y\,|\,X=x)$ 是给定符号 $X=x\in[0,1]$ 时信道输出为 y 的概率密度函数，在单用户场景下按式（6-62）计算，在多用户场景下按式（6-64）计算[25]：

$$f_Y^{\mathrm{su}}(y\,|\,X=x)=\frac{1}{\sqrt{2\pi N_x}}\exp\left(-\frac{(y-a_x)^2}{2N_x}\right) \tag{6-62}$$

式中，N_x 为输入符号为 $X=x\in[0,1]$ 时的总噪声功率；a_x 为接收到输入符号为 $X=x\in[0,1]$ 时的脉冲振幅，可根据式（6-64）计算[6, 26]：

$$a_x=\sqrt{\int_B S_x(f)\,|H_\mathrm{r}(f)|^2\left|\frac{c_0}{4\pi df}\exp\left(-\frac{k(f)d}{2}\right)\right|^2\mathrm{d}f} \tag{6-63}$$

式中，$S_x(f)$ 是传输符号 $x\in[0,1]$ 时的功率谱密度函数；$H_\mathrm{r}(f)$ 是接收端脉冲响应函数；B、d、f、c_0 和 $k(f)$ 分别是传输符号的带宽、传输距离、发送频率和真空中的光速和分子吸收系数。

在多用户场景中，全局干扰功率 I 可建模为均值为 $E[I]$、方差为 V_I 的高斯随机过程[27, 33]，给定符号 $X=x\in[0,1]$ 时信道输出为 y 的概率密度函数[25]表示如下：

$$f_Y^{\mathrm{mu}}(y\,|\,X=x)=\frac{1}{\sqrt{2\pi(N_x+V_I)}}\exp\left(-\frac{(y-E[I]-a_x)^2}{2(N_x+V_I)}\right) \tag{6-64}$$

式中，N_x、a_x 的含义同式（6-62）；I 为干扰功率，$E[I]$ 和 V_I 分别按式（6-65）、式（6-66）计算[3, 17]：

$$E[I]=\sum_{u=2}^{U}\frac{a_{x,u}}{\beta}p(1) \tag{6-65}$$

$$V_I=\sum_{u=2}^{U}\frac{(a_{x,u})^2+N_{x,u}}{\beta}p(1)+2\sum_{u=2<V}^{U}a_{x,u}a_{x,v}\left(\frac{p(1)}{\beta}\right)^2-\left(\sum_{u=2}^{U}\frac{a_{x,u}}{\beta}p(1)\right)^2 \tag{6-66}$$

式中，U 是用户（纳米节点）总数（用户编号为 $\{1,2,\cdots,U\}$，并设接收端的编号为1）；$a_{x,u}$ 和 $a_{x,v}$ 分别是接收端接收编号为 u 和 v（$v>u$）的用户所发送符号 $x\in[0,1]$ 的脉冲振幅；$p(1)$ 是高位传输概率；β 是传播因子；$N_{x,u}$ 是编号为 u 的用户发送符号 $x\in[0,1]$ 到接收端时产生的噪声功率。

2. 单用户场景下的信道容量

根据香农定理[27]，以比特/秒（bit/s）为单位的通信信道的单用户信道容量[17, 25-26]

表示如下：

$$C = \max_X \{H(X) - H(X|Y)\} \quad (6\text{-}67)$$

式中，$H(X)$ 表示信源熵；$H(X|Y)$ 表示给定 Y 时 X 的条件熵。对于电磁纳米网络中的太赫兹频段上的信道，分别按式（6-68）、（6-69）计算[3,4,25]如下：

$$H(X) = -\sum_{x=0}^{1} p_X(X=x) \log_2 p_X(X=x) \quad (6\text{-}68)$$

$$H(X|Y) = \int_y \sum_{x=0}^{1} f_Y(y|X=x) p_X(X=x) \log_2 \left(\frac{\sum\limits_{q=0}^{1} f_Y(y|X=q) p_X(X=q)}{f_Y(y|X=x) p_X(X=x)} \right) \quad (6\text{-}69)$$

式中，$p_X(X=x)$ 表示传输符号 $X=x \in [0,1]$ 的概率；$f_Y(y|X=x)$ 的含义同式（6-62）。

当信道容量以比特/秒（bit/s）为单位时，其值等于式（6-67）所示的信道容量 C 与符号传输率（$R=B/\beta$）的乘积[24, 33-34]。当将源字长度为 m 的源字编码为码长为 n 的码字时，编码速率 ρ 定义为 m 与 n 的比值，即 $\rho=m/n$。在单用户场景下，编码后的信息速率（单位：bit/s）计算如下：

$$\text{IR}_{\text{coding}}^{\text{su}}(X,Y) = \rho \frac{B}{\beta}(H(X) - H(X|Y)) = \frac{mB}{n\beta}(H(X) - H(X|Y)) \quad (6\text{-}70)$$

综合式（6-68）、式（6-69）和式（6-70），可得单用户场景下编码后的信息速率表示如下：

$$\begin{aligned}
\text{IR}_{\text{coding}}^{\text{su}} = {} & \frac{mB}{n\beta} \big(-(1-p(1)) \log_2(1-p(1)) - p(1) \log_2 p(1) \big) \\
& - \int \left(\frac{1}{\sqrt{2\pi N_0}} \exp\left(-\frac{(y-a_0)^2}{2N_0} \right) (1-p(1)) \right. \\
& \times \log_2 \left(1 + \frac{p(1)}{1-p(1)} \sqrt{\frac{N_0}{N_1}} \exp\left(\frac{(y-a_0)^2}{2N_0} - \frac{(y-a_1)^2}{2N_1} \right) \right) \\
& + \frac{1}{\sqrt{2\pi N_1}} \exp\left(-\frac{(y-a_0)^2}{2N_1} \right) p(1) \\
& \times \left. \log_2 \left(1 + \frac{1-p(1)}{p(1)} \sqrt{\frac{N_1}{N_0}} \exp\left(\frac{(y-a_1)^2}{2N_1} - \frac{(y-a_0)^2}{2N_0} \right) \right) \mathrm{d}y \right)
\end{aligned} \quad (6\text{-}71)$$

式中，$p(1) = p_X(X=1)$ 是高位传输概率，且满足条件 $1 - p(1) = p(0)$。

因此，单用户场景下编码后的信道容量（单位：bit/s）表示如下：

$$C_{\text{coding}}^{\text{su}} = \max_X \{\text{IR}_{\text{coding}}^{\text{su}}(X,Y)\} = \max_{p(1)} \{\text{IR}_{\text{coding}}^{\text{su}}\} \quad (6\text{-}72)$$

3. 多用户场景下的信道容量

在多用户场景下，设用户总数为 U，编码后的信息速率表示如下：

$$\mathrm{IR}_{\mathrm{coding}}^{\mathrm{nu}}(X,Y) = \frac{mBU}{n\beta}(H(X) - H(X\mid Y)) \tag{6-73}$$

综合式（6-64）、式（6-68）、式（6-69）和式（6-73），可得多用户场景下编码后的信息速率表示如下：

$$\begin{aligned}
\mathrm{IR}_{\mathrm{coding}}^{\mathrm{mu}} = {}& \frac{mBU}{\beta}(-(1-p(1))\log_2(1-p(1)) - p(1)\log_2 p(1) \\
& -\int\Bigg(\frac{1}{\sqrt{2\pi(N_0+N_I)}}\exp\left(-\frac{(y-E[I]-a_0)^2}{2(N_0+N_I)}\right)(1-p(1)) \\
& \times\left(1 + \frac{p(1)}{1-p(1)}\sqrt{\frac{N_0+N_I}{N_1+N_I}}\exp\left(\frac{(y-E[I]-a_0)^2}{2(N_0+N_I)} - \frac{(y-E[I]-a_1)^2}{2(N_1+N_I)}\right)\right) \\
& +\frac{1}{\sqrt{2\pi(N_1+N_I)}}\exp\left(-\frac{(y-E[I]-a_1)^2}{2(N_1+N_I)}\right)p(1) \\
& \times\log_2\left(1 + \frac{1-p(1)}{p(1)}\sqrt{\frac{N_1+N_I}{N_0+N_I}}\exp\left(\frac{(y-E[I]-a_1)^2}{2(N_1+N_I)} - \frac{(y-E[I]-a_0)^2}{2(N_0+N_I)}\right)\right)\mathrm{d}y\Bigg) \tag{6-74}
\end{aligned}$$

因此，多用户场景下编码后的信道容量（单位：bit/s）计算如下：

$$C_{\mathrm{coding}}^{\mathrm{mu}} = \max_X\{\mathrm{IR}_{\mathrm{coding}}^{\mathrm{mu}}(X,Y)\} = \max_{p(1)}\{\mathrm{IR}_{\mathrm{coding}}^{\mathrm{mu}}\} \tag{6-75}$$

6.6.2　ESC 节能编码方案与优化模型

本小节重点介绍 ESC 编码方案，讨论如何通过优化码长和 ACW 实现节能编码，并提出一个优化模型，旨在同时最大化信息速率和节能率。这对于电磁纳米网络中能量有效性和信道容量性能的平衡至关重要。

1. ESC 的编码方案及其能量有效性

针对源字长度给定为 m 的 $M = 2^m$ 个等概率出现的源字，ESC 的编码方案如下：首先，通过求解优化问题，得到优化的码长 n^* 及优化的平均码重 $\overline{w}^*$；其次，在所有可能的 2^{n^*} 个码字中选择平均码重等于 $\overline{w}^*$ 的 $M = 2^m$ 个码字构成优化码本（通常不唯一）；最后，通过建立源字与码字的一一匹配关系，得到源字-码字匹配表（编码字典）。

例如，源字长度 $m=3$ 时，可求得多用户场景下的 $n^* = 5$，$\overline{w}^* = 1.125$，因此在 2^5 个可能码字中选择 8 个码字使 ACW 等于 1.125 并构成优化码本，编码字典如表 6-8 所示。

表 6-8　ESC 编码字典（$m=3$）

源字	ESC 码字（$n^* = 5$）
111	10100
101	11000
110	10000

源字	ESC 码字（$n^* = 5$）
011	01000
100	00100
010	00010
001	00001
000	00000

设 ESC 的码长为 n，各码字的码重为 w_i（$1 \leqslant i \leqslant K = 2^m$）。本节从 ACW 的角度讨论编码的能量有效性，ESC 的能量有效性通过其较之未编码的节能率来衡量。ESC 的 ACW 等于 K 个码字的码重之和与 $1/M$ 的乘积，按式（6-76）计算；ESC 的高位传输概率 $p(1)$ 定义为 ACW 与码长 n 的比值，按式（6-77）计算，ESC 的低位传输概率计算如下：

$$\overline{w}_{\mathrm{ESC}} = \frac{1}{K} \sum_{i=1}^{K} w_i \tag{6-76}$$

$$p(1) = \frac{\overline{w}_{\mathrm{ESC}}}{n} = \frac{1}{nK} \sum_{i=1}^{K} w_i \tag{6-77}$$

$$p(0) = 1 - p(1) = \frac{nK - \sum_{i=1}^{K} w_i}{nK} \tag{6-78}$$

ESC 的节能率计算如下：

$$
\begin{aligned}
\zeta &= \frac{\overline{w}_{\mathrm{non}} - \overline{w}_{\mathrm{ESC}}}{W_{\mathrm{non}}} \times 100\% = \frac{m/2 - \sum_{i=1}^{K} w_i / K}{m/2} \times 100\% \\
&= \frac{mK - 2\sum_{i=1}^{K} \overline{w}_i}{mK} \times 100\%
\end{aligned}
\tag{6-79}
$$

式中，$\overline{w}_{\mathrm{ESC}}$ 和 $\overline{w}_{\mathrm{non}}$ 分别是 ESC 和未编码的 ACW；$\overline{w}_{\mathrm{non}}$ 计算如下：

$$\overline{w}_{\mathrm{non}} = \frac{1}{K} \sum_{i=0}^{m} \binom{m}{i} i = \frac{m}{2} \tag{6-80}$$

2. 联合信息速率和节能率的优化模型

信息速率与节能率两者是对立的，对于信息速率大的编码（如 LWC），其节能率可能较小；节能率较大的编码（如 PPC），其信息速率可能较小。ESC 的目的是使编码后的信息速率和节能率都尽量大，因此可以考虑最大化两者的乘积。在网络用户总数、传播因子、通信距离等系统参数确定的情况下，信道容量性能和能量有效性主要取决于高位传输概率 $p(1)$。根据式（6-77）可知，$p(1)$ 由 ACW 和码长确定，因此，优化高位传输概率的问题可以转换为优化码长及 ACW 的问题。

根据文献[14]，对于给定的源字长度 m（源字个数 $K = 2^m$），最大码重 $w_{\max}$ 约束下的编码的码重取值范围为 $[0, w_{\max}]$；当码长 $n \geqslant K - 1$ 时，ACW 取得最小值 $(K-1)/K$，

当 $n \leqslant M-1$ 时，ACW 随码长增大而减小。另外，码长增大将增加时延并且降低编码速率，还可能导致较高的误码率，从而使得信息速率降低。因此，ESC 的码长应满足条件 $n \in [m+1, K-1]$。

记 ESC 的 ACW 为 $\overline{w}_{\text{ESC}}$，对于给定的源字长度 m，联合信道容量性能和能量有效性的 ESC 优化问题如下所示：

$$
\begin{cases}
(n^*, \overline{w}^*) = \underset{n,W}{\arg\max}\{\text{IR}_{\text{coding}} * \zeta\} \\
\text{s.t.} \quad K = 2^m \\
\qquad n \in [m+1, K-1] \\
\qquad p(1) = \overline{w}/n \\
\qquad \text{IR}_{\text{coding}} = \text{IR}_{\text{coding}}^{\text{su}} \text{ 或者 } \text{IR}_{\text{coding}}^{\text{mu}} \\
\qquad \zeta = \left(1 - \left(2\sum_{(i=1)}^{K}\frac{w_i}{mK}\right)\right)
\end{cases}
\tag{6-81}
$$

式中，K 是源字个数；$p(1)$ 是高位传输概率；$\text{IR}_{\text{coding}}$ 是按式（6-71）或式（6-74）计算的单用户或多用户场景下的信息速率；ζ 是节能率。

由于纳米节点能量储存能力和计算能力有限，该优化问题可在设计阶段作为离线问题求解，在求解得到优化码长和 ACW 之后进行编码。

6.6.3　仿真实验与结果分析

仿真实验中，太赫兹信道的传输介质设为包含体积分数为 78.1% 氮气、20.9% 氧气和 1% 水蒸气的标准大气。仿真实验使用 JavaHAWKS、Nano-sim 和 MATLAB 等仿真软件。太赫兹信道的传输路径损耗、分子吸收噪声和多用户干扰利用 HITRAN 分子吸收数据库并结合太赫兹信道特性再进行计算；在基于 TS-OOK 调制方案的通信参数设置方面，脉冲宽度 $T_p = 100\text{fs}$，脉冲能耗 $En_p = 0.1\text{aJ}$，带宽 $B = 10\text{THz}$。另外，仿真实验中选择 LWC 和 PPC 这两种编码与 ESC 进行比较，分析编码的信道容量性能。

图 6-27 所示是单用户场景下 LWC（$n=5$）、PPC（$n=8$）和 ESC（$n=5$）的信息速率对比情况，其中，源字长度 $m=3$，传输距离 $d_t = 200\text{mm}$。由图中可知，三者的信息速率都随着传播因子 β 递增而递减，因为在单用户场景下不存在多用户干扰，而 β 越大则传输时间间隔越大，从而导致在单位时间内的传输符号减少；另外，对于相同的传播因子，信息速率从大到小依次是 LWC、ESC 和 PPC，因为在单用户场景下，信息速率主要受编码速率和高位传输概率（由码长和 ACW 确定）的影响。但是，由于码重较大，LWC 与未编码的节能率相比通常较小，甚至小于 0，其联合信息速率和节能率的综合性能（简称联合性能）一般远低于 ESC。因此，此后的联合性能比较仅在 ESC 和 PPC 之间进行。

图 6-28 所示是单用户场景下 ESC 和 PPC 的联合性能比较情况，其中，传播因子 $\beta = 500$，传输距离 $d = 200\text{mm}$。由图可知，对于不同的源字长度，ESC 的联合性能优于 PPC，因为对于基于优化的码长和 ACW 的 ESC，其编码速率和节能率都大于 PPC；

两者的联合性能都随着源字长度的增大而递减，因为随着源字长度增大，编码速率和高位传输概率都降低。

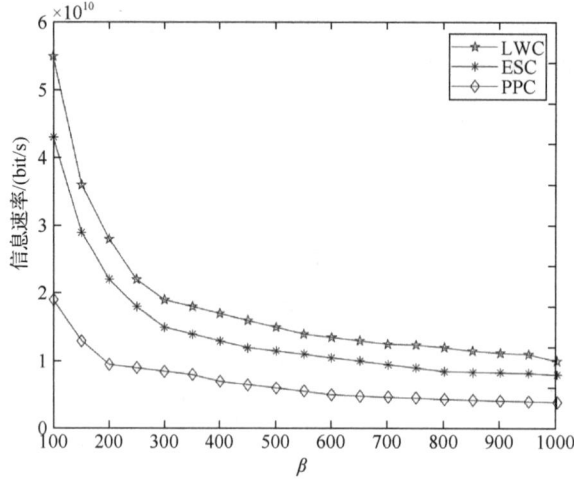

图 6-27　编码的信息速率对比

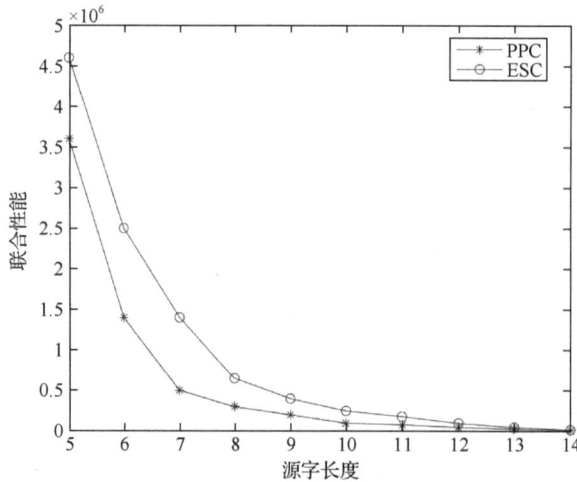

图 6-28　ESC 和 PPC 的联合性能比较

　　ESC 并非仅考虑最大化信息速率或节能率，而是联合考虑信道容量性能和能量有效性。在多用户场景下，当传输距离 $d=1\,\mathrm{mm}$，用户数 $U=100$，传播因子 $\beta=1000$ 时，通过求解式（6-81）所示的优化问题，可得 ESC 优化码长及 ACW，如图 6-29 所示。

　　由图可知，随着源字长度 m 递增，优化的码长呈递增或保持不变的趋势，优化的 ACW 则呈递增趋势。

　　图 6-30 所示是 ESC、LWC（码长 $n<2^m$）和 PPC（$n<2^m$，ACW 等于 1）的节能

率对比情况。由图可知,对于不同的源字长度 m,ESC 的节能率 $\zeta > 21\%$,高于 LWC 但低于 PPC。但 ESC 的信息速率大于 LWC 和 PPC(图 6-31)。因此,ESC 与 LWC 和 PPC 相比具有更好的联合性能。

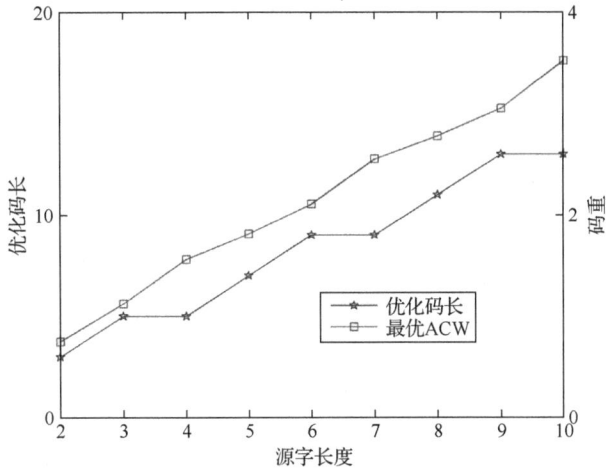

图 6-29　ESC 优化的码长及 ACW

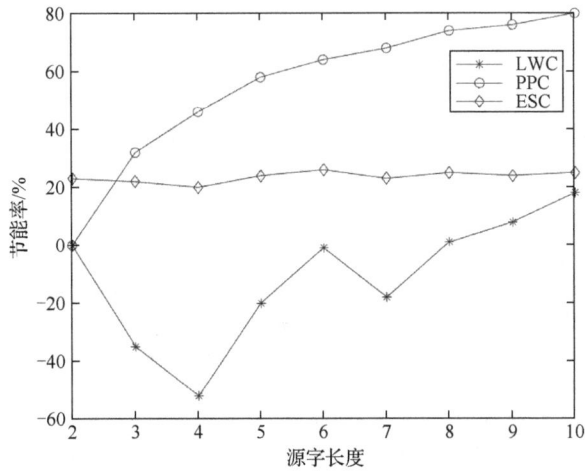

图 6-30　ESC 与 LWC、PPC 的节能率对比

图 6-31 所示是多用户场景下 ESC、LWC 和 PPC 的信息速率对比情况,其中,源字长度 $m = 5$,用户数 $U = 100$,传播因子 $\beta = 1000$,传输距离 $0.1\text{mm} \leqslant d \leqslant 5\text{mm}$。由图可知,ESC 的信息速率高于 LWC 和 PPC,具有更好的信道容量性能。另外,随着传输距离增大,太赫兹信道的分子吸收噪声和多用户干扰增大,导致三者的信息速率呈递减趋势。

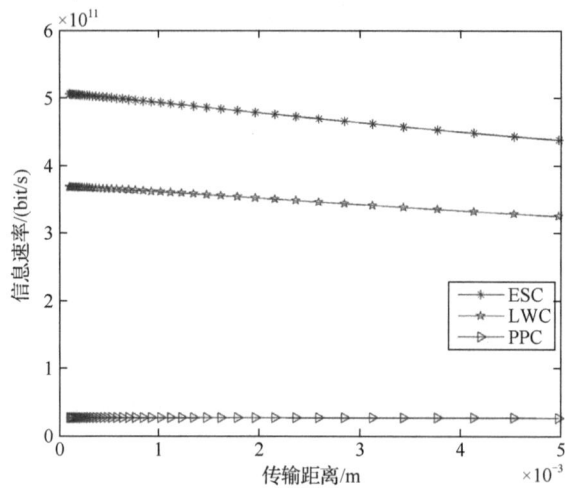

图 6-31 ESC 与 LWC、PPC 的信息速率对比

6.7 小 结

本章介绍了电磁纳米网络中的节能编码，旨在拓展和促进电磁纳米网络编码的基础理论和方法的研究。在概述电磁纳米网络特性的基础上，分别针对源字等概率和非等概率出现的场景及传输实时信息流的场景研究了电磁纳米网络中基于 TS-OOK 调制方案的节能编码，并进一步研究了电磁纳米网络中联合信道容量性能的节能编码。

参 考 文 献

[1] 黄龙军，王万良，姚信威，等. 电磁纳米网节能编码方法研究进展[J]. 电子学报，2016，44（8）：2018.

[2] 黄龙军，王万良，姚信威. 无线纳米节点网络最小化能耗编码方法[J]. 电子学报，2015，43（11）：2271.

[3] Jornet J M. Low-weight error-prevention codes for electromagnetic nanonetworks in the terahertz band[J]. Nano Communication Networks, 2014, 5(1-2): 35-44.

[4] Jornet J M. Low-weight channel codes for error prevention in electromagnetic nanonetworks in the terahertz band[C]// Proceedings of ACM The First Annual International Conference on Nanoscale Computing and Communication. 2014: 1-9.

[5] Jornet J M, Akyildiz I F. Low-weight channel coding for interference mitigation in electromagnetic nanonetworks in the terahertz band[C]//2011 IEEE International Conference on Communications (ICC). IEEE, 2011: 1-6.

[6] Zainuddin M A, Dedu E, Bourgeois J. Low-weight code comparison for electromagnetic wireless nanocommunication[J]. IEEE Internet of Things Journal, 2015, 3(1): 38-48.

[7] Das N, Rout G S, Das P, et al. Minimum energy channel codes with high reliability for wireless nano-sensor network[J]. IEEE Internet of Things Journal, 2015, 3(4): 480-493.

[8] Kocaoglu M, Akan O B. Minimum energy coding for wireless nanosensor networks[C]//2012 Proceedings IEEE INFOCOM. IEEE, 2012: 2826-2830.

[9] Yao X W, Pan X G, Zhao C, et al. Pulse position coding for information capacity promotion in electromagnetic nanonetworks[C]//Proceedings of the Second Annual International Conference on Nanoscale Computing and Communication. 2015: 1-6.

[10] Chi K K, Zhu Y H, Li Y, J et al. Coding schemes to minimize energy consumption of communication links in wireless nanosensor networks[J]. IEEE Internet of Things Journal, 2015, 3(4): 480-493.

[11] Chi K K, Zhu Y H, Jiang X H, et al. Energy-efficient prefix-free codes for wireless nano-sensor networks using OOK modulation[J]. IEEE Transactions on Wireless Communications, 2014, 13(5): 2670-2682.

[12] Chi K K, Zhu Y H, Jiang X H, et al. Optimal coding for transmission energy minimization in wireless nanosensor networks[J]. Nano Communication Networks, 2013, 4(3): 120-130.

[13] 池凯凯，孙立，程珍，等. 无线纳米节点网络高节能编码方案[J]. 电子测量与仪器学报，2015，29（6）：837-843.

[14] Huang L J, Wang W L, Shen S G. Energy-efficient coding for electromagnetic nanonetworks in the terahertz band[J]. Ad Hoc Networks, 2016, 40: 15-25.

[15] Zainuddin M A, Dedu E, Bourgeois J. Nanonetwork minimum energy coding[C]//2014 IEEE 11th Intl Conf on Ubiquitous Intelligence and Computing and 2014 IEEE 11th Intl Conf on Autonomic and Trusted Computing and 2014 IEEE 14th Intl Conf on Scalable Computing and Communications and Its Associated Workshops. IEEE, 2014: 96-103.

[16] Kocaoglu M, Akan O B. Minimum energy channel codes for nanoscale wireless communications[J]. IEEE Transactions on Wireless Communications, 2013, 12(4): 1492-1500.

[17] Sarieddeen H, Alouini M S, Al-Naffouri T Y. An overview of signal processing techniques for terahertz communications[J]. Proceedings of the IEEE, 2021, 109(10): 1628-1665.

[18] Bae J H, Abotabl A, Lin H P, et al. An overview of channel coding for 5G NR cellular communications[J]. APSIPA Transactions on Signal and Information Processing, 2019, 8: e17.

[19] Akkari N, Jornet J M, Wang P, et al. Joint physical and link layer error control analysis for nanonetworks in the terahertz band[J]. Wireless Networks, 2016, 22(4): 1221-1233.

[20] Erin C, Asada H H. Energy optimal codes for wireless communications[C]//Proceedings of the 38th IEEE Conference on Decision and Control (Cat. No. 99CH36304). IEEE, 1999, 5: 4446-4453.

[21] Prakash Y, Gupta S K S. Energy efficient source coding and modulation for wireless applications[C]//2003 IEEE Wireless Communications and Networking, 2003. WCNC 2003. IEEE, 2003, 1: 212-217.

[22] Jin L. Explicit construction of optimal locally recoverable codes of distance 5 and 6 via binary constant weight codes[J]. IEEE Transactions on Information Theory, 2019, 65(8): 4658-4663.

[23] Akyildiz I F, Jornet J M, Han C. Terahertz band: next frontier for wireless communications[J]. Physical Communication, 2014, 12: 16-32.

[24] Jornet J M, Akyildiz I F. Channel modeling and capacity analysis for electromagnetic wireless nanonetworks in the terahertz band[J]. IEEE Transactions on Wireless Communications, 2011, 10(10): 3211-3221.

[25] Jornet J M, Akyildiz I F. Femtosecond-long pulse-based modulation for terahertz band communication in nanonetworks[J]. IEEE Transactions on Communications, 2014, 62(5): 1742-1754.

[26] Yao X W, Wang W L, Yang S H. Joint parameter optimization for perpetual nanonetworks and maximum network capacity[J]. IEEE Transactions on Molecular, Biological and Multi-Scale Communications, 2015, 1(4): 321-330.

[27] Shannon C E. A mathematical theory of communication[J]. The Bell System Technical Journal, 1948, 27(3): 379-423.

[28] 沈云付，潘磊. 三值汉明码检错纠错原理和方法[J]. 计算机学报，2015，38（8）：8.

[29] Sun X H, Zhang T, Cheng C D, et al. A memristor-based in-memory computing network for Hamming code error correction[J]. IEEE Electron Device Letters, 2019, 40(7): 1080-1083.

[30] Lemic F, Abadal S, Tavernier W, et al. Survey on terahertz nanocommunication and networking: a top-down perspective[J]. IEEE Journal on Selected Areas in Communications, 2021, 39(6): 1506-1543.

[31] Zhang D Z, Xu Z Y, Yang Z M, et al. High-performance flexible self-powered tin disulfide nanoflowers/reduced graphene oxide nanohybrid-based humidity sensor driven by triboelectric nanogenerator[J]. Nano Energy, 2020, 67: 104251.

[32] Jornet J M, Akyildiz I F. Joint energy harvesting and communication analysis for perpetual wireless nanosensor networks in the terahertz band[J]. IEEE Transactions on Nanotechnology, 2012, 11(3): 570-580.

[33] Jornet J M, Akyildiz I F. Channel capacity of electromagnetic nanonetworks in the terahertz band[C]//2010 IEEE international conference on communications. IEEE, 2010: 1-6.

[34] Afsharinejad A, Davy A, Jennings B. Dynamic channel allocation in electromagnetic nanonetworks for high resolution monitoring of plants[J]. Nano Communication Networks, 2016, 7: 2-16.

第 7 章

电磁纳米网络中 MAC 协议设计

由于太赫兹波通信采用高通信频率，其通信距离受到高传输路径损耗和收发器功率的限制，在宏观环境的数据传输和接收过程中需要采用波束成形的定向天线才能在超过几米外的距离进行有向通信，而在微观环境的电磁纳米网络中需要设计全新的全向或有向通信的 MAC 协议。本章主要介绍三种适用于电磁纳米网络的 MAC 协议：用于太赫兹波通信网络的辅助波束成形 MAC 协议（assisted beamforming MAC protocol for THz communication networks，TAB-MAC）[1]，基于中继的 MAC 协议（relay-based MAC protocol，RBMP）[2]，基于能量捕获的时序接收驱动 MAC 协议（scheduling receiver driven-based MAC protocol，SRD-MAC）[3]。分析和仿真结果表明，无论是在有障碍还是无障碍的情况下，TAB-MAC 协议、RBMP 协议和 SRD-MAC 协议都可以改善纳米网络的吞吐量。

7.1 基于辅助波束成形的 MAC 协议

随着小型太赫兹收发器和天线的发展[4-8]，太赫兹波通信网络正在成为现实，然而太赫兹频段的通信距离存在较大局限[9]。一方面，太赫兹天线有效面积较小，与载波信号波长平方成正比，这会导致非常高的扩散损耗。另一方面，水蒸气分子的吸收进一步增加了传输路径损耗并限制了超过几米距离的可用带宽。由于太赫兹收发器的输出功率有限，需要高增益定向天线才能在超过几米的距离上进行通信[10-11]。

与低频通信系统类似，推荐使用波束成形天线阵列来实现定向传输并提高网络性能，一些 MAC 协议被设计用于定向传输[12-14]，但这些协议不适用于太赫兹波通信网络，主要原因是现有的定向 MAC 协议认为只要一个节点（一般是发送器）具有定向天线就可以建立无线链路。然而对于太赫兹波通信网络而言，太赫兹频段非常高的传输路径损耗需要在发送和接收中同时使用定向天线。部分研究者提出了新的太赫兹波通信 MAC 协议[15]，基本思想是在接收器上结合接收器发起的握手来触发"转向"定向天线，以此作为克服发送器和接收器之间"对准"问题的一种方式。尽管该方法在集中式网络中可以正常工作，但是其性能在点对点（ad-hoc）网络中是有限的，在 ad-hoc 网络中任何节点都是可以随时进行发送或接收的。近年来，部分专注于毫米波通信的研究者开始设计宏辅助（macro-assisted）网络架构来解耦控制平面和数据平面[16-17]。

　　本节重点介绍太赫兹波通信网络的辅助波束成形 MAC 协议（TAB-MAC），其利用两种不同的无线技术，即 2.4GHz 频段和太赫兹频段，大幅提高无线网络的吞吐量。协议的操作分为两个阶段：第一阶段，节点依靠全向 2.4GHz 频段交换控制信息并协调其数据传输；第二阶段，在对准波束之后，节点在太赫兹频段实现有效的数据传输。建立一个数学框架来分析 TAB-MAC 协议在分组延迟和吞吐量方面的性能，推导它们的理论上限是太赫兹频段中总体数据量、数据帧大小、节点密度和数据速率的函数。通过实验数值结果说明 TAB-MAC 协议在不同场景下的性能，并由此给出协议设计指南。

7.1.1　网络模型及波束成形技术

　　网络模型由数据传输常规节点和锚节点组成，图 7-1 所示中的锚节点和常规节点都可以通过全向天线在 2.4GHz 频段进行通信，常规节点配备用于太赫兹波通信的波束成形天线阵列（图 7-2），锚节点通过配备 GPS 模块或通过手动配置来获取自身的位置信息。

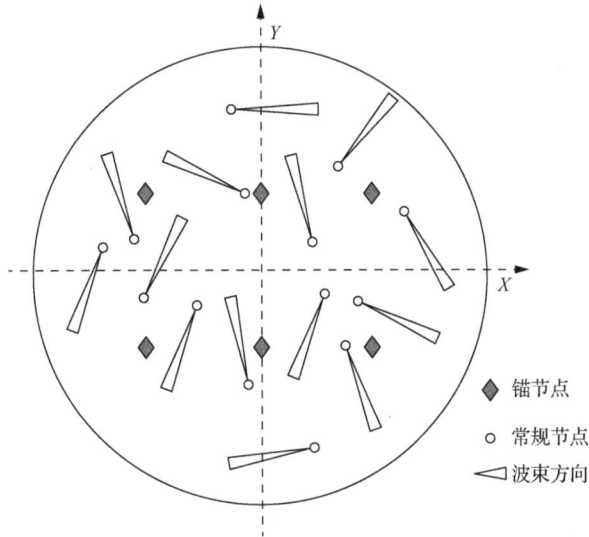

图 7-1　网络模型

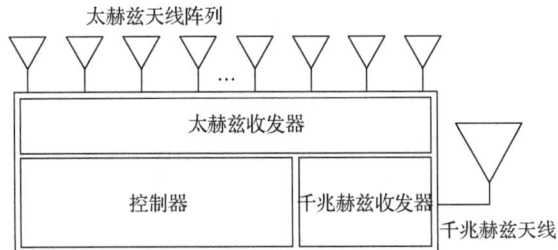

图 7-2　常规节点结构

　　一方面，为了解决太赫兹波通信网络中的"对准"问题，节点可以根据请求信息估计它们的位置，并通过 2.4GHz 频段无线通信技术将位置信息传送到其预期的发送器或接收器。该无线技术（WiFi）被用于交换控制信息，因为它在传输距离（比太赫兹波通信长得多）和全方向性（允许广播和多播信息）方面具有优势。锚节点周期性地广播信标信号，由常规节点使用该信号来确定它们的位置，三个非共线锚节点定位二维平面中的一个常规节点（在三维空间中，必须至少存在四个非共面锚节点，以便在三维中定位常规节点的位置）[18-19]。

　　另一方面，为了在双节点之间建立太赫兹链路，发送端和接收端的太赫兹波束成形天线阵列需要正确对准，太赫兹波系统的严重传输路径损耗和有限的传输功率需要较高的方向性增益或相当窄的波束宽度，这些都是由具体的发送频率，以及发送器和接收器之间的距离决定的，距离可以由节点的位置计算。从接收器的角度来看，只有当接收信号功率超过信噪比（SNR）的最小门限时，才能成功接收发送的太赫兹信号。根据太赫兹信道模型[20]，给出如下接收信号功率 P_r 的计算公式：

$$P_r = \int_B S_r(f,d)\mathrm{d}f$$

$$= \int_B S_t(f)\frac{c^2}{(4\pi f d)^2}G_t G_r \mathrm{e}^{-\alpha_{\mathrm{abs}}(f)d}\mathrm{d}f \geqslant P_{N_0}\mathrm{SNR}_{\min} \qquad (7\text{-}1)$$

式中，B 为采用的频率子带的带宽；f 为发送频率；$S_r(f,d)$ 和 $S_t(f)$ 分别为接收和发送信号的功率谱密度函数；c 为光速；d 为传输距离；G_r 和 G_t 分别为接收器和发送器的天线增益；$\mathrm{SNR}_{\min}$ 为最小信噪比门限；P_{N_0} 为噪声功率；$\alpha_{\mathrm{abs}}(f)$ 为吸收系数，它是传输频率的函数，取决于传输介质的组成。

　　根据所介绍的网络模型，每个耦合的常规节点需要调整自己的传输方向以指向彼此，为了保证耦合常规节点与波束成形天线阵列的连接，需要分析传输距离、所需增益和最终波束宽度之间的关系，在一般情况下，发送器和接收器的天线增益被认为是相同的，即 $G_t = G_r = G$，并且在传输带宽内恒定，因此，可以计算在距离 d 上传输所需的天线增益：

$$G \geqslant \frac{4\pi d}{c}\sqrt{\frac{P_{N_0}\mathrm{SNR}_{\min}}{\int_B S_t(f)f^{-2}\mathrm{e}^{-\alpha_{\mathrm{abs}}(f)d}\mathrm{d}f}} \qquad (7\text{-}2)$$

　　考虑平面阵列的优势，定向波束具有更高的方向性及低旁瓣的对称图案。假定每个常规节点处的波束成形天线阵列是一个近似宽带的平面阵列，通过使用阵列波束立体角 Ω_A，波束成形天线阵列的近似方向性 D_0 计算[21]如下：

$$D_0 = \frac{4\pi}{\Omega_A} = \frac{4\pi}{\theta_h \phi_h} \geqslant G \qquad (7\text{-}3)$$

式中，θ_h 和 ϕ_h 分别指仰角平面和方位角平面上的半功率波束宽度（half-power beamwidth，HPBW），在给定的大阵列上，仰角平面和方位角平面内的 HPBW 是相同的，即 $\theta_h = \phi_h = \Phi$，计算如下：

$$\Phi \leqslant \sqrt{\frac{c}{d}\sqrt{\frac{\int_B S_t(f)f^{-2}e^{-\alpha_{abs}(f)d}df}{P_{N_0}SNR_{min}}}} \tag{7-4}$$

7.1.2 TAB-MAC 协议的工作过程及性能分析

TAB-MAC 协议的运作机理如下：当常规节点想要与另一个节点通信时，首先使用 WiFi 技术广播请求，并与预期的接收端交换位置信息。根据交换的信息，发送器和接收器引导它们的太赫兹波束成形天线以指定的波束宽度指向对方，波束宽度由发送频率、通信距离和噪声功率计算得出［见式（7-4）］。一旦耦合的常规节点彼此对准，将在太赫兹频段上进行数据传输，这为解决太赫兹波通信网络中的"对准"问题，以及减轻干扰提供了有效的解决方案，但还应该综合考虑两种无线技术结合所引起的时延问题。

1. TAB-MAC 协议的工作过程

整个 TAB-MAC 协议可以分成两个阶段，如图 7-3 所示。

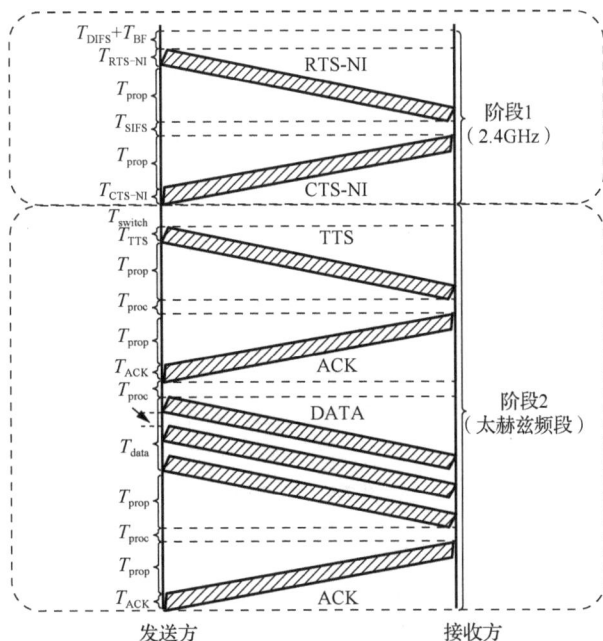

图 7-3　TAB-MAC 协议时序图

1）阶段 1——发现与耦合单节点

阶段 1 旨在通过全向 2.4GHz 频段无线通信的优势发现与耦合发送器和接收器，然后使它们的太赫兹波束成形天线相互指向对方。首先，发送器发送一个扩展的包含节点信息的请求发送（request to send，RTS）帧，命名为 RTS-NI 帧，包含节点位置信息；然后接收器将在其可用的节点信息回复扩展的清除发送（clear to send，CTS）帧（命名为 CTS-NI），一旦这两个节点获得了对方节点的位置，就可以计算这两个节点之间的视距（LOS），并将它们的波束成形天线以特定的波束宽度指向彼此。

　　为了与现有的 MAC 协议兼容，帧头和帧尾按 IEEE 802.11ac-2013 标准定义，协议特定信息作为帧体的一部分传输，图 7-4 展示了 TAB-MAC 协议的详细帧格式。特别地，帧控制（frame control）字段占用 2B，帧类型根据需要由帧控制字段中的子字段类型和子类型决定，带有 2B 的工作持续时间（duration）字段表示该帧的生存时间，地址信息（address information）字段的大小取决于帧类型。对于 RTS-NI 和数据帧（data frame，DATA），地址信息字段包括发送器地址和接收器地址，但它只包含确认（acknowledge，ACK）帧和 CTS-NI 帧的接收器地址，每个地址需要 6B。序列控制（sequence control）字段的长度为 2B，帧检查序列（frame check sequence，FCS）包含 IEEE 32 位循环冗余码（cyclic redundancy code，CRC），帧体（frame body）字段取决于帧类型。RTS-NI 和 CTS-NI 帧在三维空间中都具有相同的有效载荷结构，其中前三个 2B 的字段用于常规节点的位置，而最后一个 4B 的字段用于波束成形天线信息（antenna information），如波束宽度和指向方向，测试发送帧（test to send，TTS）是带有 4B 的测试数据（test data）作为有效载荷的一个短帧，将在阶段 2 中进行描述。

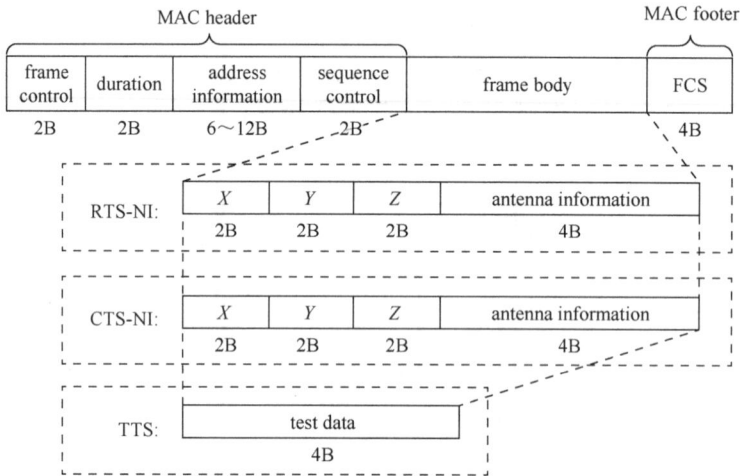

图 7-4　帧格式

　　由于帧长相同，给出 $T_{\text{RTS-NI}} = T_{\text{CTS-NI}}$（下文统一用 T_{NI} 表示），阶段 1 成功通信时间（T_{succ}^{R}）和超时的延迟时间（T_{out}^{R}）分别表示如下：

$$T_{\text{succ}}^{R} = T_{\text{DIFS}} + T_{\text{SIFS}} + 2T_{\text{NI}} + 2T_{\text{prop}} \tag{7-5}$$

$$T_{\text{out}}^{R} = T_{\text{DIFS}} + T_{\text{SIFS}} + 2T_{\text{NI}} + T_{\text{BF}} + 2T_{\text{prop}} \tag{7-6}$$

式中，T_{DIFS} 和 T_{SIFS} 是分布式帧间间隔（distributed interframe space，DIFS）和短帧间间隔（short interframe space，SIFS）在 IEEE 802.11ac-2013 标准中的延迟时间，$T_{\text{DIFS}} = T_{\text{SIFS}} + 2\tau$，其中 τ 是时隙；T_{prop} 是指发送端和接收端之间的距离上的传播时延；T_{NI} 是帧时间；T_{BF} 是指数退避时间，可以计算为

$$T_{\text{BF}} = [\text{Rnd}(\cdot) \cdot (2^{\text{CW}} - 1)] \cdot 2\tau \tag{7-7}$$

式中，$\text{Rnd}(\cdot)$ 指 0 到 1 之间的随机函数；CW 是重传次数与 10 之间的退避窗口，即

$CW = \min\{N_i, 10\}$，其中 N_i 表示第 i 次重传。

2）阶段 2——传递太赫兹数据

在阶段 1 中，发送器和接收器的波束成形天线已被引导为彼此指向，即发送器准备好在太赫兹频段中发送数据。为了检查发送器和接收器之间的信道状况，发送器将发送一个 TTS 帧以确保它们的定向天线彼此指向并且能够进行 LOS 传播，一旦接收到来自接收器的 ACK 帧，发送器将开始数据传输，在阶段 2 的总时延计算如下：

$$T_{\text{phase2}} = T_{\text{test}} + T_{\text{DATA}} \tag{7-8}$$

式中，T_{test} 为测试过程的总时延，计算如下：

$$T_{\text{test}} = T_{\text{switch}} + T_{\text{TTS}} + T_{\text{ACK}} + T_{\text{proc}} + 2T_{\text{prop}} \tag{7-9}$$

其中，T_{switch} 是指从 2.4GHz 全向天线到太赫兹波束成形天线的切换时间；T_{proc} 是指太赫兹频段中的高数据传输速率的短处理时间；T_{TTS} 是指针对一个 TTS 帧的传输时间；T_{ACK} 是指 ACK 帧的传输时间；T_{DATA} 是指从发送器向接收器传输所有数据帧 L_{data} 的必需时间。如果数据帧的最大数据量受到 L_{one} 的限制，那么 T_{DATA} 的总时间可以计算如下：

$$T_{\text{DATA}} = \frac{L_{\text{data}}}{r_{\text{THz}}} + \left(\left\lfloor \frac{L_{\text{data}}}{L_{\text{one}}} \right\rfloor + 2 \right) T_{\text{proc}} + 2T_{\text{prop}} + T_{\text{ACK}} \tag{7-10}$$

式中，$\lfloor \cdot \rfloor$ 返回小于操作数的最大整数；r_{THz} 是指太赫兹频段的数据传输速率，由于太赫兹波通信的数据传输速率很快，因此在两个数据帧之间需要一个处理时间 T_{proc}。

如果发送器未能从接收器收到发送 TTS 帧之后的 ACK 帧，则可能性有三点：①由于传播错误，TTS 帧没有被接收器正确接收；②耦合节点的波束成形天线没有在正确的方向上彼此指向；③它们之间的 LOS 传播遇到一些障碍。在第一种情况下，发送器将尝试重发 TTS 帧并等待 ACK 帧直到最大重传限制，后两种情况需要中继完成传输，如在发送器和接收器之间寻找其他中继节点或在锚节点处部署智能中继镜像。

2. TAB-MAC 协议的性能分析

基于上述 TAB-MAC 协议，以下分析其在失败概率、数据包时延和吞吐量方面的性能。

1）阶段 1 中的失败概率

在阶段 1 中，RTS-NI 帧和 CTS-NI 帧均以 2.4GHz 发送，可能由于全向天线的多用户干扰而无法正确接收。为了模拟阶段 1 中的多用户干扰，需要考虑 2.4GHz 频段的通信过程，假设所有节点遵循密度 λ_{node} 的空间泊松过程随机分布在空间中，从空间分布的角度来看，在传输距离为 d 的区域 $A(d) = \pi d^2$ 内找到 n 个节点的概率计算如下：

$$p[n \in A(d)] = \frac{(\lambda_{\text{node}} A(d))^n}{n!} e^{-\lambda_{\text{node}} A(d)} \tag{7-11}$$

一方面，在该阶段中每个节点都会生成具有相同速率 $\dfrac{k_1}{T_{\text{NI}}}$ 的新帧，其中 T_{NI} 是阶段 1 中的帧时间，k_1 是常数，因此由区域 A 中的 n 个节点生成的聚集流量记为 $\lambda_{\text{T}} = \dfrac{nk_1}{T_{\text{NI}}}$，在

连续的 $2T_{NI}$ 周期内，n 个节点中的 m_1 个节点正在传输的概率表示如下：

$$p[m_1 \in 2T_{NI}] = \frac{(\lambda_T 2T_{NI})^{m_1}}{m_1!} e^{-\lambda_T 2T_{NI}} \tag{7-12}$$

式中，k_1 取决于 TAB-MAC 协议的过程，对于每个节点，应该保证在阶段 1 中的一次成功通信或阶段 2 中的数据传输时间内至少传输一帧，因此，k_1 的值受下列约束：

$$\max\left\{\frac{T_{succ}^{P_1}}{T_{NI}}, \frac{T_{DATA}}{T_{NI}}\right\} \leq \frac{1}{k_1} \leq \infty \tag{7-13}$$

另一方面，由于此时在太赫兹频段内进行数据传输，当一些节点不可用时，阶段 1 中的连接将失败。从太赫兹频段中的活动时间来看，根据 TAB-MAC 协议，通信节点不会停止，直到所有数据帧被发送，假定所有节点以相同的速率 $\frac{k_2}{T_{DATA}}$ 发送，并且 k_2 是常数。类似地，$(n-m_1)$ 个节点中的 m_2 个节点正忙于传输的概率可以表示如下：

$$p[m_2 \in T_{DATA}] = \frac{(\lambda_{T'} 2T_{DATA})^{m_2}}{m_2!} e^{-\lambda_{T'} 2T_{DATA}} \tag{7-14}$$

式中，$(n-m_1)$ 个节点生成的聚集流量 $\lambda_{T'} = \frac{(n-m_1)k_2}{T_{DATA}}$，由于太赫兹波通信的数据传输速率很高，发送器一直发送数据帧直到最后一帧，因此将 k_2 设为

$$k_2 = k_1 \frac{T_{DATA}}{T_{succ}^{P_1}} \tag{7-15}$$

最后，在阶段 1 中发送 RTS-NI 帧的失败概率 p_{f_1} 表示为

$$p_{f_1} = \sum_{n=1}^{\infty} p[n \in A(d)](1 - p[0 \in 2T_{NI}] \cdot p[0 \in 2T_{DATA}]) \tag{7-16}$$

但是，对于 CTS-NI 帧来说，由于发送请求后发送器正在等待回复，因此它只会因碰撞而无法接收，阶段 1 中的 CTS-NI 帧的失败概率 p_{f_2} 表示为

$$p_{f_2} = \sum_{n=1}^{\infty} [n \in A(d)](1 - p[0 \in 2T_{NI}]) \tag{7-17}$$

实际上，在发现和耦合阶段，发送器和接收器可能出现由于 2.4GHz 频段的碰撞或者在太赫兹频段内通信节点的不可用性而不能互相连接，以及由于传播而导致的帧错误衰减和噪声等问题，因此阶段 1 第 i 次重传成功的概率表示如下：

$$\begin{aligned} p_{p_1,succ}^i &= p_{RTS-NI} p_{CTS-NI} (1 - p_{RTS-NI} p_{CTS-NI})^{i-1} \\ &= (1 - (1-p_{f_1})(-p_{f_2})(1-p_{NI})^2)^{i-1} \cdot (1-p_{f_1})(1-p_{f_2})(1-p_{NI})^2 \end{aligned} \tag{7-18}$$

式中，p_1 指的是 TAB-MAC 协议的阶段 1；p_{RTS-NI} 和 p_{CTS-NI} 分别是指成功地发送 RTS-NI 帧和 CTS-NI 帧的概率。在 RTS-NI 帧和 CTS-NI 帧长度相同的情况下，它们传输失败的概率由式（7-16）和式（7-17）给出，成功概率可以计算为 $p_{RTS-NI} = (1-p_{f_1})(1-p_{NI})$ 和 $p_{CTS-NI} = (1-p_{f_2})(1-p_{NI})$，其中 p_{NI} 指的是 RTS-NI 帧或 CTS-NI 帧的帧错误率，假设一帧中的所有错误可以被检测到，则具有 L_{NI} 比特长度的帧错误率 p_{NI} 可表示为

$$p_{\mathrm{NI}} = 1 - (1 - \mathrm{BER})^{L_{\mathrm{NI}}} \tag{7-19}$$

式中，BER 是指 2.4GHz 频段中的误码率。

设 $N_{\max}^{p_1}$ 为阶段 1 中的最大重传次数，为了获得阶段 1 中的平均时延，需要计算预期的平均重传次数 $N_{\mathrm{avg}}^{p_1}$，以成功建立发送器和接收器之间的连接：

$$N_{\mathrm{avg}}^{p_1} = \sum_{i=1}^{N_{\max}^{p_1}} i p_{p_1,\mathrm{succ}}^{i} = \frac{1 - (1-A)^{N_{\max}^{p_1}}}{A} - N_{\max}^{p_1}(1-A)^{N_{\max}^{p_1}} \tag{7-20}$$

式中，$A = p_{\mathrm{RTS\text{-}NI}} p_{\mathrm{CTS\text{-}NI}}$。当最后一次重传成功时，在阶段 1 中发现和耦合引入的平均时延可以表示为

$$T_{\mathrm{phase1}} = \sum_{i=1}^{N_{\mathrm{avg}}^{p_1}} T_{\mathrm{out}}^{p_1} + T_{\mathrm{succ}}^{p_1} \tag{7-21}$$

2）阶段 2 中的失败概率

在阶段 1 之后，发送器和接收器之间的连接已经建立，考虑阶段 1 中的节点可用性及全向 2.4GHz 通信的大覆盖频段，可以避免节点之间的碰撞，但是一些数据帧可能会由于传输错误而接收失败。假设一帧中的所有错误可以被检测到，具有 L_{one} 比特长度的数据帧错误率 p_{one} 表示如下：

$$p_{\mathrm{one}} = 1 - (1 - \mathrm{BER})^{L_{\mathrm{one}}} \tag{7-22}$$

设 $N_{\max}^{p_2}$ 为阶段 2 中的最大重传次数，则在太赫兹频段成功发送一个数据帧的预期成功概率 $p_{\mathrm{succ}}^{p_2}$ 可以计算为

$$p_{\mathrm{succ}}^{p_2} = \sum_{i=1}^{N_{\max}^{p_2}} p_{p_2,\mathrm{succ}}^{i} = 1 - (p_{\mathrm{one}})^{N_{\max}^{p_2}} \tag{7-23}$$

式中，$p_{p_2,\mathrm{succ}}^{i}$ 是指在阶段 2 中第 i 次重传中成功发送一个数据帧的概率，即 $p_{p_2,\mathrm{succ}}^{i} = (1 - p_{\mathrm{one}})(p_{\mathrm{one}})^{i-1}$。一般来说，假设由于 TTS 帧较短，测试过程中不存在传输错误，最后在太赫兹频段传输数据所需的平均时间延迟表示如下：

$$T_{\mathrm{DATA}} = \left\lfloor \frac{L_{\mathrm{data}}}{L_{\mathrm{one}}} \right\rfloor \left((1 - p_{\mathrm{succ}}^{p_2}) N_{\max}^{p_2} + 1 \right) \cdot \left(\frac{L_{\mathrm{one}}}{r_{\mathrm{THz}}} + T_{\mathrm{proc}} + 2T_{\mathrm{prop}} + T_{\mathrm{ACK}} \right) \tag{7-24}$$

3）数据包时延和吞吐量

令 TH 为节点吞吐量，定义为总传输数据与总时延的比值，根据 TAB-MAC 协议，data 是指在阶段 2 传输的所有数据帧，而太赫兹频段的数据传输速率取决于传输频率和传输距离[9]，因此吞吐量 TH 和最大吞吐量 $\mathrm{TH}_{\max}$ 计算如下：

$$\mathrm{TH} = \frac{L_{\mathrm{data}} p_{\mathrm{succ}}^{p_2}}{T_{\mathrm{total}}} \leqslant \mathrm{TH}_{\max} = \frac{L_{\mathrm{data}}}{T_{\mathrm{total}}^{\min}} < r_{\mathrm{THz}} \tag{7-25}$$

在传输过程中没有碰撞和传播误差的情况下，吞吐量理论上可以达到最大值 $\mathrm{TH}_{\max}$，并且它始终小于阶段 2 中的数据传输速率 r_{THz}，即所采用的太赫兹频段的信道容量。

TAB-MAC 协议的总时延主要包含阶段 1 中发现和耦合过程的平均时延，以及阶段 2 中用于数据传输的预期时延。其中，阶段 2 中的时延主要包括所有数据帧所需的传输时延和处理时延，并假设发送器和接收器之间可以进行 LOS 传播。最后，在两个常规

节点之间成功传输所有数据帧的总时延为

$$T_{\text{total}} = T_{\text{phase1}} + T_{\text{phase2}}$$

$$= \sum_{N_i=1}^{N_{\text{avg}}^{p_1}-1} T_{\text{out}}^{p_1} + T_{\text{succ}}^{p_1} + T_{\text{test}} + ((1-p_{\text{succ}}^{p_2})N_{\text{max}}^{p_2}+1)$$

$$\times \left\lfloor \frac{L_{\text{data}}}{L_{\text{one}}} \right\rfloor \left(\frac{L_{\text{one}}}{r_{\text{THz}}} + T_{\text{proc}} + 2T_{\text{prop}} + T_{\text{ACK}} \right) \tag{7-26}$$

为了计算 TAB-MAC 协议的最小总时延，$N_{\text{avg}}^{p_1}$ 的值被认为等于 1，即阶段 1 没有发生碰撞，并且 $p_{\text{succ}}^{p_2}$ 等于 1，即所有数据帧都成功发送，那么总的最小时延计算如下：

$$T_{\text{total}}^{\min} = T_{\text{succ}}^{p_1} + T_{\text{test}} + \left\lfloor \frac{L_{\text{data}}}{L_{\text{one}}} \right\rfloor \left(\frac{L_{\text{one}}}{r_{\text{THz}}} + T_{\text{proc}} \right) + 2T_{\text{prop}} + T_{\text{ACK}} \tag{7-27}$$

7.1.3　仿真实验与结果分析

面向上述太赫兹波通信网络的 TAB-MAC 协议，综合分析总体数据量、数据帧长度、太赫兹频段上的信道可实现速率和节点密度等不同参数对吞吐量的影响。表 7-1 列出了仿真中使用的参数（阶段 1 中使用的协议参数与 IEEE 802.11ac-2013 标准相同）。

表 7-1　模拟参数

参数名称	值
节点密度 λ_{node}	（0.01~0.1）个/m²
最大重传次数 $N_{\text{max}}^{p_1} = N_{\text{max}}^{p_2}$	5μs
误码率	10^{-6}
时隙 2τ	9μs
分布式帧间间隔的时延 T_{DIFS}	34μs
短帧间间隔的时延 T_{SIFS}	16μs
2.4GHz 全向天线到太赫兹波束成形天线的切换时间 T_{switch}	10ns
太赫兹频段中的高数据速率的短处理时间 T_{proc}	10ns
物理层报头长度 $L_{\text{PHY-header}}$	192bits
RTS-NI 帧长度 $L_{\text{RTS-NI}}$	448bit
CTS-NI 帧长度 $L_{\text{CTS-NI}}$	448bit
TTS 帧长度 L_{TTS}	400bit
ACK 帧长度 L_{ACK}	320bit
数据帧长度 L_{one}	10^5bit
传输距离 d	10m
2.4GHz 频段数据速率	100Mbit/s
太赫兹频段数据速率	（0.1~1）Tbit/s
总体数据量 L_{data}	5MB, 50MB, 500MB, 5GB

1. **数据速率对吞吐量的影响**

如图 7-5 所示,对于不同大小的数据,由式(7-25)给出的吞吐量 TH 及其最大值 TH_{max} 作为太赫兹频段中的数据速率的函数。对于固定总体数据量 L_{data},由于式(7-26)给出的传输时延更短,吞吐量随着太赫兹频段的数据速率 r_{THz} 的增加而增加。此外,可以观察到,当总体数据量 L_{data} 从 50MB 扩大到 2GB 时吞吐量先增加后减少,这主要是因为总数据传输时延和由式(7-24)给出的数据帧长度之间的关系,显然在总体数据量 L_{data} 和具有固定 r_{THz} 和 L_{one} 的网络吞吐量之间存在权衡。此外,当 2.4GHz 频段和太赫兹频段上的信道条件都非常好时,可以获得最大吞吐量 TH_{max},这是因为不需要重传来克服阶段 1 和阶段 2 中的传输失败。随着 L_{data} 的增加, TH_{max} 覆盖达到上限,这主要取决于太赫兹频段中的数据速率,因为数据传输时延占据了式(7-27)给出的总时延的主要部分。

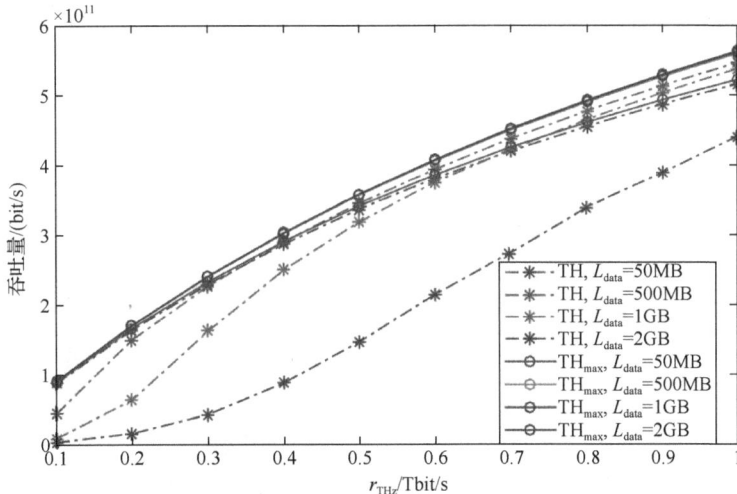

图 7-5　太赫兹频段数据速率与吞吐量关系曲线($\lambda_{node} = 0.02$个 / m^2, $k_1 = 10^{-3}$, $L_{one} = 10^5 bit$)

2. **节点密度对吞吐量的影响**

图 7-6 所示在不同的 k_1 值下吞吐量 TH 与节点密度 λ_{node} 的关系。从上到下的五条 TH 曲线分别代表 $k_1 = [1,2,4,6,10] \times 10^{-4}$。TAB-MAC 协议利用全向 2.4 GHz 通信的优势来解决太赫兹波通信网络中的"对准"问题,然而由于阶段 1 中的失败概率将导致更多的时延[由式(7-16)和式(7-17)给出的节点密度和参数 k_1 来决定的],因此当 k_1 较小时吞吐量会有所改善。当 T_{NI} 固定时,根据式(7-13)可知:较小的 k_1 会有较大的 T_{DATA},在阶段 1 建立链路之后就会有更多的数据传输时间和更多的传输数据帧。同样重要的是,数据传输总时间 T_{DATA} 受式(7-24)给出的总体数据量 L_{data} 和数据帧长度 L_{one} 的约束,为了实现最大吞吐量,需要对它们进行联合优化。

3. **数据帧长度和总体数据量对吞吐量的影响**

吞吐量 TH 作为数据帧长度和总体数据量的函数关系如图 7-7 所示。由图可知,数据帧长度是相同的，吞吐量的变化趋势诠释了总体数据量和吞吐量之间的关系。当最佳总体数据量 L_{data} 大约为 9×10^7 bit 时，可以实现最大吞吐量。如果固定 r_{THz} 和 λ_{node} 的总体数据量超过此值，则总体数据量越大，吞吐量越低，这主要是由于在阶段 1 中有了更多的数据传输时间和更高的故障率。另外，由于总体数据量大于一个数据帧长度，网络使用的数据帧长度越长，数据传输时间越短，吞吐量越大。在数据帧长度 $L_{one} = 10^7$ bit 的时候，最大吞吐量达到 8.2×10^{11} bit/s，几乎是太赫兹频段信道容量的 82%。

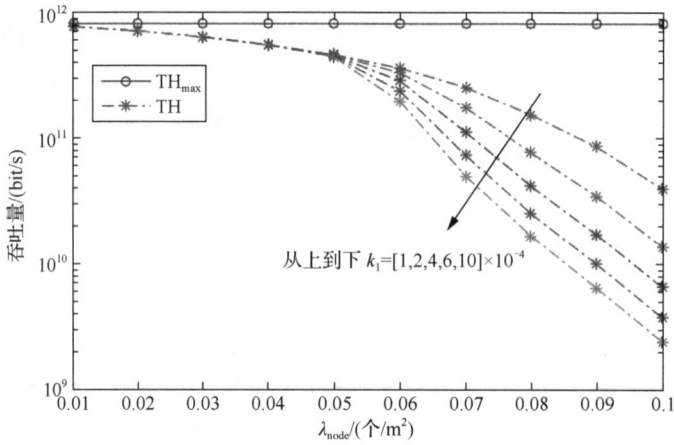

图 7-6 不同 k_1 值下吞吐量与节点密度 λ_{node} 的关系（$r_{THz} = 1\text{Tbit}/\text{s}$，$L_{data} = 50\text{MB}$，$L_{one} = 10^5 \text{bit}$）

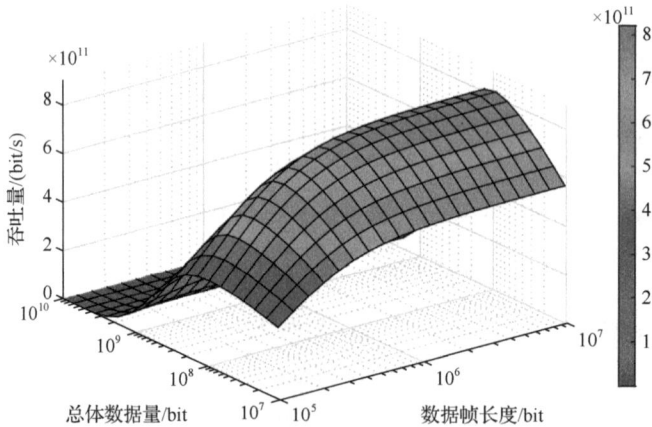

图 7-7 吞吐量与数据帧长度和总体数据量的函数关系（$r_{THz} = 1\text{Tbit}/\text{s}$，$\lambda_{node} = 0.02\text{个}/\text{m}^2$）

7.2 基于中继的 MAC 协议

太赫兹频段已被证明可用于纳米网络中的通信，在许多应用中，已经部署了具有更多能量和容量的消息站（message station，MS）来收集相邻纳米设备的数据，然而由于太赫兹频段的路径损耗[22]，MS 之间仍然只能进行短距离通信，因此考虑引入高增益定向天线用于扩展通信距离[11]，但是在定向太赫兹波通信网络中仍有障碍物会影响通信，因此在毫米波通信中，为了解决阻碍或连接问题引入中继[13]，从太赫兹波通信的角度来看，定向天线中继可能是一种有效的跨越障碍物的解决方案，但这一方案又引入了 MS 和中继之间的定向通信问题（"对准"问题）。本节介绍一种基于中继的 MAC 协议，克服障碍物的影响，提高通信距离，并且根据仿真结果分析协议的性能。

7.2.1　网络模型与 RBMP 协议

考虑由三种类型节点组成的纳米网络：MS、纳米传感器（NS）和中继（relay），如图 7-8 所示。功率更强的 MS 部署定向太赫兹天线可以扩大通信距离以从相邻的 NS 收集数据，NS 在该区域均匀分布，由于严重的路径损耗和较低的传输功率，NS 只能在一定距离内通过全向天线与 MS 通信，同时在 MS_1 和 MS_2 之间的视距（LOS）中也存在一些障碍，假设中继可以通过配备 GPS 模块或通过手动配置来获得定位，所有的 MS 和中继都配置有 2.4GHz 全向天线和太赫兹频段定向天线，这样所有 MS 都可以通过与中继通信来实现位置感知。

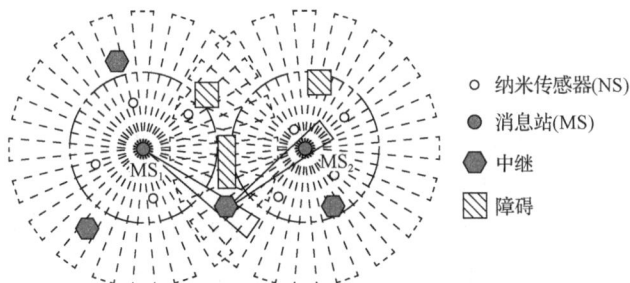

○ 纳米传感器(NS)
● 消息站(MS)
⬡ 中继
▨ 障碍

图 7-8　基于中继的网络模型

RBMP 协议从 MS_1 到 MS_2 的传输有以下两种情况：①当障碍物阻碍 LOS 传播或超出 LOS 通信距离范围时，MS_1 通过中继将数据发送到 MS_2；②当没有障碍物并且在 LOS 通信距离范围之内时，MS_1 直接向 MS_2 发送数据。RBMP 协议的操作侧重于数据传输，如图 7-9 所示，包括两个阶段，第 1 阶段（phase 1）是利用全向 2.4GHz 通信的优点来解决"对准"问题，MS_1 和 MS_2 将它们的太赫兹频段定向天线指向中继进行数据传输，然后，MS_1 将在太赫兹波通信的第 2 阶段（phase 2）通过中继将数据传输到 MS_2。其中，NAV 是指网络分配矢量（network allocation vector）；AP 是指接入点（access point）；M-RTS 表示多重（multi）请求发送其他类同。

如果 MS_1 和 MS_2 之间的 LOS 路径中没有障碍物，MS_1 将直接向 MS_2 发送数据，因此该 RBMP 协议可以简化为类似 TAB-MAC 协议，即一种不考虑障碍物和中继的情况下的用于 ad-hoc 太赫兹波通信网络的通用 MAC 协议。在这种情况下，MS_1 和 MS_2 将在阶段 1 中通过 2.4GHz 全向天线实现互相定位。

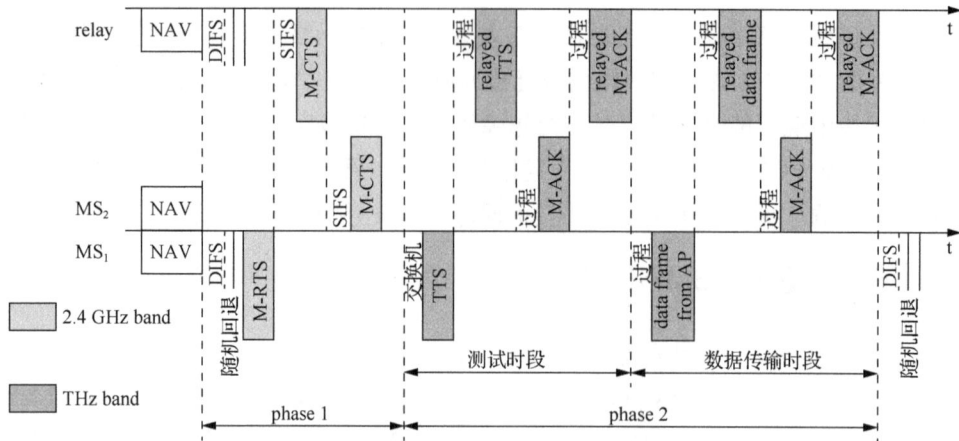

图 7-9　基于中继的 MAC 协议时序图

7.2.2　仿真实验与结果分析

　　基于所介绍的 RBMP 协议，用不同的参数（太赫兹频段的数据速率 r_{THz} 和 MS 密度 λ_{MS}）评估其吞吐量的性能，总体数据量 L_{data} 设置为 500MB，数值结果与现有的太赫兹频段 MAC 协议进行比较，在没有中继的情况下对比 TAB-MAC 协议，实验结果通过 NS-3 纳米网络模块的仿真得到验证。

　　将 RBMP 协议吞吐量性能的分析和仿真结果与 TAB-MAC 协议在如图 7-10 所示的不同数据速率、总体数据量为 500MB 的情况下进行比较。研究表明，没有障碍物的 RBMP 协议吞吐量性能与 TAB-MAC 协议非常接近，有障碍物的 RBMP 协议的吞吐量性能比无障碍物的 RBMP 协议和 TAB-MAC 协议的吞吐量性能低，因为每个太赫兹频段数据帧都在 RBMP 协议的第 2 阶段确认应答，并且中继的引入会产生更大的时延，但 RBMP 协议也可以实现高吞吐量性能。此外，因为在 NS-3 仿真中附加了处理时间，吞吐量性能的仿真结果比有障碍物和无障碍物的情况下的分析结果都要低得多。

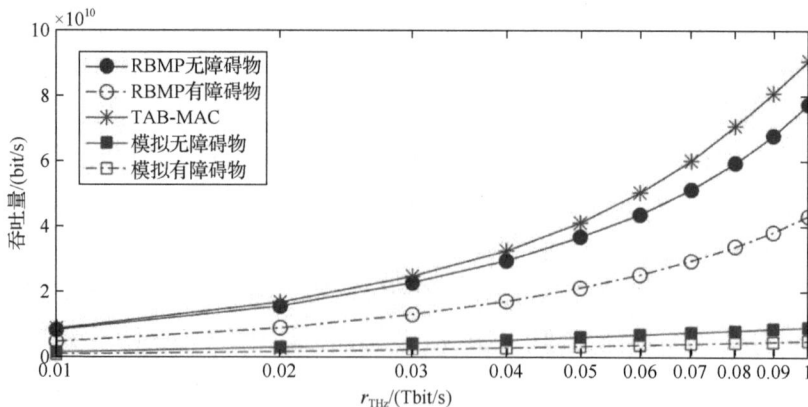

图 7-10　在不同的 MAC 协议中吞吐量与数据速率的关系（$\lambda_{MS} = 6$ 个 / m²，$L_{data} = 500$MB）

如图 7-11 所示，吞吐量 TH 作为关于 MS 密度 λ_{MS} 的函数，观察到吞吐量 TH 随 MS 密度的增加而减小，较大 MS 密度会导致在第 1 阶段故障率升高，这将导致更多的时延，因此当 MS 密度增加时，RBMP 协议和 TAB-MAC 协议的吞吐量性能下降。此外，在有障碍物的 RBMP 协议中，吞吐量 TH 和其最大值 TH_{max} 都比无障碍物的 RBMP 协议更小，因为中继导致了更多的时延和传输时间；在无障碍物的情况下，RBMP 协议的吞吐量性能比 TAB-MAC 协议稍微差一点，但很接近。

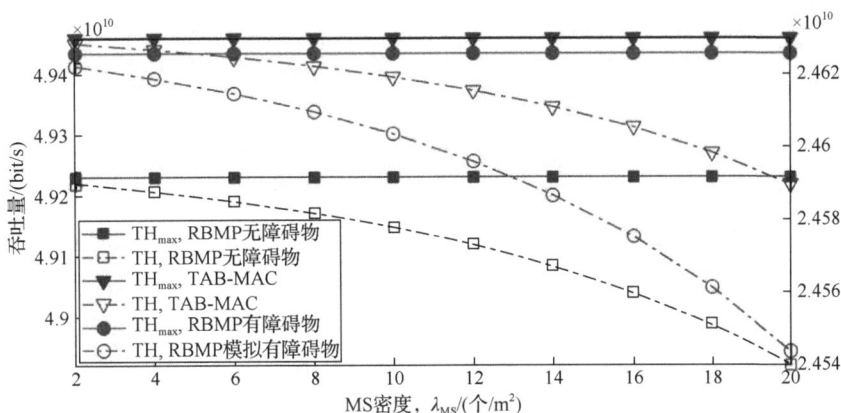

图 7-11　在不同 MAC 协议中吞吐量和 MS 密度对比（$r_{THz} = 0.05\text{Tbit/s}$，$L_{data} = 500\text{MB}$）

7.3　基于时序接收驱动的 MAC 协议

来自周围纳米节点的干扰对整个纳米网络有很大的影响，特别是当纳米节点的密度较高时，信道干扰会导致多个信号之间发生碰撞，引起数据传输的错误。因此，在设计相关的数据链路层通信协议时需要充分考虑干扰带来的影响，设计能够有效减小传输时的信号干扰、碰撞等情况，提高电磁纳米网络的性能。另外，在设计 MAC 协议时仍然需要面对以下挑战：

（1）纳米节点能量十分有限。由于纳米节点的尺寸限制，单个纳米节点只能储存十分有限的能量，而这些能量往往只能传输几百比特的数据，因此，纳米能量捕获装置需要安装在纳米节点上保证纳米节点能够持续工作。然而，这些纳米能量捕获装置捕获能量的速度有限，需要设计尽可能节能的 MAC 协议保证网络的性能。

（2）纳米节点的计算能力十分有限。由于纳米节点的尺寸限制，其无法完成较为复杂的任务，设计的 MAC 协议不能过于复杂。

（3）基于脉冲信号的通信方法使传统的载波监听 MAC 技术无法应用于电磁纳米网络中。由于尺寸和太赫兹信号特性的限制，纳米节点无法提供连续的载波信号，需要使用脉冲通信技术，设计 MAC 协议时也需要考虑物理层采用的调制协议的影响。

综上所述，传统的 MAC 协议无法应用于电磁纳米网络中，亟须设计新的适合电磁纳米网络的新 MAC 协议。为了进一步降低纳米节点间的数据传输碰撞概率，减少网络时延，提高纳米节点的能量利用效率，并降低算法的复杂度，提出一种基于能量捕获的时序接收驱动 MAC 协议（SRD-MAC）。在 SRD-MAC 协议中，将一个时间帧划分为多个时隙，纳米节点可以根据自身的 ID 计算得到一个接收驱动时隙。在集中式网络中，纳米节点只在该时隙中向纳米控制器发送消息；在分布式网络中，纳米节点只在该接收驱动时隙接收来自其他纳米节点的消息。

7.3.1 网络模型

电磁纳米网络一般有两种网络结构，即集中式网络结构和分布式网络结构。在集中式纳米网络中，一般包含两种纳米设备，一种是普通的纳米节点，另一种是纳米控制器。普通的纳米节点负责收集数据，并将收集到的数据发送给纳米控制器。纳米控制器拥有足够的能量，负责管理其覆盖范围内的网络，并对收集到的数据进行计算处理或者发送给纳米网关或者宏观网络中。图 7-12 所示为一种典型的集中式纳米网络，图中的三个纳米控制器（NC）分别控制三个区域（cluster），其中的纳米节点会将收集的数据发送给最近的纳米控制器。纳米控制器再对收集到的数据进行进一步处理。

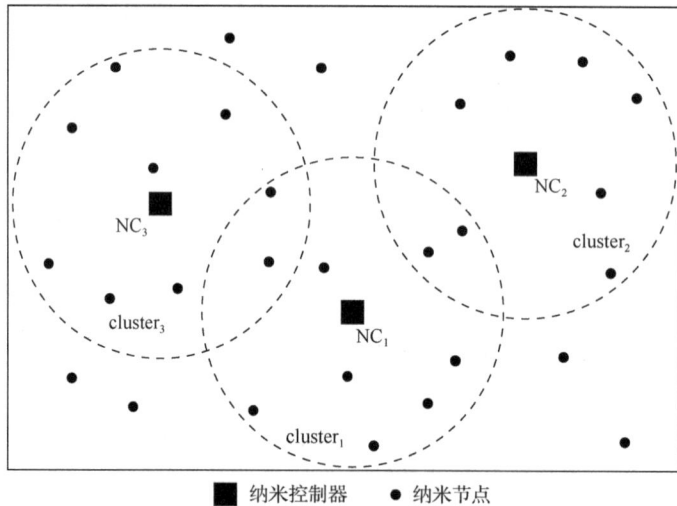

图 7-12　集中式纳米网络结构

在分布式网络结构中，纳米节点之间的通信是自组织的。纳米节点只能向在其传输范围内的邻居节点发送数据包，邻居纳米节点再通过转发的方式将数据包发送给目的节点。图 7-13 所示为一种典型的分布式纳米网络结构，由于网络采用自组织的通信方式，纳米节点之间的通信可能发生在不同时间，图中的数字表示两个纳米节点之间通信发生的时隙。

● 纳米节点

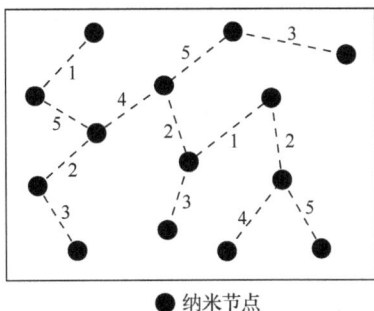

图 7-13 分布式纳米网络结构

7.3.2 SRD-MAC 协议的原理分析

SRD-MAC 协议可以适应以上两种不同网络结构。SRD-MAC 协议的主要思想是通过将时间帧划分为多个时隙，每个节点根据自身的信息分配一个用以发送或接收数据的接收驱动时隙。图 7-14 所示是 SRD-MAC 协议时隙分配方法的例子。纳米节点将一个时间帧划分为多个长度相同的时隙。对于纳米控制器，其时隙按照功能不同主要分为两种，一种为广播时隙（broadcast slot，BS），另一种为接收时隙（receive slot，RS）。在 BS 中，纳米控制器通过广播数据包的方式更新纳米节点的功能信息、时间信息等；在 RS 中，接收来自纳米节点的数据。

图 7-14 SRD-MAC 协议时隙分配方法

对于纳米节点来说，其时隙按照不同的功能可以分为三种，分别为接收广播时隙（receive broadcast slot，RBS）、接收驱动时隙（receiver driven-based slot，RDS）和睡眠时隙（sleep slot，SS）。其中，RBS 用以接收来自纳米控制器的控制信息，更新纳米节点的信息、功能等。在集中式网络中，纳米节点只在 RDS 中发送信息给纳米控制器；在分布式网络中，纳米节点只在 RDS 中接收来自其他节点的数据；纳米节点在 SS 中主要进行能量捕获操作。在分布式网络中，睡眠时隙也可以根据需要进行数据的发送。图中，n_1、$n_2 \cdots n_i$ 表示不同的纳米节点，所有节点的第一个时隙均为接收广播时隙，每一个节点根据自身的编号分配一个接收驱动时隙，表示如下：

$$SlotNum^i = ID \bmod k + 1 \tag{7-28}$$

式中，$SlotNum^i$ 为节点的驱动时隙的编号；ID 为纳米节点的识别号；mod 表示取模运算。例如，在图 7-14 中，所有节点的第一个时隙均为 RBS，n_1 的第二个时隙为 RDS，n_2 的第三个时隙为 RDS，k 为该时间帧中时隙的数量，计算如下：

$$k = \frac{T_{\text{frame}}}{T_{\text{slot}}} + 1 \tag{7-29}$$

式中，T_{frame} 为时间帧的长度，设其为捕获进行一次传输所需能量的时间，计算如下：

$$T_{\text{frame}} = \frac{E_{\text{data}}^T + E_{\text{ACK}}^R}{v_{\text{harv}}} \tag{7-30}$$

式中，v_{harv} 为纳米节点的能量捕获速度，E_{data}^T 和 E_{ACK}^R 分别表示发送一个数据包和接收一个确认帧所需要的能量，分别计算如下：

$$E_{\text{data}}^T = \eta_{\text{data}} L_{\text{data}} E_{\text{p}} \tag{7-31}$$

$$E_{\text{ACK}}^R = \eta_{\text{ACK}} L_{\text{ACK}} E_{\text{p}} \tag{7-32}$$

式中，L_{data} 和 L_{ACK} 分别为数据包的长度和确认帧的长度；E_{p} 表示一个脉冲信号所需要消耗的能量；η_{data} 和 η_{ACK} 分别为数据包比特系数和确认帧的比特系数，表示数据包中的比特位为 "1" 的比例。

T_{slot} 为每个时隙的长度。每个时隙的长度取决于需要网络中纳米节点的个数：

$$T_{\text{slot}} = \frac{T_{\text{frame}}}{N_{\text{node}}} \tag{7-33}$$

式中，N_{node} 表示纳米节点个数。然而，T_{slot} 不能过小，必须大于发送一个数据包和接收一个确认帧的时间，即必须满足以下公式：

$$T_{\text{slot}} > \mu(L_{\text{data}} + L_{\text{ACK}})T_{\text{s}} \tag{7-34}$$

式中，系数 μ 表示处理数据所需要的时间系数；T_{s} 为脉冲间隔时间。

7.3.3 仿真实验与结果分析

为了统一评价标准，设置纳米网络的性能指标包括：①数据包成功传输概率，其值越大，说明算法能够更加有效地降低节点之间传输碰撞发生的概率；②单位比特能耗，即每传输单位比特需要消耗的能量，其值越大，说明算法的性能越差，对能量的利用率不高；③纳米节点吞吐量，数据包的时延与可实现的吞吐量成反比，可实现的纳米节点吞吐量越高，则说明网络时延越低。

实验参数设置表如表 7-2 所示。

表 7-2 纳米网络 SRD-MAC 协议实验参数设置表

参数名称	值
纳米节点密度	（0.1～2.5）个/mm²
脉冲持续时间 T_{p}	100fs
脉冲间隔时间 T_{s}	10ps
脉冲耗能 E_{p}	1000aJ
纳米节点传输距离	5mm

续表

参数名称	值
纳米控制器传输距离	10mm
数据包长度 L_{data}	100bit
确认帧长度 L_{ACK}	6bit
纳米节点能量捕获速度 v_{harv}	（1～5）pJ/s
纳米节点能量	50pJ
数据包和确认帧的比特系数 η_{data}、η_{ACK}	0.5
信号积分测量时间 T_{i}	1000fs

将 SRD-MAC 协议与物理层感知 MAC 协议（physical layer aware MAC protocol，PHLAME）[23]、接收端发起的能量感知 MAC 协议（receiver-initiated harvesting-aware MAC protocol，RIH-MAC）[24]和节能无线纳米网络 MAC 协议（energy efficient wireless nano sensor network MAC protocol，EEWNSN）[25]进行比较，分析各个协议的优缺点。在 PHLAME 协议中，节点通过握手的方式进行数据的传输；在 RIH-MAC 协议中，节点通过不断发送 RTR 数据帧给需要发送数据的纳米节点，相应的节点在收到该数据帧后会发送数据给接收节点；在 EEWNSN 协议中，节点需要通过与纳米控制器进行通信以分配接收时隙，因此，EEWNSN 协议无法被用于分布式网络中。由于在集中式网络和分布式网络中，纳米节点的通信过程略微有所区别，并且纳米节点和纳米控制器的传输范围不一样，分别对两种不同场景下的网络性能进行分析。另外，对不同纳米节点密度、能量捕获速率情况下不同协议的性能进行分析。

1. 集中式网络性能对比

在集中式网络中，纳米节点主要负责收集数据，并将收集到的数据统一发送到纳米控制器。纳米控制器相比于纳米节点，拥有更多的能量、更强大的计算能力和更大的传输范围。图 7-15 所示为集中式网络中不同 MAC 协议在不同纳米节点密度下的数据包成功传输率。该实验中纳米节点的能量捕获速率设置为 3pJ/s。对于 PHLAME 协议和 RIH-MAC 协议来说，需要通过握手或者竞争的方式进行数据的传输，当纳米节点密度增大时，其发生的碰撞概率也会上升，从而导致数据包成功传输率下降。但是，在 EEWNSN 协议和 SRD-MAC 协议中，纳米节点可以在自身的时隙中进行数据的收发，因此其数据包成功传输率始终能保持一个较高的水平。

图 7-16 所示为集中式网络中不同纳米节点密度下不同 MAC 协议的单位比特能耗，本实验中纳米节点的能量捕获速率设置为 3pJ/s。

从图中可以得出以下结论：

（1）随着纳米节点密度不断地增大，PHLAME 协议和 RIH-MAC 协议的单位比特能耗也随之增加，并且增速越来越快。主要原因是纳米节点密度的增大使通信范围内的纳米节点大幅增多，纳米节点在传输过程发生的碰撞概率也大幅上升，数据重传的次数增多，导致单位比特能耗增加。

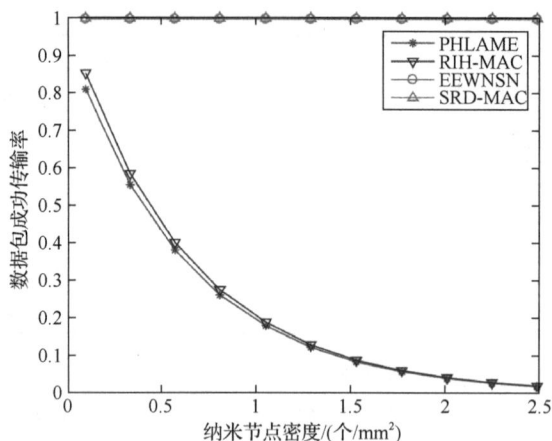

图 7-15　集中式网络中不同节点密度下不同 MAC 协议的数据包成功传输率

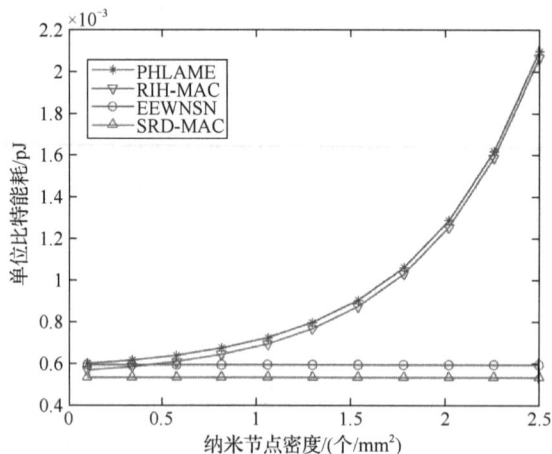

图 7-16　集中式网络中不同节点密度下不同 MAC 协议的单位比特能耗

（2）随着纳米节点密度的增大，EEWNSN 协议和 SRD-MAC 协议的单位比特能耗基本保持不变。因为在上述两种协议中，纳米节点只在自己的时隙进行数据的发送，不会发生多个节点同时发送数据造成碰撞的情况。

（3）当纳米节点密度比较小时（小于 0.5 个/mm²），各个协议的单位比特能耗的大小顺序为 PHLAME>EEWNSN>RIH-MAC>SRD-MAC，PHLAME 协议能耗最大的原因是纳米节点在进行数据发送时需要进行握手确认对方的状态，并且受到节点之间数据碰撞的影响。EEWNSN 协议的能耗比 RIH-MAC 协议大的原因，一方面是 EEWNSN 协议中纳米节点需要先与纳米控制器进行通信以分配自己的通信时隙，另一方面是节点密度较小时，互相之间的碰撞不是很严重。SRD-MAC 协议的能耗最小是因为纳米节点可以根据自己的 ID 进行时隙的分配，并只在自己的时隙中进行数据的发送，不需要握手过程和时隙分配过程。

（4）当纳米节点密度比较大时（大于 0.5 个/mm²），各个协议的单位比特能耗大小顺序为 PHLAME>RIH-MAC>EEWNSN>SRD-MAC，RIH-MAC 协议的能耗变得比 EEWNSN 协议大，主要原因是随着节点密度的增加，纳米控制器范围内纳米节点的数量也大幅增加，在 PHLAME 协议和 RIH-MAC 协议中的纳米节点在传输数据时发生碰撞的概率也增大，导致数据重传概率增大。

图 7-17 所示为集中式网络中不同纳米节点密度下不同 MAC 协议能够实现的纳米节点吞吐量。同样的，本实验中纳米节点的能量捕获速率为 3pJ/s。纳米节点的吞吐量主要受到能量捕获时延和数据传输时延的影响，比较图 7-16 和图 7-17 后可以发现，纳米节点的吞吐量与单位比特能耗呈负相关。随着纳米节点密度的增大，PHLAME 协议和 RIH-MAC 协议的吞吐量由于干扰和碰撞的增大而迅速下降，其吞吐量在纳米节点密度为 2.5 个/mm^2 时只有其在纳米节点密度为 0.5 个/mm^2 时的 30%。然而，EEWNSN 协议和 SRD-MAC 协议中纳米节点可以在各自的时隙中进行数据的发送，同时仍然可以保持一个较好的性能。四种协议中，SRD-MAC 协议拥有最高的吞吐量，比 EEWNSN 协议的吞吐量高约 10%。由此可知，纳米节点的吞吐量主要还是受到能耗的影响。所以，设计更高效的能量捕获系统以更快捕获环境中的能量和更节能的纳米网络通信机制，成为提高网络吞吐量的关键。此外，当纳米节点密度增大时，PHLAME 协议和 RIH-MAC 协议之间的差距逐渐缩小，这是因为节点增多导致重传次数增加，两者的能耗也逐渐接近。

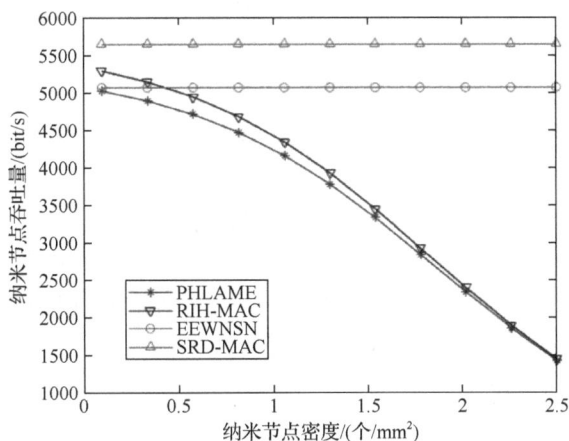

图 7-17 集中式网络中不同纳米节点密度下不同 MAC 协议的纳米节点吞吐量

此外，对不同能量捕获速率下不同 MAC 协议的纳米节点吞吐量进行实验，其结果如图 7-18 所示，此组实验中，纳米节点的密度设置为 1.5 个/mm^2。从图 7-16 和图 7-17 两组实验中可以知道，纳米节点的吞吐量主要受到能量捕获速率的影响。从图 7-18 也可以看到，随着能量捕获速率的不断上升，四种不同协议的纳米节点吞吐量也随之增大，SRD-MAC 协议的纳米节点吞吐量明显高于其他三种 MAC 协议。

随着能量捕获速率的增加，不同协议之间的吞吐量差距也变大。例如，当能量捕获速率为 3pJ/s 时，SRD-MAC 协议的吞吐量比 EEWNSN 协议、RIH-MAC 协议和 PHLAME 协议的吞吐量高约 600bit/s、2400bit/s 和 2500bit/s；当能量捕获速率为 5pJ/s 时，SRD-MAC 协议的吞吐量比 EEWNSN 协议、RIH-MAC 协议和 PHLAME 协议的吞吐量高约

1000bit/s、3450bit/s 和 3600bit/s。这说明 SRD-MAC 协议拥有更好的能量利用效率。

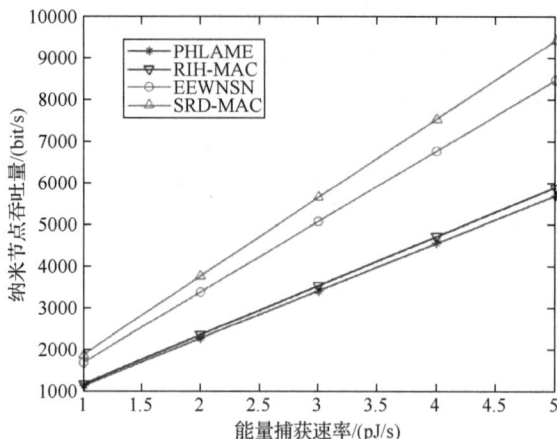

图 7-18 集中式网络中不同能量捕获速率下不同 MAC 协议的纳米节点吞吐量

2. 分布式网络性能对比

在分布式网络中，纳米节点之间的通信通过自组织的方式完成。由于 EEWNSN 协议需要通过纳米控制器进行发送时隙的分配，因此无法适用于分布式网络中。另外，与集中式网络不同的是纳米节点在接收来自其他节点的数据时也需要消耗能量，一般为发送能量的十分之一。下面通过在不同纳米节点密度下和不同能量捕获速率下的数据包成功传输率、单位比特能耗对 PHLAME 协议、RIH-MAC 协议和 SRD-MAC 协议进行比较，分析不同协议的性能。

与集中式网络相似，随着纳米节点密度的增大，PHLAME 协议和 RIH-MAC 协议的数据包成功传输率逐渐变小。原因是节点数量的增加导致传输过程中发生碰撞的概率增大。在 SRD-MAC 协议中，纳米节点只在下一跳纳米节点的 RDS 中进行数据的发送，可以避免碰撞的发生，相应的实验结果如图 7-19 所示。

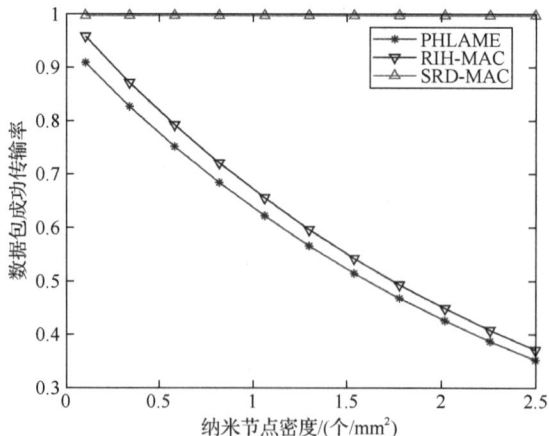

图 7-19 分布式网络中不同纳米节点密度下不同 MAC 协议的数据包成功传输率

　　图 7-20 所示为分布式网络中不同纳米节点密度下的单位比特能耗，本组实验中纳米节点的能量捕获速率为 3pJ/s。

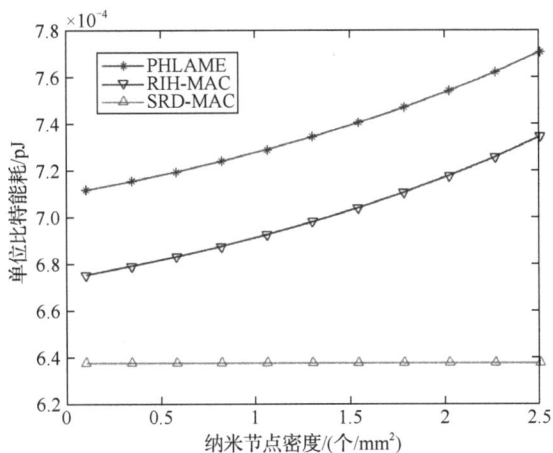

图 7-20　不同纳米节点密度下不同 MAC 协议的单位比特能耗

　　从图中可以观察到：

　　（1）随着纳米节点密度的增长，PHLAME 协议和 RIH-MAC 协议的单位比特能耗逐渐增大，原因是纳米节点的增多导致节点在传输过程中发生碰撞的概率增大，成功传输一个数据需要重传的次数增大。

　　（2）在 SRD-MAC 协议中，纳米节点在各自的时隙进行数据接收，即使纳米节点增多，传输过程发生碰撞的概率仍然较低，所以其单位比特能耗可以保持稳定的性能，并小于 PHLAME 协议和 RIH-MAC 协议的单位比特能耗。

　　（3）当纳米节点密度比较小时，分布式网络中的纳米节点单位比特能耗要高于集中式网络。例如，当纳米节点密度等于 0.5 个/mm^2 时，分布式网络中的纳米节点单位比特能耗比集中式网络中的高 10% 左右。因为在分布式网络中，纳米节点不仅需要在发送数据时消耗能量，还需要在接收数据时消耗能量；在集中式网络中，纳米节点将所有的数据都发送给纳米控制器，不需要接收来自其他纳米节点的数据。

　　（4）对于 PHLAME 协议和 RIH-MAC 协议来说，当纳米节点密度较大时，分布式网络中的纳米节点单位比特能耗要小于集中式网络，因此在集中式网络中纳米节点之间的数据传输更容易互相发生碰撞，尤其是纳米节点的密度较高时。

　　图 7-21 展示了分布式网络中不同纳米节点密度下的吞吐量，本组实验中纳米节点的能量捕获速率为 3pJ/s。结合图 7-20 可以发现，随着纳米节点密度的增大，单位比特能耗和纳米节点吞吐量的变化趋势相反，纳米节点的吞吐量随着密度的增大而降低。这说明纳米节点的吞吐量主要受到纳米节点的能量捕获速率的影响。对于 SRD-MAC 协议来说，纳米节点在分布式网络中的吞吐量低于集中式网络，因为在分布式网络中纳米节

点需要接收来自其他纳米节点的数据，该过程需要消耗能量。对于 PHLAME 协议和 RIH-MAC 协议来说，只有当纳米节点密度比较小时（小于 1 个/mm²），分布式网络中纳米节点吞吐量才小于集中式网络；当纳米节点比较大时，分布式网络中的纳米节点吞吐量反而高。

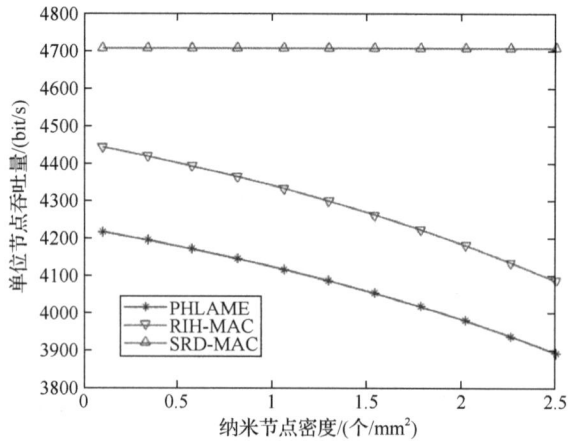

图 7-21　分布式网络中不同节点密度下不同 MAC 协议的纳米节点吞吐量

此外，通过实验分析分布式网络中不同能量捕获速率对纳米节点吞吐量的影响，其结果如图 7-22 所示，其中纳米节点的密度为 1.5 个/mm²。从图中可以看到，随着能量捕获速率的增大，纳米节点的吞吐量也不断增加。因为更快的能量捕获速率可以帮助节点更快捕获到足够的能量进行数据传输。在不同的能量捕获速率下，SRD-MAC 协议的纳米节点吞吐量始终高于其他两种协议。

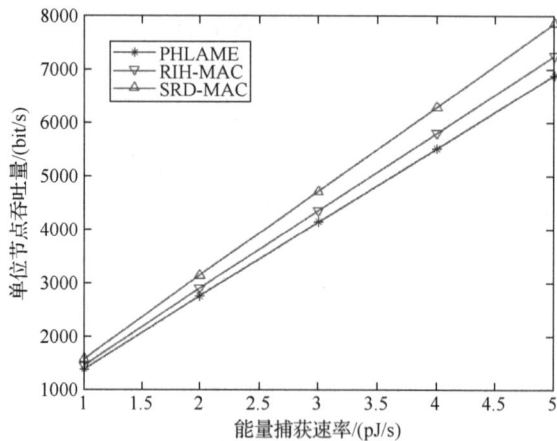

图 7-22　分布式网络中不同能量捕获速率下不同 MAC 协议的纳米节点吞吐量

7.4　小　结

本章首先介绍了一种辅助波束成形 MAC 协议（TAB-MAC），通过两种不同的无线技术，2.4GHz 频段和太赫兹波通信，显著提高了太赫兹波通信网络的吞吐量。由于传输距离、所需增益和最终波束宽度之间的关系是基于自适应波束成形建立的，该协议操作分为两个阶段，分别在 2.4GHz 频段和太赫兹频段下工作。根据这两个阶段，建立了一个数学框架来分析 TAB-MAC 协议在故障概率、分组延迟和吞吐量方面的性能及理论上限，仿真结果用于评估 TAB-MAC 协议在不同情况下的性能，并且定义了协议的设计指南。后期的实验结果表明，TAB-MAC 协议使太赫兹波通信网络的太赫兹频段上的信道利用率和吞吐量最大化。除了 TAB-MAC 协议之外，还介绍了一种基于中继的 MAC 协议（RBMP），依靠全向 2.4GHz 通信的优势解决通信阻碍和"对准"问题，其相应的分析和仿真结果表明，RBMP 协议在无障碍物的情况下实现了与 TAB-MAC 协议相似的性能，并且在有障碍物的情况下还有较高的吞吐量。最后介绍了一种基于能量捕获的时序接收驱动 MAC 协议（SRD-MAC）。在协议中，一个时间帧被划分为多个时隙，纳米节点可以通过自己的 ID 分配一个自分配的时隙。针对不同的纳米网络结构设计了两种传输方案。在集中式纳米网络中，纳米节点只能在自身的接收驱动时隙向纳米控制器发送数据包。在分布式纳米网络中，纳米节点只能在自身的接收驱动时隙接收来自周围纳米节点的数据包。该协议可以有效避免冲突导致的数据重传，并可以提高纳米网络的能量效率。仿真实验表明，SRD-MAC 协议与 PHLAME 协议、RIH-MAC 协议和 EEWNSN MAC 协议在不同纳米节点密度和能量捕获速率下的单位比特能耗和纳米节点吞吐量方面相比较，具有最佳性能。

参 考 文 献

[1] Yao X W, Jornet J M. TAB-MAC: assisted beamforming MAC protocol for Terahertz communication networks[J]. Nano Communication Networks, 2016, 9: 36-42.

[2] Li Q, Yao X W, Wang C C. RBMP: a relay-based MAC protocol for nanonetworks in the Terahertz band[C]//Proceedings of the 4th ACM International Conference on Nanoscale Computing and Communication. 2017: 1-2.

[3] Wang W L, Wang C C, Yao X W. Slot self-allocation based MAC protocol for energy harvesting nano-networks[J]. Sensors, 2019, 19(21): 4646.

[4] Sarieddeen H, Alouini M S, Al-Naffouri T Y. An overview of signal processing techniques for terahertz communications[J]. Proceedings of the IEEE, 2021, 109(10): 1628-1665.

[5] Ghafoor S, Boujnah N, Rehmani M H, et al. MAC protocols for terahertz communication: a comprehensive survey[J]. IEEE Communications Surveys & Tutorials, 2020, 22(4): 2236-2282.

[6] Saeidi H, Venkatesh S, Lu X, et al. Thz prism: one-shot simultaneous localization of multiple wireless nodes with leaky-wave Thz antennas and transceivers in cmos[J]. IEEE Journal of Solid-State Circuits, 2021, 56(12): 3840-3854.

[7] Heydari P. Terahertz integrated circuits and systems for high-speed wireless communications: challenges and design perspectives[J]. IEEE Open Journal of the Solid-State Circuits Society, 2021, 1: 18-36.

[8] Amarasinghe Y, Mendis R, Shrestha R, et al. Broadband wide-angle terahertz antenna based on the application of transformation optics to a Luneburg lens[J]. Scientific Reports, 2021, 11(1): 1-8.

[9] Akyildiz I F, Han C, Hu Z F, et al. Terahertz band communication: an old problem revisited and research directions for the next

decade[J]. IEEE Transactions on Communications, 2022, 70(6): 4250-4285.

[10] Li M T, Zhang F C, Zhang X, et al. Omni-directional pathloss measurement based on virtual antenna array with directional antennas[J]. IEEE Transactions on Vehicular Technology, 2022, 72(2): 2576-2580.

[11] Dabiri M T, Hasna M. Pointing error modeling of mmWave to THz high-directional antenna arrays[J]. IEEE Wireless Communications Letters, 2022, 11(11): 2435-2439.

[12] Morales D, Jornet J M. ADAPT: an adaptive directional antenna protocol for medium access control in terahertz communication networks[J]. Ad Hoc Networks, 2021, 119: 102540.

[13] Schandy J, Olofsson S, Gammarano N, et al. Improving sensor network performance with directional antennas: A cross-layer optimization[J]. ACM Transactions on Sensor Networks (TOSN), 2021, 17(4): 1-21.

[14] Xie T, Zhao H T, Xiong J, et al. A multi-channel MAC protocol with retrodirective array antennas in flying ad hoc networks[J]. IEEE Transactions on Vehicular Technology, 2021, 70(2): 1606-1617.

[15] Xia Q, Hossain Z, Medley M, et al. A link-layer synchronization and medium access control protocol for terahertz-band communication networks[C]//2015 IEEE Global Communications Conference (GLOBECOM). IEEE, 2015: 1-7.

[16] Xiao Z Y, Zhu L P, Liu Y M, et al. A survey on millimeter-wave beamforming enabled UAV communications and networking[J]. IEEE Communications Surveys & Tutorials, 2021, 24(1): 557-610.

[17] He S W, Zhang Y, Wang J H, et al. A survey of millimeter-wave communication: physical-layer technology specifications and enabling transmission technologies[J]. Proceedings of the IEEE, 2021, 109(10): 1666-1705.

[18] Bachrach J, Taylor C. Localization in sensor networks[J]. Handbook of sensor networks: Algorithms and Architectures, 2005: 277-310.

[19] Boukerche A, Oliveira H A B F, Nakamura E F, et al. Localization systems for wireless sensor networks[J]. IEEE wireless Communications, 2007, 14(6): 6-12.

[20] Yao X W, Wang W L, Yang S H. Joint parameter optimization for perpetual pulse-based nanonetworks with energy harvesting[J]. IEEE Transactions on Molecular, Biological, and Multi-scale Communications, 2016, 1(4): 321-330.

[21] Hansen R C. Planar and circular array pattern synthesis[M].New York:.John Wiley & Sons, Inc,2010: 109-128.

[22] Ghafoor S, Boujnah N, Rehmani M H, et al. MAC protocols for terahertz communication: a comprehensive survey[J]. IEEE Communications Surveys & Tutorials, 2020, 22(4): 2236-2282.

[23] Jornet J M, Pujol J C, Pareta J S. Phlame: a physical layer aware mac protocol for electromagnetic nanonetworks in the terahertz band[J]. Nano Communication Networks, 2012, 3(1): 74-81.

[24] Mohrehkesh S, Weigle M C. RIH-MAC: receiver-initiated harvesting-aware MAC for nanonetworks[C]//Proceedings of ACM The First Annual International Conference on Nanoscale Computing and Communication.ACM, 2014: 1-9.

[25] Rikhtegar N, Keshtgari M, Ronaghi Z. EEWNSN: energy efficient wireless nano sensor network MAC protocol for communications in the terahertz band[J]. Wireless Personal Communications, 2017, 97(1): 521-537.

第 8 章

电磁纳米网络的路由协议设计

纳米网络路由协议是一种用于纳米网络中进行通信和路由的协议。纳米网络是由纳米尺度的设备（如纳米机器人、纳米传感器）组成的网络，这些设备之间通过无线或有线连接进行通信。由于纳米网络的特殊性质，传统的网络路由协议和技术不能直接适用于纳米网络。因此，需要考虑纳米设备能量限制、算力限制及通信距离等有限条件，设计通信高效可靠、数据传输稳定、能量利用率高的纳米网络路由协议。纳米网络路由协议在纳米网络的通信中扮演重要的角色，能够促进纳米设备之间的高效通信和协同工作。

8.1 纳米网络路由协议

由于纳米网络节点硬件性能的限制，信息的转发往往要经过多跳传输，在多跳转发的过程中，下一跳的选择是多种多样的，在不同的路由协议中，下一跳的选择策略也是不同的，这种差异性往往决定着整个纳米网络的性能，因此，在纳米网络中，路由协议的设计是至关重要的工作。设计路由协议时，需要尽可能地发挥整个纳米网络的上限性能。现有的纳米网络路由协议可以根据网络结构、节点移动性和路由路径三个原则进行分类，具体情况如图 8-1 所示。

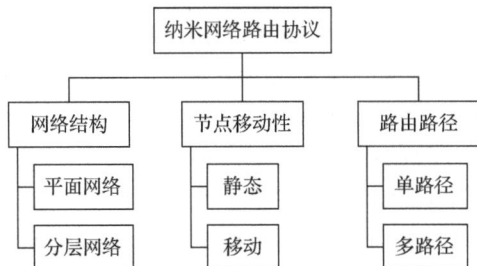

图 8-1　纳米网络路由协议分类

基于网络结构，纳米网络可以分为平面纳米网络和分层纳米网络。平面纳米网络中的节点彼此平等，分层纳米网络中的节点具有不同的层级，因此根据网络结构，纳米网络路由协议可分为平面纳米网络路由协议和分层纳米网络路由协议。基于节点的移动性，纳米网络又可以分为静态纳米网络和移动纳米网络，所使用的协议有静态路由协议、移动路由协议等。

当前，研究人员主要研究三种类型的协议：泛洪协议、邻近路由协议和基于能量收集的路由协议。考虑纳米节点的能量和计算能力十分有限，使用泛洪协议可以实现快速信息转发[1]。但是泛洪协议可能会导致重复信息的无效传播，从而导致广播风暴，增加了系统的能耗。这之后有专家在泛洪协议基础上设计了新的转发方案——根据节点接收的质量进行选择性转发，将每个节点分为基础结构节点和用户节点两类，基础结构节点负责将所有接收到的数据包转发至邻居节点，用户节点负责接收数据包。这种分类的方式是动态的，基础结构节点和用户节点的身份不固定，可以通过转发方案进行调整。转发方案虽然简化了通信模型，却忽略了每个数据包的分类和实时信号处理的成本。此外，泛洪协议还存在如下问题：结构固定和静态节点部署、传感器使用的定位单元定位不准确且消耗大量能量，纳米网络无法利用传统的定位技术。因此，对于纳米节点的定位仍然需要进一步探索。

邻近路由协议试图通过控制相邻节点的数量来提高泛洪协议的性能，如协调路由（coordinate and routing，CORONA）协议[2]，选择性泛洪路由（selective flooding routing，SFR）协议[3]和节能多跳路由（energy efficient multi-hop routing，EEMR）协议[4]。CORONA是一种地理泛洪协议，它假定纳米网络中的节点包括两种类型：锚节点和用户节点。锚节点与用户节点相比，具有更高的通信和处理能力，用户节点需要根据自己所处位置对这些锚节点进行定位。该方案首先设定一个方形固定网络拓扑，其中四个锚节点位于方形网络的顶点，适用于片上纳米网络。文献[3]提出了基于太赫兹波通信的SFR，为了避免重复转发同一数据包而造成带宽资源浪费的情况，该协议优化了流向，使数据包能够保持转发至目标节点的趋势，从而减少网络中的消息数量，但该协议并没有考虑太赫兹频段上信道的衰减问题。为了解决路由协议（如CORONA和SFR）中太赫兹信道衰减问题，有学者提出了EEMR协议，但是EEMR协议是单路径路由协议，难以解决由纳米节点能量耗尽或通道环境中的分子基团干扰所导致的传输链路暂时中断以至节点失效的问题。

基于能量收集的路由协议[5-6]则专为自充电的纳米网络设计，这类协议的主要目标是平衡能量收集和能量消耗，尽可能延长网络寿命，这在人体内的纳米网络中是十分有意义的。在设计此类路由协议时，应综合考虑协议的复杂性和有效性。例如，Pierobon等[6]提出了一种基于能量收集的路由框架，该路由框架基于MAC协议，采用能量收集机制，综合考虑能量收集和能量消耗，并基于太赫兹频段上信道的传输特性建立了多跳路由，因此该路由协议可以最大化网络吞吐量，同时确保网络生命周期趋于无限，使用能量收集机制使网络寿命无限是该协议的一项重大创新。但是由于该协议过于复杂，在仿真实验中最大的路由跳数仅为2，这在实际应用中是远远不够的。Mohrehkesh等[7]根据通信节点当前收集能量的状态，提出了一种基于马尔可夫决策过程的能量模型用于数据传播，该模型比较复杂，需要一种轻量级的启发式方案。Sebastian等[8]也使用了马尔可夫决策模型，并且利用该模型推导出易被纳米节点采用的最佳传输策略数学框架，建立能量捕获与能量消耗之间的分析模型，该传输策略的关键在于不断地进行迭代学习，采用自学习的方案使传输策略智能化，该过程需要消耗大量的计算资源。Alwan 等[9]提出了一种高能效安全多路径路由协议（energy efficient secure multipath routing protocol，EESM），该协议通过多路径路由来提高安全性、增加数据传输的可靠性、提供负载平衡和减少端到端延迟。

路由算法的好坏决定了纳米网络中信息传输的效率。目前，适用于纳米网络的路由算法设计主要面临以下挑战：

（1）纳米节点的传输距离十分有限，需要采用多跳方式进行数据的传递。一方面，纳米节点在太赫兹频段会遭受强烈的传输路径损耗和分子吸收损耗；另一方面，纳米节点的大小限制了其能够储存能量的大小，其传输数据时发送功率较低。上述原因导致纳米节点的传输距离十分有限，当目的节点不在发送节点范围时，需要采用多跳的方式将数据转发到目的节点。

（2）纳米节点的内存有限，导致传统的存储转发方式不适用于纳米网络。由于纳米节点的内存限制，可能只允许存储一个数据包的内存。因此，当纳米节点正在协助其他节点进行数据转发或者自身收集了足够的数据需要进行数据发送时，不能够再接收来自其他纳米节点的数据包，这会导致相应的数据包被丢弃。

（3）纳米节点中的能量状态存在浮动性。为了克服纳米节点储存能量少的问题，纳米节点采用能量捕获系统来扩大其生命周期，如纳米压电发电机、同轴硅纳米线发电机等。纳米节点的能量会随着时间的变化而变化，当纳米节点能量不足时，会引起数据发送的失败。如果能够设计一种稳定利用纳米节点能量变化的纳米路由算法，那么对于纳米网络的性能将会有巨大的提升。

综上所述，传统无线传感器网络的路由协议无法适用于纳米网络，特别是在人体内环境下的纳米网络中存在血液流动或组织液流动的情况，导致纳米节点实时移动，增加太赫兹信道的不稳定性，引起丢包率的增加，进而显著影响路由协议的性能。

8.2　基于相对位置模型的机会路由协议

基于相对位置模型的机会路由协议（relative position aware opportunistic routing protocol，RPAOR）可以用于纳米网络的通信，旨在利用节点之间的相对位置信息来进行数据传输和路由决策。基于相对位置模型的机会路由协议在无线传感器网络中具有应用潜力，并为节能、高效的数据传输提供了一种有效的解决方案。

8.2.1　系统模型

传统通信网络体系下机会路由的相关研究大致分为五类：基于地理位置信息、基于链路状态感知、基于转发可能性、基于图或机器学习等优化问题，以及基于跨层的机会路由协议。不同于传统网络，纳米网络节点所能分配的资源非常有限。目前已有从能量角度出发考虑的路由通信机制研究，但是电磁纳米网络的移动性又是一大难题。节点移动过程中，其速度变化会显著影响网络时延，在速度较低时导致较高的时延。但是在不限制时延的情况下，可以利用这种移动性，通过中继和机会性联系提高网络吞吐量和传输成功率。在机会路由中，用一个中枢性节点广播数据包并选择合适的转发方式相比于多个节点转发可以大幅减少重传的概率，从而增大网络吞吐量，减少能耗。该特性适用于人体内情况复杂和节点能量有限的应用场景。

考虑纳米网络的定位信息精度及可用性，纳米网络节点的可移动性及利用位置信息的路由通信机制等问题，当建立量化的位置信息模型时，需要综合考虑网络容量、信息传递效率和成功率，建立优先级的候选转发节点集，让电磁纳米网络在人体内得到更好的应用。基于相对位置模型的机会路由协议（relative position aware opportunistic routing protocol，RPAOR）与多跳无线网络中类似于有线网络的路由技术（在源和目的地之间选择最佳的节点序列，通过该序列转发每个数据包）相比，可以有较高的吞吐量增益，相比于传统泛洪路由中源节点盲目的转发数据包的情况，其减少了网络资源的浪费。

纳米网络移动模型基于实体移动模型，实体移动模型可分为随机游走模型、随机航点模型、随机方向模型、无边界模拟区域移动模型、高斯移动模型等。假设节点的移动相互独立且节点之间不存在吸引或排斥因素，考虑电磁纳米网络的特性，以及纳米节点的运动会受到血液在血管内流动的影响，针对人体内管状环境下流体的场景特性，采用高斯-马尔可夫（Gauss-Markov，GM）移动性模型模拟节点的运动情况更为合适。在该模型中，节点移动被建模为高斯-马尔可夫随机过程。最初每个节点有一个指定的当前运动速度和方向，在固定的时间 t 内，随机在限制域内更新节点的速度和方向，t 时刻的速度和方向值是由 $t-1$ 时刻的速度、方向值及一个随机变量，计算如下：

$$V_t = \alpha \cdot V_{t-1} + (1-\alpha) \cdot v + \sigma \cdot \sqrt{1-\alpha^2} \cdot W_{t-1} \qquad (8\text{-}1)$$

式中，$V_t = [v_t^x, v_t^y]^T$ 和 $V_{t-1} = [v_{t-1}^x, v_{t-1}^y]^T$ 分别是在时刻 t 和时刻 $t-1$ 的速度向量，$W_{t-1} = [w_{t-1}^x, w_{t-1}^y]^T$ 是不相关的均值为 0、方差为 σ^2 的随机高斯过程，α、$v = [v^x, v^y]^T$、$\sigma = [\sigma^x, \sigma^y]^T$ 分别代表记忆水平、渐近平均和渐近标准差。高斯模型中的节点在接近边界时，通过偏转 180° 的方向，使其保持远离模拟区域的边界，在 $0 \leq \alpha \leq 1$ 的节点运动中，记忆水平 α 起着重要的作用，当 α 越来越趋于 1 时，先前速度对当前速度的影响越来越大。

基于此移动模型建立的相对位置信息模型，能解决节点不稳定、不确定性移动产生的节点定位问题，同时结合有限部署的纳米网关，设计出基于相对位置感知的机会路由策略。网关节点周期性发送探测数据包，收集子网内节点的相对位置信息。根据优先级选择接收成功的节点转发数据，将纳米节点的能量捕获与能量指标列入优先级界定标准，在提高数据包交付可靠性的同时，延长网络的生命周期。同时，数据包的传输路径由链路质量决定，该机制在减少传输冗余的同时可以提高传输可靠性。

节点的相对位置模型以如下方式建立。

首先，网关节点通过数据包发现当前处于通信范围的纳米节点，并利用周期性更新的信号区分不同时间帧下接收到的信号节点，节点反馈信号越新则节点距离网关节点越近，可推断将数据包转发给该信号值较新的节点有利于数据传输。

网关节点通信范围内的节点收到探测数据包后记录，通信范围之外的节点不更新。设定在电磁纳米网络中，每个普通节点都有一个索引值（Index_n），初始值均为 0，网关节点周期性发送探测数据包，探测数据包携带一个周期性递增的 Index_s，在网关节点通信范围内接收到该探测数据包的节点将 Index_n 更新为探测数据包所携带的 Index_s 值，未接收到探测数据包的节点保持 Index_n 不变。在人体的血管中，随着血液的流动，处在管状流体环境内的纳米节点总体有向的随机运动导致网关节点通信范围内纳米节点会随时间发生变化，经过一段时间的运动，网络中纳米节点的 Index_n 值将呈现如图 8-2 所示的状态。

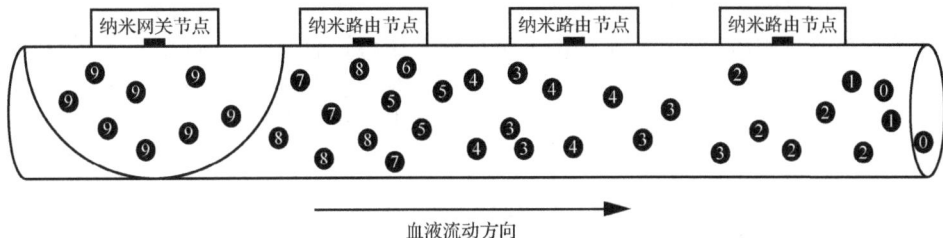

图 8-2　移动纳米节点的相对位置模型

若记纳米源节点的索引均值为 $\overline{\mathrm{Index}}$，将纳米网络以网关节点为中心划分为若干层级，如图 8-3 所示，在血管的横截面上，D 为血管的中心，数字节点表示纳米节点的索引值均值，形成 $\overline{\mathrm{Index}}$ 均值由网关节点向外递减的移动梯度模型。记 $\overline{\mathrm{Index}}$ 在一个探测包周期内的变化率为 $\partial\overline{\mathrm{Index}}$，时刻 t_1 与上一时刻 t_2 的 $\overline{\mathrm{Index}}$ 之差记为 $\Delta\overline{\mathrm{Index}}$，则

$$\partial\overline{\mathrm{Index}} = \frac{\Delta\overline{\mathrm{Index}}}{t_1 - t_2}。$$

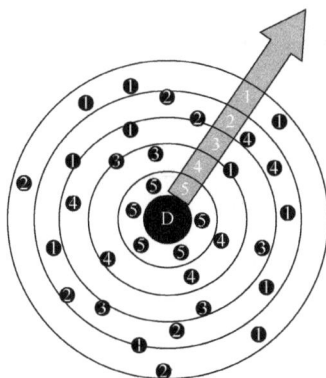

图 8-3　纳米节点的移动梯度模型图

8.2.2　RPAOR 路由协议

纳米网络中的节点是随机进行能量捕获的，在该前提下，影响路由传输性能的关键是对数据包转发方向的判断[10]。在人体血管内，电磁纳米网络中的纳米节点会沿着血液流动方向移动，这种特点可以为候选节点集的选择提供有效指引。在机会路由中，每个源节点将数据包广播到多个下一跳，若某个下一跳传输失败，则接收到该数据包的另一邻居节点可以继续转发，将这组多个下一跳定义为候选中继集（candidate relay set，CRS），CRS 选择块主要可以分为如下四个部分。

（1）候选中继部分：负责发现物理上邻近的节点，还负责预估到达这些节点的链路的质量和稳定性，根据这些预估和判断，建立一组邻居节点群。

（2）优先级度量标准的计算：优先级度量标准的选择取决于路由应用程序的要求。根据路由信息全局或局部的特性分别进行上述机会路由度量计算，通常全局度量由源节点进行计算和存储，而局部度量在相邻节点之间平均分配后进行计算和存储。但全局度量获取整个网络信息的计算可能会导致开销过高，尤其是在高度动态的网络中。局部度量虽然在本地计算时资源需求低，但是局部度量可能无法得到最理想的路径。度量的计算均是基于以下五个主要参数之一或组合，即物理距离、数据包传输率（PDR）、误码率（BER）、信噪比（SNR）和信号干扰加噪声比（SINR）。因此，度量的准确性取决于链路质量测量的准确性及此类信息的及时性，即测量技术对于机会路由的实际操作至关重要。

（3）候选中继的选择和优先级：候选节点的选择应考虑减少传输冗余，限制候选中继器的数量是十分重要的，在候选过滤时应该同时考虑节点贡献及其重复概率。纳米节点的 $\overline{\partial \text{Index}}$ 可以揭示其运动的方向性（符号）和速度（值），对这一数值的评估可以理解为越大越利于数据包转发，因此当源节点 $\overline{\partial \text{Index}}$ 大于 0 时，源纳米节点选择大于自身值的纳米节点组成候选集，不存在更大值时选择大于 0 的其他节点，均不存在则不转发。源节点 ∂Index 小于 0 时表明运动相逆，按照大于零、大于自身的顺序选择组成候选集的标准，若均不存在则不转发。

图 8-4 描述了代表候选节点优先级的标签（tag）值的设置流程图。

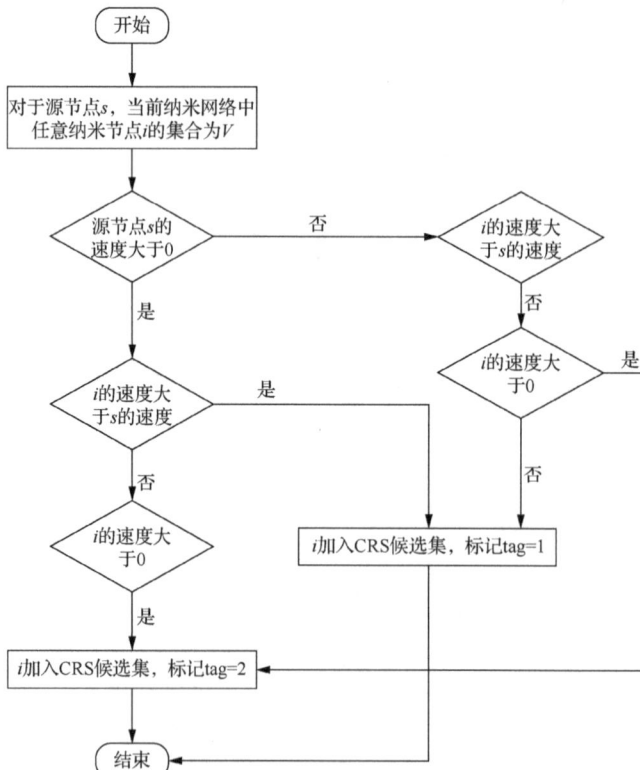

图 8-4　CRS 候选节点 tag 值的设置流程图

（4）转发与确认：候选节点进入退避转发阶段后，当前优先级最高的节点优先结束退避，开始转发数据包，若转发成功，则发送确认包，告知其余候选节点结束退避等待并丢弃当前数据包；若其余节点未在各自的退避时间内收到确认，则认为更高优先级的候选节点均未成功接收或转发数据包，因此在自身退避时间结束后进行数据包的转发与确认包的发送。在此过程中，最终仅一个候选节点成功转发数据包的现象，实现了数据包的传递过程。

8.2.3　仿真实验与结果分析

为了验证移动纳米网络中的机会路由的性能，利用搭建的 NS-3[11]平台对随机部署的纳米节点组成的纳米网络进行仿真。在移动过程中，纳米节点通过压电纳米发电机来收集振动能量，仿真实验中使用的参数列于表 8-1 中。

表 8-1　仿真实验参数表

项目	参数	值	参数	值
系统参数	模拟周期	5s	最大储存能量	5J
	纳米节点密度	（5～30）个/cm³	能量捕获时隙	0.1s
	纳米网关节点数	1	发送能耗	1.6×10^{-3}pJ/字节
	纳米路由节点数	50	接收能耗	1.6×10^{-4}pJ/字节
	动脉容积	2×10^{-4}m³	能量捕获速率	760pJ/s
物理层信息	脉冲能量	100pJ	纳米节点传输距离	0.01m
	脉冲周期	100fs	纳米路由节点传输距离	0.02m
	脉冲间隙	10ps		
MAC 层参数	退避时隙	(0,100)ns		
网络层参数	初始化 TTL 值	100		
信息处理单元参数	数据包长度	100bit	探测数据包产生时隙	0.01s
	探测数据包长度	50bit	能量捕获时隙	0.1s
	数据包产生时隙	0.1s		

仿真实验模拟中，纳米节点、纳米路由节点、纳米网关节点部署在长度为 0.5m，直径为 0.02m 的长方体中，模拟人体的血管进行路由协议的仿真，与传统的泛洪路由协议、随机路由协议进行比较。根据仿真实验的结果，可分析该机会路由协议下移动纳米网络的性能。

如图 8-5 所示，RPAOR 协议中端到端的包传输成功率明显高于泛洪路由协议、随机路由协议。这是因为相比于随机路由协议，机会路由协议利用无线传输的广播特性，纳米源节点选择多个候选节点进行数据包的接收，并通过退避机制和确认转发机制进行数据包转发，增加了数据包转发成功的概率；相比于泛洪路由协议，RPAOR 协议建立了相对位置模型，纳米源节点把数据包转发给与网关节点较近的节点，将这些节点作为候选节点接收数据包，提高了数据包成功转发的可能性，避免了广播风暴和信息的多次重传。

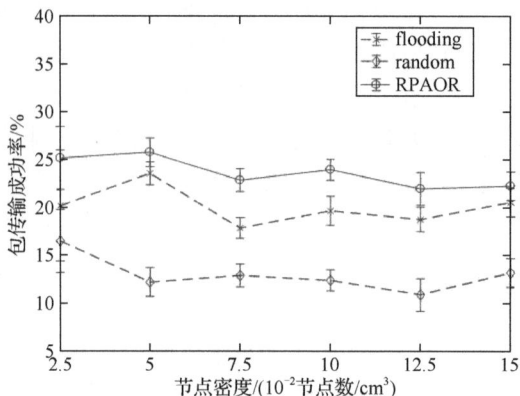

图 8-5　端到端的包传输成功率

如图 8-6 所示，在能耗方面，RPAOR 协议的能耗明显小于其他两个协议，这是因为 RPAOR 协议的转发数据包节点更少更高效。即使发送一个数据包消耗能量相同，但接收的节点少，消耗的能量少，所以其总能耗低于泛洪路由协议；随机路由协议随机选择一个周围节点进行数据包转发，并且随机路由协议是没有方向性的数据包转发的，所以随机选择的节点不一定将数据包转发到网关节点方向，数据包可能需要更多的转发节点才能到达网关节点。这样不仅增加了数据包的传输时延，更增加了网络能耗。

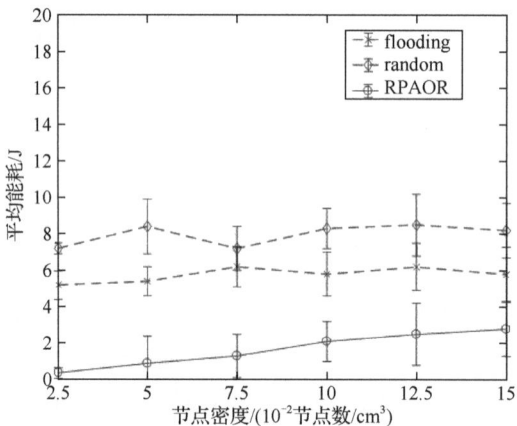

图 8-6　数据包传输的平均能耗

如图 8-7 所示，在时延方面，随机路由协议的时延明显高于泛洪路由协议和 RPAOR 协议，这是因为随机路由协议随机选择一个节点进行数据包的转发时，不能保证数据包转发至源节点方向，数据包可能要经过许多跳后才能到达网关节点，容易导致传输数据包的时延增加。泛洪路由协议的时延与 RPAOR 协议的时延相近，这是因为泛洪路由协议通过转发数据包给所有节点，这样就不存在数据包转发方向的困扰，而 RPAOR 协议在数据包转发方向的基础上进行数据包转发，将数据包转发给有效节点，但在候选节点之间协调转发时会产生退避时延的情况，因此在时延方面没有较大优势。不过实验证明该方案相比于随机路由协议能有效减少转发数据包的时延问题。

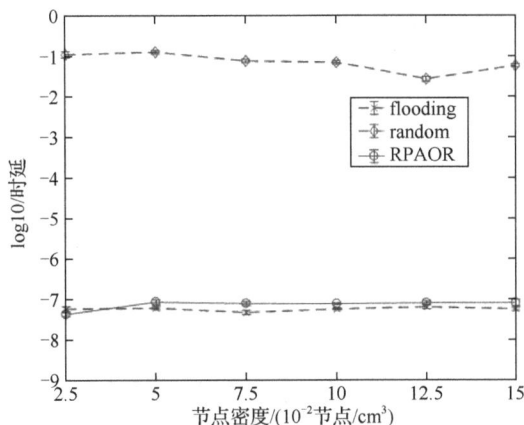

图 8-7　端到端的数据包传输时延图

如图 8-8 所示，在吞吐量方面，随着节点密度的增加，网络中的吞吐量呈上升趋势，这是因为在周期性产生数据包的网络中，节点数量与产生数据包的数量呈正相关，直接导致接收数据包数量的增加，所以三个协议的吞吐量均呈上升趋势。对于随机路由协议，数据包的传输成功率较低，传输时延较高，吞吐量相对来说其属于三者最低，泛洪路由协议与 RPAOR 协议相比，虽然泛洪路由协议的时延略低于 RPAOR 协议，但是 RPAOR 协议的传输效率相对泛洪路由协议较高，因此最终 RPAOR 协议的吞吐量高于泛洪路由协议。

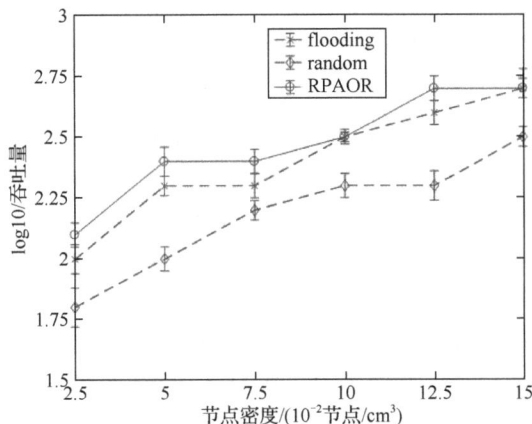

图 8-8　端到端的吞吐量

8.3　基于协作传输的能耗优化路由协议

基于协作传输的能耗优化路由（energy-efficient cooperative routing，EECR）协议计算两个纳米节点之间的协作通信的能耗成本，使用协作传输降低两个节点间的传输能耗。基于协作传输的能耗优化路由协议旨在通过合理的路由选择和协作传输机制，降低节点能耗并延长网络寿命。基于协作传输的能耗优化路由协议为延长纳米网络的寿命、提高可靠性和降低能耗提供了一种有效的解决方案。

8.3.1 系统模型

相比传统无线传感器网络，电磁纳米网络的限制为路由协议的设计带来的挑战包括纳米网络结构的复杂性（高密度），多跳路由算法的需求，纳米节点的动态能量状态（随时间的波动较大）等。现有的基于分层集群结构的纳米网络的研究，大多要求在覆盖区域上均匀分布相当多的纳米控制器。在此基础上，纳米网络结构设计中，每个集群拥有一个功能比纳米传感器更强的纳米控制器作为簇头。

本节介绍的是基于协作传输的能耗优化路由协议（energy-efficient cooperative routing，EECR）。首先借用仅有的信道的信息，用两阶段传输策略来计算两个纳米节点之间协作通信的能耗成本。考虑纳米控制器的计算能力，使用能耗成本公式，建立具有能耗优化的协作通信传输方案。在两阶段式协作模型下，EECR 协议根据协作节点数量确定发送节点的广播功率，计算协作节点所需的传输功率和不同协作节点数量下的功率分配，并选出最低能耗的功率分配。由于纳米控制器计算能力的有限性，将协作节点的传输功率调整为相同，因此计算出的最低能耗功率分配为次优结果。纳米控制器将该次优能耗功率分配返回给发送节点和协作节点，若协作传输能耗小于直接传输的能耗，则发送节点和协作节点将按分配的功率进行协作传输。将 EECR 协议与节能路由协议（energy conserving routing，ECR）[12] 及 EEMR 协议结合，组成的 C-ECR 协议和 C-EEMR 协议平均能耗和丢包率分别低于 ECR 协议和 EEMR 协议，说明 EECR 协议能够有效降低能耗和丢包率。但是采用两阶段模式协作传输不可避免的是 EECR 协议会增大传输时延。

在分层集群结构的纳米网络中，纳米节点和纳米控制器的距离不是很远，能够直接进行通信。节点之间的通信遵循动态时分多址接入（time division multiple access，TDMA）调度，每个时间帧由四个子帧组成，分别是下行链路（down link，DL）、上行链路（up link，UL）、多跳（multihop，MH）和随机访问（random access，RA）。每个时间帧的作用如图 8-9 所示，当纳米节点有数据包需要发送时，其在 RA 子帧向纳米控制器请求发送数据包，纳米控制器为其进行路由算法计算完成后，再由 DL 子帧将调度命令发给纳米节点。若命令是直接传输，则纳米节点在 UL 子帧将数据包直接发送给纳米控制器；若命令是多跳传输，则在 MH 子帧将数据包发送给指定的邻居节点。

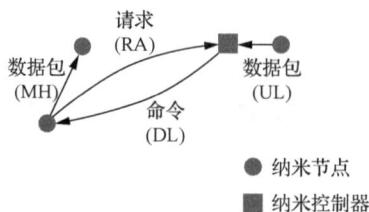

图 8-9　TDMA 调度下的节点通信

EECR 协议的路由模型建立在其他路由协议的路由路径基础上，在已有的路由路径上增加协作传输。EECR 协议的工作流程图如图 8-10 所示，其中选择下一跳节点是根据其他路由协议进行选择的。如果没有协作节点可用，则按原方法直接将数据包发送给下一跳节点；如果有协作节点可用，则对发送节点 t_k 和下一跳节点 r_k 之间的通信使用 EECR 算法进行协作传输。

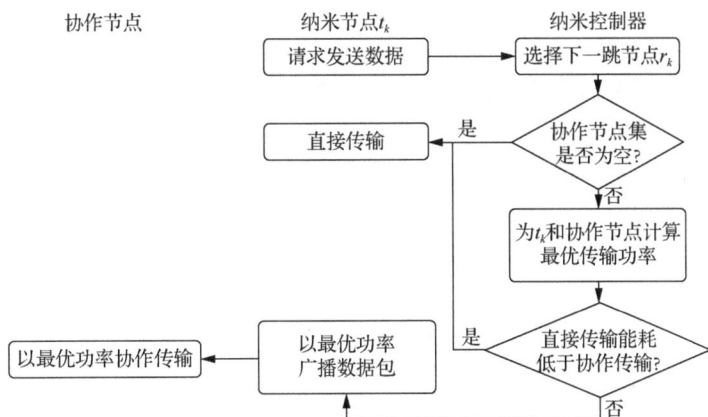

图 8-10　EECR 协议的工作流程图

8.3.2　路由协议

在系统模型中，一个纳米网络是由一个位于中心的纳米控制器和随机分布在一个区域中的几个纳米节点组成的。纳米节点可以调整其传输功率，并且多个纳米节点可以在物理层协调其传输以形成协作链接，并在此基础上设计路由协议。能耗优化路由协议 EECR 算法考虑的是非协作路径下，使用协作传输降低两个节点之间的传输能耗。

令 m 表示协作集 T_k 的大小，n 表示选择参与协作传输的协作纳米节点的数量，其中 $n = 0, 1, 2, \cdots, m$，对于确定的发送节点 t_k，计算其传输功率，视作协作传输的成本，令

$$P_b = \max\{P_{t1}, P_{t2}, \cdots, P_{tn}\} \tag{8-2}$$

式中，P_b 是使第一阶段广播数据包达到 n 个协作纳米节点所需的广播功率；P_{tn} 是从纳米节点 t_k 传输到协作纳米节点 t_n 所需的传输功率。总功率为

$$C_{tr} = \min_{n=0}^{m} P_n^C \tag{8-3}$$

式中，P_n^C 是从 $n+1$ 个纳米节点（包括发送节点 t_k）到纳米节点 r_k 的传输功率，可以表示为

$$P_n^C = P_b + \sum_{i=1}^{n} P_i \tag{8-4}$$

式中，P_i 是每个协作纳米节点的传输功率。考虑纳米控制器的有限计算资源，可将协作纳米节点的传输功率设置为相同的值，以降低计算复杂度。因此，可以通过解决以下优化问题来获得总的协作传输功率 P_n^C：

$$\min_{P} P_n^C = P_b + nP_i$$

$$\text{s.t. } P_i \leqslant P_{\max}$$

$$\left(\sum_{i=1}^{n} \sqrt{\frac{P_i}{E(f, d_{t_{i\_r_k}}) \cdot d_{t_{i\_r_k}}^{\alpha}}} + \sqrt{\frac{P_b}{E(f, d_{t_{k\_r_k}}) \cdot d_{t_{k\_r_k}}^{\alpha}}} \right)^2 \geqslant \gamma_{\text{req}} \tag{8-5}$$

式中，P 为广播理想工作状态下的最低能耗，$\boldsymbol{P} = [P_b, P_i]^{\text{T}}$；$d_{t_{k\_r_k}}$ 是从纳米节点 t_k 到纳米节点 r_k 的距离；$d_{t_{i\_r_k}}$ 是从协作纳米节点 t_i 到纳米节点 r_k 的距离；α 是路径损耗指数；$E(f, d)$ 是传输路径损耗；f 是电磁波频率；d 是路径传输的距离；γ_{req} 表示接收纳米节点 r_k 对信号进行解码所需的信噪比；$P_{\max}$ 表示每个协作纳米节点的最大传输功率。

参与协作的节点数量 n 是离散、有界的，纳米网络中纳米节点剩余能量波动较大，每次数据包传输过程中能够参与协作传输的节点不会很多，即 n 的值往往比较小。因此可以使用穷举搜索的方法来找到使 C_{tr} 最小的最优 n 值，从而得到广播功率和协作功率的最优解。令 $\boldsymbol{P}^{\text{opt}} = [P_b^{\text{opt}}, P_i^{\text{opt}}]^{\text{T}}$ 表示最优解，用于协作传输的次优能耗成本表示如下：

$$P_n^C = P_b^{\text{opt}} + n P_i^{\text{opt}} \tag{8-6}$$

8.3.3 仿真实验与结果分析

使用 NS-3 网络仿真平台中基于 Nano-Sim 纳米网络仿真模块及系统对 EECR 协议的性能进行分析和验证。实验场景如下：假设纳米节点均匀分布在尺寸为 1.4cm×1.4cm 的正方形区域，区域中央放置一个纳米控制器，所有纳米节点在仿真开始的 0~3s 中随机开始发送数据包，并每隔 3s 发送一个数。为了接近真实的人体纳米网络环境，将纳米节点最大发射功率设置为 $P_{\max} = 100\text{nW}$，协作传输的功率调整单位设置为 1nW，路径损耗指数 $\alpha = 2$，数据包解码 SNR 阈值 $\gamma_{\text{req}} = 10$。纳米网络中纳米节点的密度很高，数据包生存时间（TTL）设置为 20 跳。纳米节点不处理已转发过的数据包，但其储存能量十分有限，因此每个纳米节点最多可储存 10 个接收到的数据包的信息。由于 EEMR 协议中的纳米节点是固定传输距离，因此需要将其传输半径设置为 $d_{\text{tx}} = \sqrt{\dfrac{\rho_n}{2}}$，其中 ρ_n 为纳米节点的密度，则所需的传输功率为

$$P_t = \int (\gamma_{\text{req}} \cdot S_{\text{spr}}(f, d) \cdot S_{\text{abs}}(f, d)) \mathrm{d}f \tag{8-7}$$

式中，$S_{\text{spr}}(f, d)$ 是传输路径损耗的功率谱密度函数；$S_{\text{abs}}(f, d)$ 是分子吸收损耗的功率谱密度函数。

具体的仿真参数设置如表 8-2 所示。

表 8-2 EECR 协议的仿真参数设置

参数	说明	参数值
t	仿真时间	150s
t_b	节点发送间隔	3s
ρ_n	节点密度	(4~20) 个/cm³
v_{harv}	平均能量捕获速率	80~120pJ/s
$E_{\max}$	纳米节点最大储存能量	800pJ

续表

参数	说明	参数值
E_{req}	纳米节点能够发送数据包所需最少剩余能量	200pJ
P_{max}	纳米节点最大传输功率	100nW
γ_{req}	解码数据包所需最小信噪比	10
α	路径损耗指数	2
a	EEMR 协议的权重因子	0.5
b	EEMR 协议的权重因子	0.3
T_0	温度	33℃
TTL	数据包生存时间	20 跳

针对不同纳米节点密度的纳米网络进行仿真实验，结果如下：

图 8-11、图 8-12 和图 8-13 显示了具有不同纳米节点密度下的平均能耗的仿真结果，其中平均能量捕获速率设置为 100pJ/s。

（1）分析图 8-11，可得出如下结论：

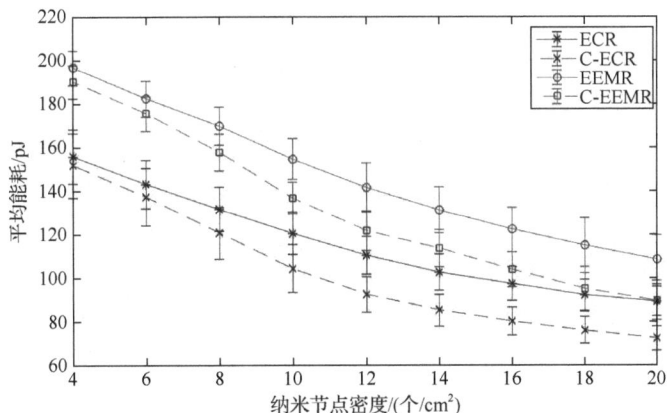

图 8-11　不同纳米节点密度下的平均能耗

① 在密度较低时，ECR 协议与 C-ECR 协议、EEMR 协议与 C-EEMR 协议的数据包平均传输能耗很接近，随着密度的增大，差距变大，与 EECR 协议结合后的协议都体现出了降低能耗的优势。原因是当纳米节点密度较低时，数据传输往往没有协作节点，进行协作传输的情况较少，所以 EECR 协议的优势不太明显。但是随着纳米节点密度增大，C-ECR 协议的平均能耗与 ECR 协议的平均能耗逐渐拉开距离，C-EEMR 协议的平均能耗与 EEMR 协议的平均能耗也逐渐拉开距离，说明 EECR 协议在密度较高时能有效降低能耗。

② 四个协议平均能耗都随纳米节点密度的增大而降低。其中一个原因是当纳米节点密度增大，ECR 协议中数据传输有更好的中继节点进行两跳传输；EEMR 协议中纳米节点传输功率降低，虽然数据包需要更多跳才能到达纳米控制器，但是能耗与传输距离的平方呈正相关，跳数增加反而降低能耗。另一个原因是每个纳米节点需要发送的数据包数量不变，纳米节点密度增大使纳米网络中传输数据包数量增多，纳米节点的能量压

力增大，距离纳米控制器远的纳米节点发送的数据包无法成功传输到纳米控制器，所以平均能耗会降低。

（2）分析图 8-12，可得出如下结论：

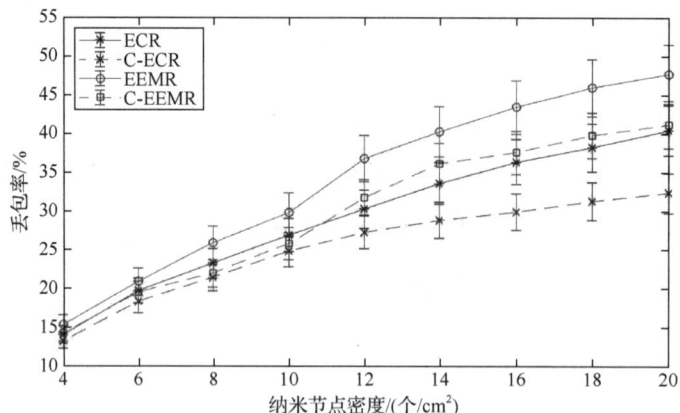

图 8-12　不同纳米节点密度下的丢包率

① 在密度较低时，使用 ECR 协议与 C-ECR 协议、EEMR 协议与 C-EEMR 协议的丢包率很接近，随着密度的增大而差距变大，与 EECR 协议结合后的协议都体现出了优势。这是因为当纳米节点密度较低时，进行协作传输的情况较少。当纳米节点密度提高时，EECR 协议才得以使用协作传输降低能耗，降低纳米节点的能量压力，从而降低丢包率。

② 四个协议的丢包率都随纳米节点密度的增大而增大。因为纳米节点密度增大时，网络中传输的数据包数量增加，导致纳米节点的能量压力增大，能量不足的节点无法参与数据包转发，从而导致丢包率升高。

（3）分析图 8-13，可得出如下结论：

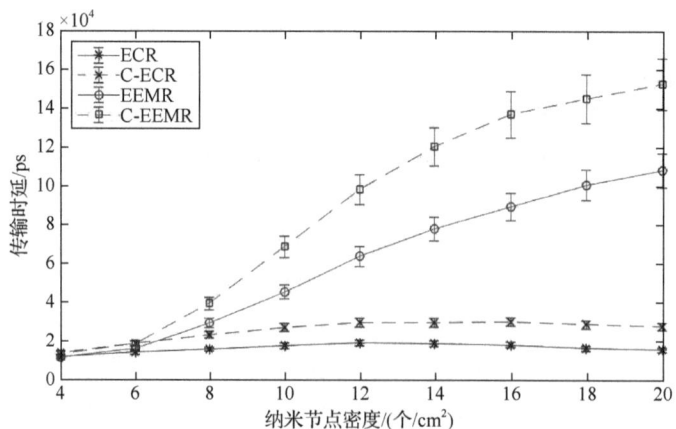

图 8-13　不同纳米节点密度下的平均传输时延

① ECR 协议和 C-ECR 协议的平均传输时延随着密度的增大，先是增大但之后又有降低的趋势。因为 ECR 协议只在直接传输和两跳传输中选择，纳米节点密度低的时候，大部分情况没有中继节点可用。随着密度增大，两跳传输增多时，平均传输时延就会增大。但是密度的增大引起的能量压力增大，导致邻居节点都没有足够的能量转发数据包，所以直接传输的占比增大，平均传输时延就降低了。

② EEMR 协议和 C-EEMR 协议的平均传输时延在纳米节点密度低时很接近，随着密度的增大，两者的传输时延都增大了，但是增大的幅度却越来越小；因为 EEMR 协议中纳米节点的传输范围随密度的增大而减小，数据包传输所需的平均跳数增多，导致传输时延增大。在丢失的数据包中，外围纳米节点发送的数据包占大多数，丢包率增高会导致传输时延降低，所以传输时延增大的幅度会减小，甚至在纳米节点密度更大时开始降低。

③ 当纳米节点密度增大时，C-ECR 协议和 C-EEMR 协议的传输时延分别比 ECR 协议和 EEMR 协议大很多。因为每次协作传输需要消耗的时间是直接传输的两倍左右，纳米节点密度增大后，协作传输占比增多，从而导致与 EECR 协议结合后的两个协议 C-ECR 协议和 C-EEMR 协议的传输时延分别比 ECR 协议和 EEMR 协议大了很多。

考虑纳米节点的能量收集速度受环境影响非常大，需要针对不同的能量捕获速率进行仿真实验，图 8-14、图 8-15 和图 8-16 显示了具有不同密度的纳米节点的仿真结果，其中纳米节点密度设置为 20 个/cm²。

（4）分析图 8-14，可得出如下结论：

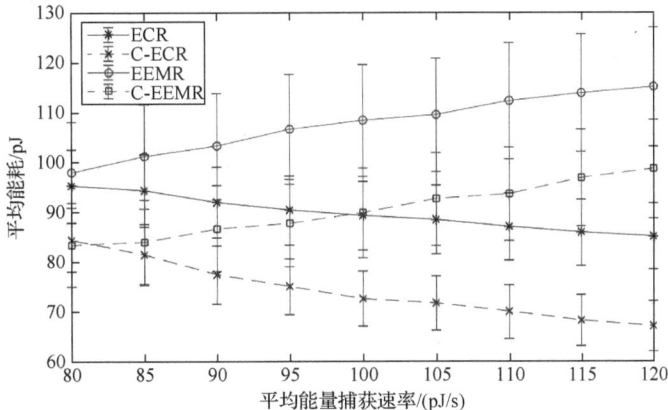

图 8-14　不同能量捕获速率下的平均能耗

① ECR 协议和 C-ECR 协议的数据包平均传输能耗随着平均能量捕获速率的增大而降低；因为随着能量捕获速率的增大，纳米节点的能量压力降低，每次数据包传输可用的中继节点增多。使用 ECR 协议时，比直接传输能耗更低的两跳传输占比增大，平均能耗因此降低。

② EEMR 协议和 C-EEMR 协议的数据包平均传输能耗随着平均能量捕获速率的增大而升高；因为能量压力大时，在丢包率中占比较大的是外围节点发送的数据包。随着能量捕获速率的增大，纳米节点的能量压力降低，外围节点的数据包发送成功率提高，

从而导致平均能耗升高。

③ C-ECR 协议和 C-EEMR 协议的数据包平均传输能耗始终比 ECR 协议和 EEMR 协议更低。因为不同能量捕获速率的仿真实验是在纳米节点密度较大的情况下进行的，数据包传输使用协作传输的可能性较大，因此与 EECR 协议结合后的 C-ECR 协议和 C-EEMR 协议的平均能耗分别比原 ECR 协议和 EEMR 协议更低。

（5）分析图 8-15，可得出如下结论：四个协议下的丢包率都随着平均能量捕获速率的增大而降低，因为能量捕获速率越高，纳米节点的可用能量就越多，数据包更容易成功发送到纳米控制器。

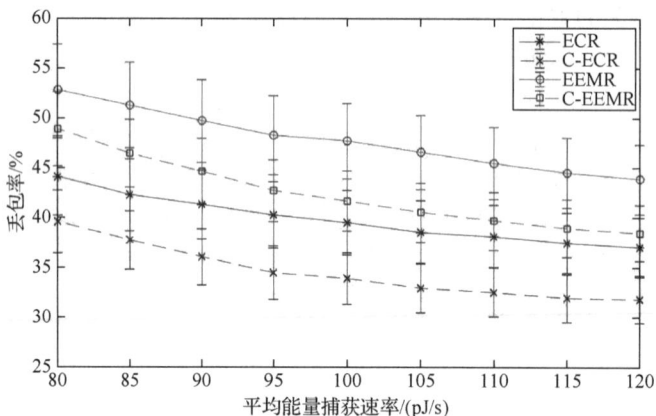

图 8-15 不同能量捕获速率下的丢包率

（6）分析图 8-16，可得出如下结论：

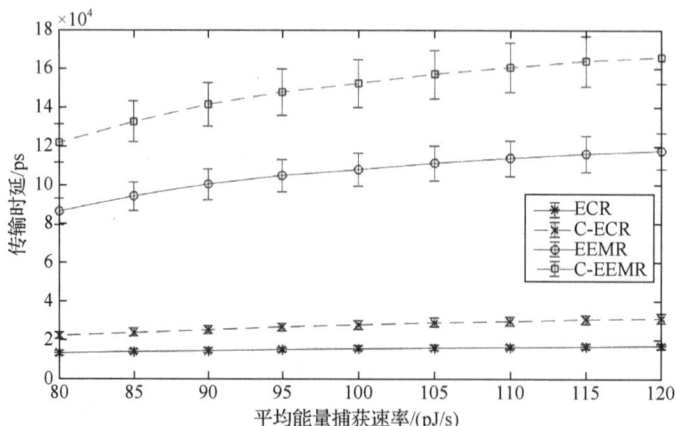

图 8-16 不同能量捕获速率下的平均传输时延

① 四个协议的传输时延都随能量捕获速率的增大而增大；因为 ECR 协议只在直接传输和两跳传输中选择，能量捕获速率低的时候，大部分情况中继节点能量不足无法可用。随着能量捕获速率增大，两跳传输增多时，平均传输时延就会增大。在 EEMR 协议中，能量压力大时，在丢包率中占比较大的是外围节点发送的数据包。随着能量捕获速

率的增大，纳米节点的能量压力降低，外围节点的数据包发送成功率提高，导致传输时延增大。

② EEMR 协议和 C-EEMR 协议的传输时延比 ECR 协议和 C-ECR 协议高很多；因为不同能量捕获速率的仿真实验是在纳米节点密度较大的情况下进行的，EEMR 协议中的纳米节点传输范围小，外围纳米节点发送的数据包需要更多的跳数送达纳米控制器，而 ECR 只考虑直接传输和两跳传输，所以 EEMR 协议和 C-EEMR 协议的传输时延比 ECR 协议和 C-ECR 协议高很多。

③ 结合了 EECR 协议的 C-ECR 协议和 C-EEMR 协议比原路由协议有更高的时延。因为 EECR 协议的两段式协作传输需要直接传输两倍左右的传输时间，在纳米节点密度较高的情况下，使用协作传输占比较高，所以 C-ECR 协议和 C-EEMR 协议的平均传输时延分别比 ECR 协议和 EEMR 协议要高。

实验表明与 EECR 协议结合后的路由协议能有效降低能耗和丢包率。虽然两段式协作传输会导致传输时延的增加，但是在纳米网络中更重要的是降低能耗，让纳米网络的能量消耗速度低于能量捕获速度，才能使其达到高效运行的效果。

8.4 基于增强学习的偏转路由算法

偏转路由是一种基于分组交换的网络路由策略。由于对纳米节点的数据包进行偏转，使用该策略能够减少纳米节点对缓冲区的需求。本节介绍一种基于增强学习的纳米网络偏转路由算法（multi-hop deflection routing algorithm based on reinforcement learning，MDR-RL），它结合了增强学习和偏转机制来提高网络性能，通过选择合适的纳米节点进行数据包的偏转，能够适应动态网络环境，优化路由路径，从而提高纳米网络处理数据的效率。

8.4.1 系统模型

7.3.1 节中谈到电磁纳米网络一般有两种网络结构，分别为集中式网络结构和分布式网络结构。在集中式纳米网络中，一般包含两种纳米设备，一种是普通的纳米节点，另一种是纳米控制器。普通的纳米节点负责收集数据，并将收集到的数据发送给纳米控制器。纳米控制器拥有足够的能量，负责管理其覆盖范围内的网络，并对收集到的数据进行计算处理或者发送给纳米网关或者宏观网络中。

8.4.2 路由协议

考虑纳米节点对数据的存储量较为有限，在其选择下一跳节点进行数据传输之前，无法对其他节点的数据进行处理，这容易导致数据的丢失。在无法确定下一跳节点时，如果选择合适的纳米节点对数据包进行偏转，可以提高纳米网络处理数据的效率。因此可以设计合适的路由协议，通过偏转路由表，在下一跳纳米节点不可达时，纳米节点可以将数据包偏转给其他纳米节点。

MDR-RL 算法设计一种改进的路由表与一种偏转路由表，并介绍如何通过能量预测，让纳米节点更好地进行路径选择。

偏转路由是一种基于分组交换的网络路由策略。由于对纳米节点的数据包进行偏转，使用该策略能够减少纳米节点对缓冲区的需求。文献[13]使用偏转路由，当有两个以上的数据包同时需要发送到同一个节点时，只有其中一个可以按照最短路径进行发送，另外一个数据包则被偏转给其他节点。Belbekkouche 等[14]提出了一种基于增强学习的偏转路由算法，在该算法中，通过将节点设置为一个学习代理，并可以从反馈的数据包中获取到相应的路径信息，并通过这些信息对原有的路由表和偏转路由表进行更新以适应网络的变化。然而文献[14]中的这种算法需要满足所有节点在初始状态下拥有整个网络的最短路径的路由表，对能量消耗较大，在实际的纳米网络中难以实现。

MDR-RL 算法中设计了一种改进的偏转路由表，是面对不同情况能够探索节点传输数据的最佳路径，对于动态的纳米网络更具有适用性[15]。图 8-17 所示为一个随机的纳米网络，其中所有的纳米节点都采用 MDR-RL 路由算法，并且都有路由表和偏转路由表。当一个纳米节点接收到一个来自其他节点的信息或者生成一个数据包时，它首先会通过查询路由表找到下一跳纳米节点的信息。对于某个确定的目的节点，只存在一条路由记录。路由记录的组成如下：目的纳米节点 ID；下一跳纳米节点 ID；通过该下一跳纳米节点到达目的节点的 Q 值；通过该下一跳纳米节点到达目的节点的恢复率（recovery rate）；到目的纳米节点的跳数；路由记录的更新时间；路由标记位；生存时间。其中，Q 值表示相应路由的权重，路由记录的 Q 值越大，表示该路由需要消耗的资源（包括能量、缓存和跳数等）更多。恢复率表示该路由记录随着时间的变化恢复到之前状态的速率；路由标记位表示当前路由是否可用；生存时间表示该条路由记录的生存时间。

考虑纳米节点尺寸极小，能量有限等基本特点，路由表上的记录主要受以下几点影响：①路由表上的下一跳纳米节点的能量消耗完毕；②下一跳纳米节点已经接收到信息或者自身产生了需要发送的数据，没有足够的缓存接收来自别的节点的信息；③在传输的过程中发生了错误，这些错误可能是由于拥塞或者解调错误引起的，使数据发送失败。针对上述问题，该改进的纳米偏转路由表可以使纳米节点在下一跳纳米节点不可用的情况下将数据偏转给其他邻居节点。如图 8-17 所示，如果纳米节点 z_1 需要向目的纳米节点 d_1 发送消息，并且其路由表上的下一跳纳米节点无法使用，仍然可以将相应的数据偏转给其他纳米节点（ y_1 到 y_j ）。因此，以 z_1 为例，偏转路由表包含以下信息：

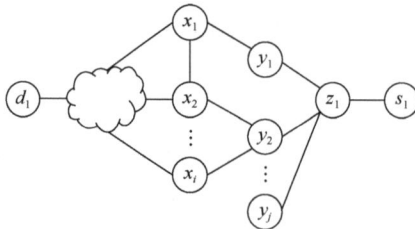

图 8-17　一个随机的纳米网络

（1） $Q_{z_1}(d_1, y_j)$ ：纳米节点 z_1 通过 y_j 到达目的节点 d_1 的 Q 值；

（2）$R_{z_1}(d_1, y_j)$：纳米节点 z_1 通过 y_j 到达目的节点 d_1 的恢复率；

（3）$H_{z_1}(d_1, y_j)$：纳米节点 z_1 通过 y_j 到达目的节点 d_1 的跳数；

（4）$T_{z_1}(d_1, y_j)$：该路由记录被更新的时间。

此外，因为纳米节点的能量十分有限，所以 MDR-RL 算法引入了能量预测算法。纳米节点在发送数据之前先根据能量预测算法尽可能选择能量充足的节点进行数据包的传输，以此来帮助纳米节点更好地进行路径选择。在 MDR-RL 算法中，纳米节点会在数据传输过程中共享自己的能量状态、能量消耗速率和能量捕获速率。以纳米节点 z_1 为例，它可以通过下式计算纳米节点的当前能量状态：

$$E_{y_j}^{z_1} = \begin{cases} E_{\max}, & \omega > E_{\max} \\ (S_{y_j}^h - S_{y_j}^c)\Delta t_{y_i} + E_{y_j}^{z_1}, & 0 < \omega < E_{\max} \\ 0, & \omega < 0 \end{cases} \tag{8-8}$$

式中，$S_{y_j}^h$ 和 $S_{y_j}^c$ 分别为纳米节点 y_j 的能量捕获速率和能量消耗速率；$E_{y_j}^{z_1}$ 记录纳米节点 z_1 在 y_j 的能量状态；$E_{\max}$ 是节点的最大能量；$\omega = (S_{y_j}^h - S_{y_j}^c)\Delta t_{y_i} + E_{y_j}^{z_1}$ 为纳米节点 z_1 在时间 Δt_{y_i} 后剩余的全部能量，用于判断每一个节点的能量情况。

当一个纳米节点需要数据包转发并且自身能量充足时，查询路由表寻找下一跳节点。若下一跳节点不可用，则查询偏转路由表。若偏转路由表不可用，则随机选择可用的邻居节点。如果没有可连接的邻居节点，则该数据包将会被丢弃。算法在收到下一跳纳米节点的 ACK 帧或者发送次数超过最大重传次数之后结束。

8.4.3　仿真实验与结果分析

为了更好分析 MDR-RL 算法在不同更新策略下的性能，在基于 NS-3 的纳米网络仿真器中进行仿真实验。仿真中采用的实验参数如表 8-3 所示。

表 8-3　纳米网络路由协议实验参数设置

参数名称	值
持续时间	500s
纳米节点密度	0.2～0.4 个/mm²
数据包产生间隔时间	1～9s
数据包最大生存时间	15 跳
脉冲持续时间 T_p	100fs
脉冲间隔时间 T_s	10ps
纳米节点传输距离	4～7mm
数据包长度 B_{data}	130bit
带更新信息的 ACK 帧长度	13bit
NACK 帧长度	9bit
纳米节点能量捕获速率	2～4pJ/s
纳米节点能量	60pJ
更新能量消耗	1/30×传输能量

续表

参数名称	值
信噪比门限	10dB
玻尔兹曼常量	1.38×10^{-23} J/K
环境温度	300K
天线设计频率	1.6×10^{12} Hz

在仿真实验中，将比较不同纳米节点传输距离、不同节点密度的 MDR-RL 算法。其中包括同策略更新方法、异策略更新方法、无反馈更新方法和无更新方法。

从图 8-18 到图 8-20 展示了不同纳米节点传输距离下各算法的性能。在实验中，纳米节点的密度设置为 0.25 个/mm²，能量捕获速率为 3.0pJ/s，最大偏转次数设置为 1。

（1）分析图 8-18，可得出如下结论：

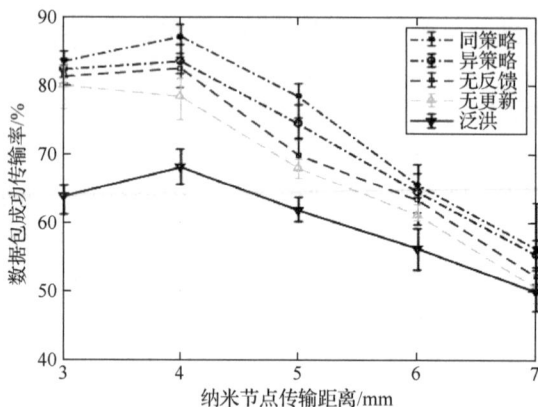

图 8-18　不同传输距离下不同算法的图

① 当纳米节点传输距离为 4mm 时，其数据包成功传输率大于传输距离为 3mm 时，纳米节点在传输范围比较大的情况下更容易获得较短的路径。

② 越大的传输距离需要更多的能量。因此，当纳米节点的传输距离超过 4mm 时，随着传输距离的增加，各个算法的数据包成功传输率反而下降。所以，在不同的纳米网络环境中，需要对纳米节点的最佳传输距离进行测试和优化。

③ 提出的不同更新策略的 MDR-RL 算法均比泛洪路由的数据包成功传输率要高。因为在泛洪路由中，纳米节点通过广播的形式进行数据包的转发，能量利用效率较低。

④ 采用同策略更新机制的 MDR-RL 算法相比采用异策略更新策略的算法拥有更高的数据包成功传输率。相比于异策略更新机制，同策略更新机制更加安全，缺点是可能需要传输更多的跳数才能抵达目的节点。

⑤ 无反馈更新策略比有反馈更新策略的数据包成功传输率低，却比无更新策略高。说明虽然在更新过程中需要一定的计算资源，但是更新过程可以帮助纳米节点更新自己的路由表和偏转路由表，帮助节点更好进行数据传输，提高能量利用效率。

（2）分析图 8-19，可得出如下结论：

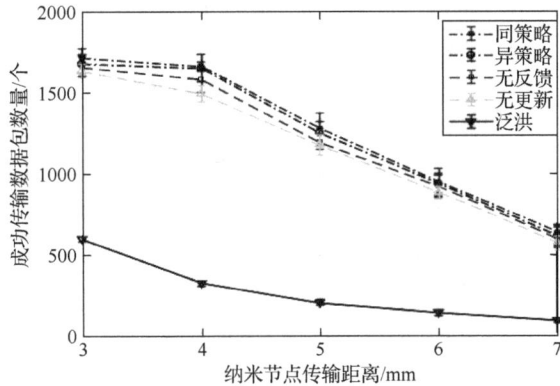

图 8-19　不同传输距离下不同算法的成功传输数据包数量

①　泛洪路由成功传输数据包的数量比 MDR-RL 算法低很多。因为在泛洪路由中，大部分的能量都被用于帮助其他节点广播转发数据包，只有较少的能量被用于自己收集数据并发送相应的数据包，这也导致了较低的网络吞吐量。

②　随着传输距离的增加，所有算法的成功传输数据包的数量均减小的情况主要是因为随着传输距离的增加，纳米节点进行传输需要的能量也越高，导致用于生成新的数据包的能量减少。

（3）图 8-20 展示了不同纳米节点传输距离下不同算法的数据包平均跳数。增加纳米节点的传输距离，可以帮助纳米节点找到更加短的路径。随着纳米节点的传输距离的增加，数据包的平均跳数也随之减少。与 MDR-RL 相比，泛洪路由会将数据包广播给周围所有的纳米节点，也就会更容易找到较短的路径，其数据包平均跳数也相对较低。采用同策略更新方法的 MDR-RL 算法的数据包平均跳数高于采用异策略更新方法的 MDR-RL 算法。在前文中已经提到，异策略更新方法总是选择 Q 值最小的路径进行反馈更新，即偏向于选择"较短"的路径进行数据的转发或偏转，因此其拥有更小的数据包平均跳数。

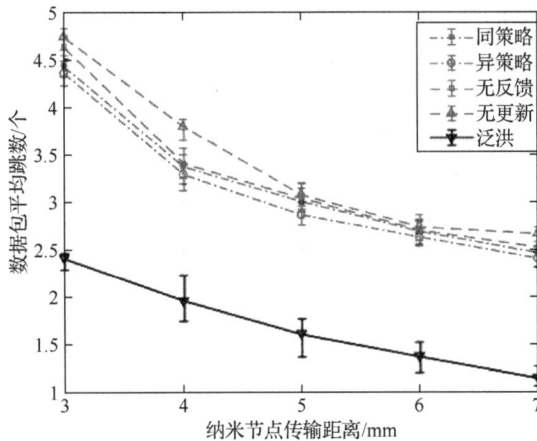

图 8-20　不同传输距离下不同算法的数据包平均跳数

不同算法在不同的节点密度下的性能如图 8-21～图 8-23 所示，在该组实验中，纳米节点的传输距离为 4mm，能量捕获速度为 3.0pJ/s，最大偏转次数为 1 次。

（1）分析图 8-21，可得出如下结论：当纳米节点密度为 0.2～0.25 个/mm² 时，随着纳米节点密度的提高，所有算法的数据包成功传输率提高。一方面，纳米节点间的相对距离由于纳米节点密度的提高而变小，纳米节点更容易寻找到更近的路由进行数据的传输；另一方面，对于泛洪路由来说，越多的纳米节点可以更好地帮助数据进行转发，对于 MDR-RL 路由来说，越多的纳米节点可以更好地帮助节点进行路由表和偏转路由表的更新，保证网络的性能。然而，当纳米节点密度为 0.25～0.4 个/mm² 时，随着纳米节点密度的提高，各个算法的数据包成功传输率反而减小。对于泛洪路由来说，太多的节点进行转发消耗了过多的能量，对于 MDR-RL 路由来说，过多的纳米节点使得找到正确路由的概率降低。

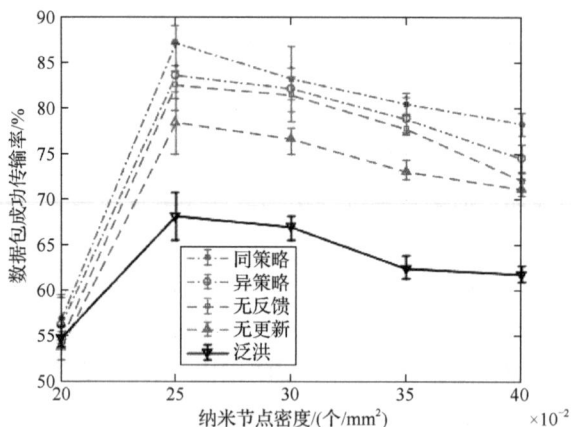

图 8-21　不同节点密度下各算法的数据包成功传输率

（2）分析图 8-22，可得出如下结论：

① 随着纳米节点密度的提高，数据包传输数量也随之提高。因为纳米节点数量的增加使得产生的数据包也相应增加。

② 数据包传输数量的增加速率随着纳米节点密度的增加而降低。

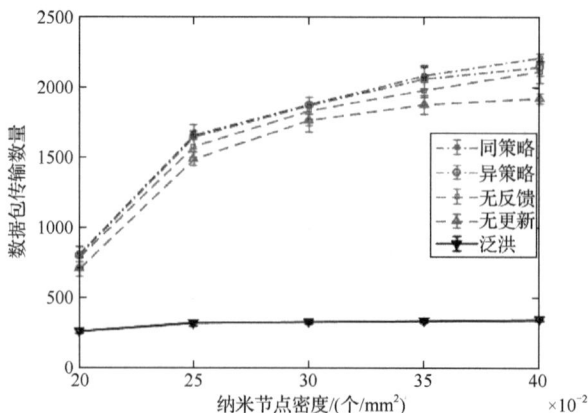

图 8-22　不同节点密度下各算法的数据包传输数量

③ MDR-RL 算法的数据包传输数量增长率大于泛洪路由。对于泛洪路由来说，随着节点数量的增加，更多的节点会进行广播数据转发，导致产生数据包的数量变少。但是 MDR-RL 算法能够适应网络数据负载的变化，并可以做到按照相应的变化更新纳米节点的路由表和偏转路由表。

（3）不同纳米节点密度下不同算法的数据包平均跳数如图 8-23 所示。对于泛洪路由来说，随着纳米节点密度的增加，其数据包平均跳数反而减小。原因是纳米节点密度的增加使得纳米节点之间的相对距离减小，更多纳米节点的加入帮助数据更快找到较短的路径进行数据的传输。然而，对于使用 MDR-RL 算法的情况下，因为纳米节点只选择一个纳米节点进行数据的转发，纳米节点数量的增大会使数据包被正确转发的概率下降，从而导致数据平均跳数增加。

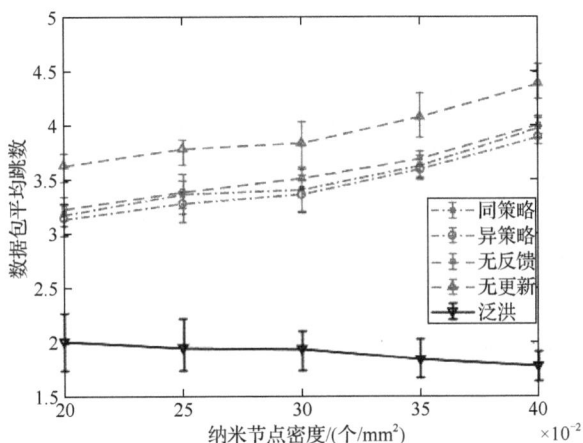

图 8-23　不同节点密度下各算法的数据包平均跳数

实验表明，在网络负载和纳米节点的状态不断变化的情况下，根据路由表和偏转路由表的更新状况，MDR-RL 算法能够寻找发送数据包的最佳路径。在该算法中，当纳米节点收到新的数据包，都会通过数据包更新节点的路由表和偏转路由表，并且根据能量预测更合理地进行路径选择。这样不但提高了数据传输的效率，节省了数据传输的开销，也让算法具备了更强的探索能力。

8.5 小　结

电磁纳米网络在医学、工业、环境、军事等多个领域的应用非常有前景，如生物领域的病症检测系统和靶向药物系统，农业领域的作物管理系统等[16-18]。近年来，虽然已经有一些学者针对纳米节点的设计、调制和编码方法，以及链路层的协议进行了一定的研究，但是对上层的通信建模和协议设计还十分缺乏。目前对纳米网络路由协议的研究较少，而路由协议的好坏直接决定了纳米网络中节点之间信息的传输效率[19-20]。在这样的背景下，针对纳米网络的路由协议展开研究，提出了电磁纳米网络中的机会路由、基于协作传输的能耗优化路由协议和基于增强学习的偏转路由三种不同的纳米网络路由协议[21]，用来为纳米网络的设计提供理论依据。机会路由协议介绍了机会路由在纳米网络中的特性，以及如何结合实际应用场景。基于协作传输的能耗优化路由协议 EECR，从信道模型、协作模型、能耗优化算法、路由模型详细阐述 EECR 协议的基本原理[22]。在偏转路由中，当拥塞发生时，节点能够将相应的数据包转发到其他空闲的节点，不丢弃数据包，从而增加数据包发生成功的概率。通过以上方法，均能实现路由协议的优化，协助无限纳米网络在能量小的局限下，实现数据传输效率的最大化[23-26]。

参 考 文 献

[1] Tsioliaridou A, Liaskos C, Dedu E, et al. Stateless linear-path routing for 3d nanonetworks[C]//Proceedings of the 3rd ACM International Conference on Nanoscale Computing and Communication, 2016:1-6.

[2] Tsioliaridou A, Liaskos C, Ioannidis S, et al. CORONA: a coordinate and routing system for nanonetworks[C]//Proceedings of the second annual international conference on nanoscale computing and communication, 2015:1-6.

[3] Masek P, Kupka L, Hosek J. Modeling electromagnetic wireless nanonetworks in Terahertz band within NS-3 platform[C]// 2018 41st International Conference on Telecommunications and Signal Processing (TSP). Athens：2018：1-5.

[4] Juan X, Zhang R, Wang Z Y. An energy efficient multi-hop routing protocol for Terahertz wireless nanosensor networks[C]// International Conference on Wireless Algorithms. Springer International Publishing, Bozeman :2016：367-376.

[5] Pierobon M, Jornet J M, Akkari N, et al. A routing framework for energy harvesting wireless nanosensor networks in the terahertz band[J]. Wireless Networks, 2014, 20(5):1169-1183.

[6] 姚信威，钟礼斌，王万良，等. 基于混合储能结构的能量捕获无线通信信道容量分析[J]. 计算机科学，2018，45（2）：165-170，188.

[7] Mohrehkesh S, Weigle M C, Das S K. DRIH-MAC: A distributed receiver-initiated harvesting-aware MAC for nanonetworks[J]. IEEE Transactions on Molecular, Biological and Multi-Scale Communications, 2015,1(1): 97-110.

[8] Sebastian C C, Antonio-Javier G S, Joan G H. On the nature of energy-feasible wireless nanosensor networks[J]. Sensors, 2018(5):1356.

[9] Alwan H, Agarwal A. A multipath routing approach for secure and reliable data delivery in wireless sensor networks[J]. International Journal of Distributed Sensor Networks, 2013.

[10] Yao X W, Chen Y W, Wu Y, et al. FGOR: flow-guided opportunistic routing for intrabody nanonetworks[J].IEEE Internet of Things Journal, 2022,9(21):21765-21776.

[11] Piro G, Grieco L A, Boggia G. Nano-Sim:simulating electromagnetic-based nanonetworks in the Network Simulator 3[C]// Proceedings of the 6th International ICST Conference on Simulation Tools and Techniques. 2013:203-210

[12] Afsana F, Asif-Ur-Rahman M, Ahmed M R, et al. An energy conserving routing scheme for wireless body sensor nanonetwork communication[J]. IEEE Access, 2018,6: 9186-9200.

[13] Zalesky A , Vu H L , Zukerman M , et al. Evaluation of limited wavelength conversion and deflection routing as methods to reduce blocking probability in optical burst switched networks[C]// 2004 IEEE International Conference on Communications. IEEE, 2004:1543-1547.

[14] Belbekkouche A, Hafid A, Gendreau M. Novel reinforcement learning-based approaches to reduce loss probability in buffer-less OBS networks[J]. Computer Networks, 2009, 53(12):2022-2037.

[15] Tsioliaridou A, Liaskos C, Ioannidis S, et al. Lightweight, self-tuning data dissemination for dense nanonetworks[J]. Nano Communication Networks, 2016,8: 2-15.

[16] Liaskos C, Tsioliaridou A, Ioannidis S, et al. A deployable routing system for nanonetworks[C]//2016 IEEE International Conference on Communications (ICC). IEEE,2016:1-6.

[17] Tsioliaridou A, Liaskos C, Pachis L, et al. N3: addressing and routing in 3d nanonetworks[C]//2016 23rd International Conference on Telecommunications (ICT). IEEE, 2016: 1-6.

[18] Pierobon M, Jornet J M, Akkari N, et al. A routing framework for energy harvesting wireless nanosensor networks in the Terahertz band[J]. Wireless networks, 2014, 20(5): 1169-1183.

[19] Amazonas J R D A, Hesselbach X , Giozza W F . Low complexity nano-networks routing scenarios and strategies[J]. Nano Communication Networks, 2021,28:100349.

[20] Yu H, Ng B, Seah W K G, et al. TTL-based efficient forwarding for the backhaul tier in nanonetworks[C]//2017 14th IEEE Annual Consumer Communications & Networking Conference (CCNC). IEEE, 2017: 554-559.

[21] Seah W K G, et al. TTL-based efficient forwarding for the backhaul tier in nanonetworks[C]//2017 14th IEEE Annual Consumer Communications & Networking Conference (CCNC). IEEE, 2017:554-559.

[22] Chettibi S , Chikhi S . Dynamic fuzzy logic and reinforcement learning for adaptive energy efficient routing in mobile ad-hoc networks[J]. Applied Soft Computing, 2016, 38:321-328.

[23] Weber S, Andrews J G, Jindal N. An overview of the transmission capacity of wireless networks[J]. IEEE Transactions on Communications, 2010,58(12): 3593-3604.

[24] Wu Y L, Ren X G, Zhou H, et al. A survey on multi-robot coordination in electromagnetic adversarial environment: challenges and techniques[J]. IEEE Access, 2020, 8: 53484 - 53497.

[25] Li P, Zhang C, Fang Y G. The capacity of wireless ad hoc networks using directional antennas[J]. IEEE Transactions on Mobile Computing, 2011, 10(10):1374-1387.

[26] Piro G, Grieco L A, Boggia G, et al. Simulating wireless nano sensor networks in the NS-3 platform[C]//2013 27th International Conference on Advanced Information Networking and Applications Workshops. Barcelona , 2013, 67-74.

第 9 章

总结与展望

9.1 总　结

纳米网络技术是传统无线网络或传感器网络在微观领域的应用。本书的目的是阐述基于太赫兹波（0.1～10THz）通信的纳米网络基础理论和技术架构，通过纳米石墨烯天线实现纳米节点之间的相互通信，研究和分析基于纳米石墨烯天线和太赫兹频段组建纳米网络的可行性理论模型。在此基础上，介绍了新型的基于全太赫兹频段的信道模型，研究了全新的纳米网络通信机制。其中包括新的调制机制、信道编码技术、接收信号探测机制和针对纳米网络的媒体接入访问控制协议，并开发了一套基于纳米网络和太赫兹波通信特性的电磁纳米网络仿真平台（Nano-Sim）。具体的工作内容如下：

（1）从纳米网络节点的 PHY 层和 MAC 层能耗角度出发，建立收发器能耗模型，提出了最佳通信距离模型和最佳数据包长度模型。

（2）在电磁纳米网络太赫兹波通信传输特性的研究基础上，从能耗的角度建立电磁纳米网络太赫兹波通信模型，并分别针对太赫兹波传输过程中的传输路径损耗和分子吸收损耗建模。根据收发器的结构特点，从硬件电路的角度，建立节点收发器能耗模型。

（3）针对传统传感器网络中节点电池储能的局限性，引入了能量传输损耗系数和能量最优分配算法，并基于高斯双工信道建立了混合储能结构模型和节点能量分配解析模型。

（4）针对现有传感器网络中节点能量捕获的局限性，利用高斯双工信道建立了点对点无线能量传输模型和吞吐量最大化模型，引入能量传输效率，建立了相应的能量传输解析模型，并提出了单跳二维无线能量传输算法，实现了节点总吞吐量最大化。

（5）针对点对点网络中能量传输的局限性，进一步研究了两跳无线能量传输模型及算法，即基于高斯双工信道建立了两跳无线能量传输模型和吞吐量最大化模型，引入能量传输效率，建立相应的能量传输解析模型，并提出两跳二维无线能量传输算法，实现节点总吞吐量最大化。

（6）介绍了基于太赫兹网络的 LOS 和 NLOS 传播模型，通过随机几何建模法研究了干扰和覆盖率；在研究低码重信道编码的基础上，提出了适用于纳米网络的 PPC 脉冲相位编码，在发送端以信息编码的方式控制发送脉冲的频率，减少信道干扰对接收信号的影响，并对表征网络信息传输性能的有效信道容量进行分析，提出了自适应的时间扩散系数。

（7）针对 WNSN 中源字非等概率出现的场景，基于现有的综合考虑传输能耗和接收能耗的能耗模型，给出了适用于 WNSN 的通信能耗最小化编码方法。

（8）在 WNSN 中传输实时信息流的场景情况下，改进 NME 和 EMC，提出了一种通信能耗优化编码，建立综合考虑发送端能耗和接收端能耗的通信能耗模型和能耗优化模型。

（9）综合考虑编码的信道容量性能和能量有效性，针对太赫兹二元非对称信道，分析了 WNSN 中基于编码的信道容量，提出了 WNSN 联合信道容量性能的节能编码方案并建立了优化模型。

（10）太赫兹频段通信方面，介绍了辅助波束成形 MAC 协议、基于中继的 MAC 协议和基于能量捕获的时序接收驱动 MAC 协议，显著提高了太赫兹网络的吞吐量。

（11）针对纳米网络的路由协议，提出了电磁纳米网络中三种不同的纳米网络路由协议，分别为机会路由协议、基于协作传输的能耗优化路由协议和基于增强学习的偏转路由协议，为纳米网络的设计提供了理论依据。

9.2　展　　望

本书对最新的电磁纳米网络进行了详述，全面强调了它们的潜力和挑战，并在此基础上提出了一系列可能的解决方案。结合目前电磁纳米网络太赫兹波通信研究中的难点，以及本书在信道建模、混合储能建模、WNSN 节能编码和能量捕获的传感器网络方面的初步研究，针对理论研究与实际应用之间还存在较大距离的问题，本书认为在以下几个方面需要改进：

（1）目前仍然是在参考微波通信模块的结构基础上建立电磁纳米节点收发器能耗模型，有必要针对纳米收发器和纳米天线的结构特点，以及纳米内存能量供应能力，研究新的调制与通信机制。在保证太赫兹波能在其特殊的传输窗口辐射的基础上，做到更低的复杂度和更低的能量消耗。

（2）编码方式的研究必须结合新的调制机制的特性，一个比较有前景的方向是，通过研究新的低权重的信道编码方式，减少信息传输过程中的干扰和误码率，从而达到提高信息可靠性和节省节点能量的目的。

（3）现有信道建模过程中仍存在考虑不全的问题，应进一步分析不同实际情况下的约束条件，提出相应的算法，使建立的模型更加全面及可靠，实现整个网络生存时间的延长及吞吐量的提高。

（4）由于在实际的传感器网络中存在着多跳网络或复杂拓扑网络，因此两跳网络也存在一定局限性，无法满足很多情况下的传感器网络，因此需要进一步研究多跳网络或复杂拓扑网络建模及传输算法。

（5）由于传感器节点既要传输数据也要传输能量，而节点数据传输与能量传输之间往往会互相约束，针对该问题，仍待设计出高效的数据与能量并发传输算法和数学模型。

（6）考虑纳米传感器完成传感和处理等任务所产生的能耗及网络层面的能耗，结合WNSN 太赫兹信道特性（传输路径损耗、分子吸收噪声、多用户干扰等）以建立更加完善的能耗模型。

（7）研究和设计同时兼顾时延、信道容量、通信可靠性和高能量有效性等网络性能的编码方法与算法及相应的解码方法与算法，进一步完善 WNSN 编码理论。

（8）应考虑针对不同的应用领域，并根据不同的网络性能需求和条件进行设计和优化，研究面向实际应用的编码。